专项职业能力考核培训教材

工业机器人基本编程与维护

人力资源社会保障部教材办公室
上海市职业技能鉴定中心 组织编写

主　编：李佳忱

副主编：张　杨　纪　永　别红玲

编　者：马　丹　沈　醒　严诚斌　安　宁

主　审：张家钰

中国劳动社会保障出版社

图书在版编目(CIP)数据

工业机器人基本编程与维护 / 人力资源社会保障部教材办公室等组织编写. -- 北京：中国劳动社会保障出版社，2020
专项职业能力考核培训教材
ISBN 978-7-5167-4585-4

Ⅰ. ①工… Ⅱ. ①人… Ⅲ. ①工业机器人 – 程序设计 – 技术培训 – 教材 ②工业机器人 – 维修 – 技术培训 – 教材 Ⅳ. ①TP242.2

中国版本图书馆 CIP 数据核字（2020）第 242614 号

中国劳动社会保障出版社出版发行
（北京市惠新东街 1 号 邮政编码：100029）
*
北京市艺辉印刷有限公司印刷装订 新华书店经销
787 毫米 ×1092 毫米 16 开本 18.25 印张 292 千字
2020 年 12 月第 1 版 2022 年 7 月第 2 次印刷
定价：50.00 元

读者服务部电话：（010）64929211/84209101/64921644
营销中心电话：（010）64962347
出版社网址：http://www.class.com.cn

前言

PREFACE

职业技能培训是全面提升劳动者就业创业能力、促进充分就业、提高就业质量的根本举措，是适应经济发展新常态、培育经济发展新动能、推进供给侧结构性改革的内在要求，对推动大众创业万众创新、推进制造强国建设、推动经济高质量发展具有重要意义。

为了加强职业技能培训，《国务院关于推行终身职业技能培训制度的意见》（国发〔2018〕11号）、《国务院办公厅关于印发职业技能提升行动方案（2019—2021年）的通知》（国办发〔2019〕24号）提出，要深化职业技能培训体制机制改革，推进职业技能培训与评价有机衔接，建立技能人才多元评价机制，完善技能人才职业资格评价、职业技能等级认定、专项职业能力考核等多元化评价方式。

专项职业能力是可就业的最小技能单元，劳动者经过培训掌握了专项职业能力后，意味着可以胜任相应岗位的工作。专项职业能力考核是对劳动者是否掌握专项职业能力所做出的客观评价，通过考核的人员可获得专项职业能力证书。

为配合专项职业能力考核工作，人力资源社会保障部教材办公室、上海市职业技能鉴定中心联合组织有关方面的专家编写了这套专项职业能力考核培训教材。该套教材严格按照专项职业能力考核规范编写，教材内容充分反映了专项职业能力考核规范中的核心知识点与技能点，较好地体现了适用性、先进性与前瞻性。教材编写过程中，我们还专门聘请了相关行业和考核培训方面的专家参与教材的编审工作，保证了教材内容的科学性及与考核规范、题库的紧密衔接。

专项职业能力考核培训教材突出了适应职业技能培训的特色，不但有助于读者通过考核，而且有助于读者真正掌握专项职业能力的知识与技能。

本教材在编写过程中得到上海师库科教仪器有限公司、上海电气自动化设计研究所有限公司等单位的大力支持与协助，在此一并表示衷心感谢。

教材编写是一项探索性工作，由于时间紧迫，不足之处在所难免，欢迎各使用单位及个人对教材提出宝贵意见和建议，以便教材修订时补充更正。

人力资源社会保障部教材办公室

上海市职业技能鉴定中心

目 录
CONTENTS

第1篇 工业机器人编程与调试

第1篇

工业机器人编程与调试

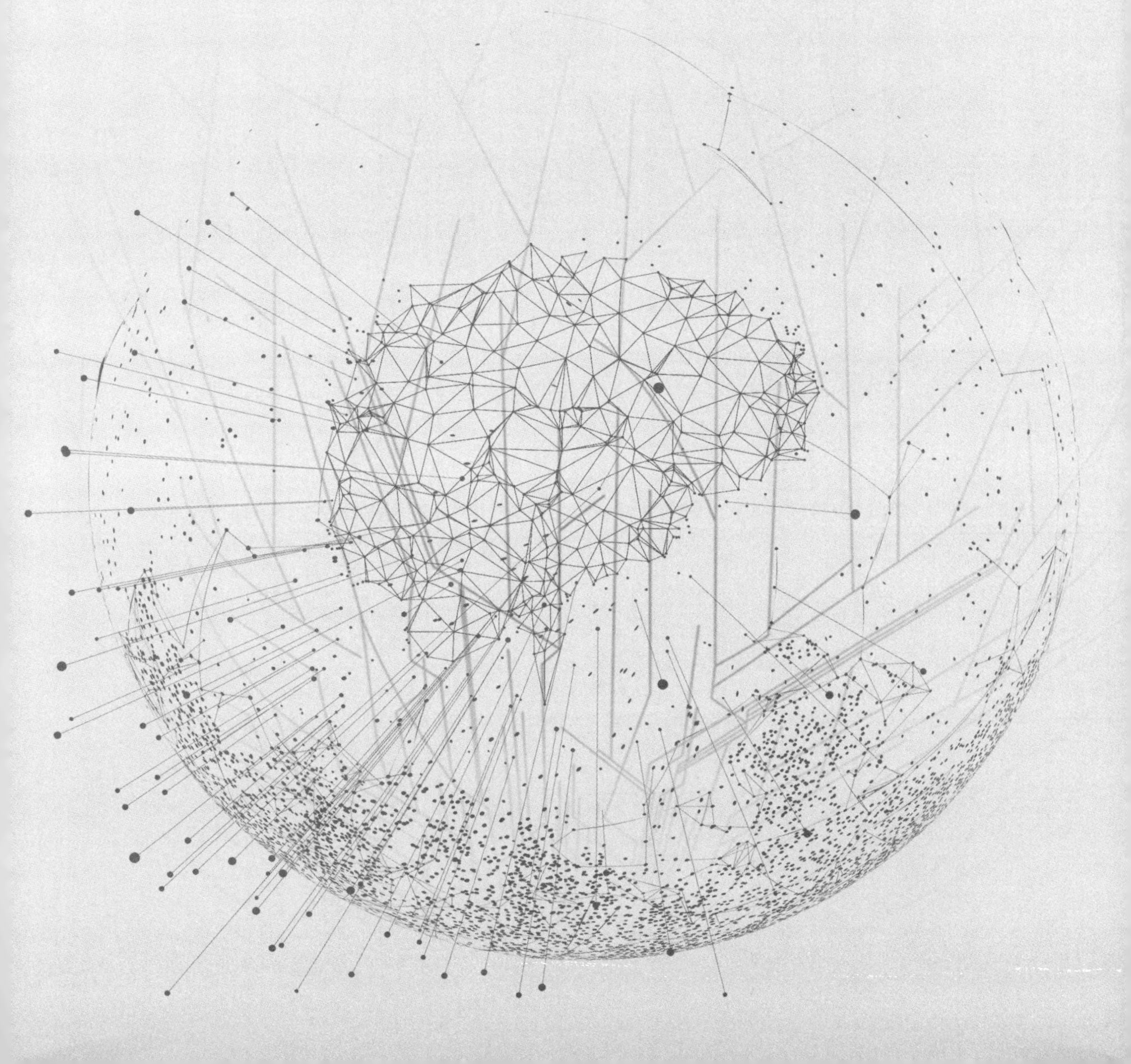

第1章　工业机器人基础

学习单元1　工业机器人位姿

学习目标

1. 了解工业机器人位姿描述
2. 了解工业机器人运动精度
3. 熟悉工业机器人运动平稳性

知识要求

一、工业机器人位姿描述

机器人机械臂通常是由一系列连杆和相应的运动副组合而成的结合体，能实现复杂的运动轨迹，完成规定的操作任务。因此，认识机器人运动规律的第一步便是明确这些连杆之间及其与末端执行器之间的相对运动关系。

假设机器人机械臂是刚体，对刚体的位置和姿态（简称位姿）的描述方法是这样的：先建立基础坐标系，相对于该坐标系，刚体的位置可以用 3×1 的矩阵表示，刚体的姿态可以用 3×3 的旋转矩阵表示；再用 4×4 的齐次变换矩阵将刚体位姿描述统一起来。

这种齐次变换矩阵描述法的特点在于：

- 能描述刚体位姿及坐标系的相对位姿；

- 能用于表示点从一个坐标系转换到另一个坐标系（映射）；
- 能描述刚体运动前后的变换过程。

位姿描述与刚体变换是机器人运动知识的核心组成部分，也是描述工业机器人姿态规划、轨迹优化、位置补差等的基础。因此，齐次变换矩阵描述法在机器人设计、控制、轨迹规划等过程中得到广泛应用。此外，齐次变换矩阵描述法也在计算机图形学、机器视觉的信息处理、机器人外部环境的构型等方面得到广泛应用。

1. 刚体位姿

机器人机械臂运动涉及各连杆之间的位姿关系，研究时可将机械臂的各个构件视为三维空间中的刚体。在三维笛卡尔坐标系（笛卡尔坐标系即直角坐标系和斜角坐标系的统称）中，刚体运动包括平移和旋转。刚体的平移位置可用其固连坐标系的原点位置来表述。刚体的旋转姿态可用其固连坐标系的旋转矩阵来表述。

（1）空间点描述。如图 1–1 所示，空间任意一点 p 在选定的直角坐标系｛$\boldsymbol{A}$｝下可表示为 $p=(p_x, p_y, p_z)$。其中，p_x、p_y、p_z 是点 p 在直角坐标系｛$\boldsymbol{A}$｝中的三个坐标分量。

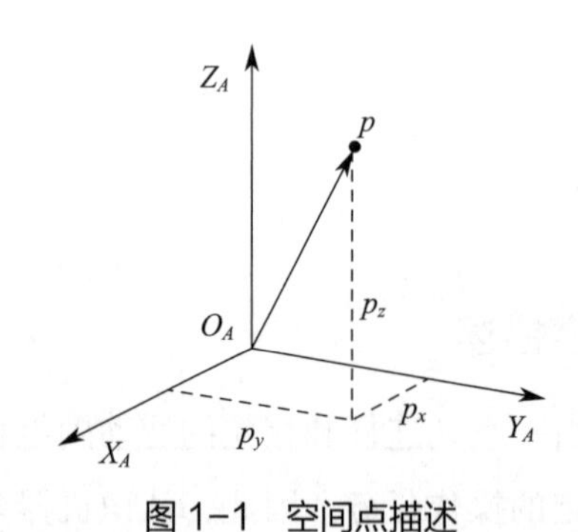

图 1–1　空间点描述

（2）空间矢量描述。空间中既有大小又有方向的量称为空间矢量。空间矢量包括起始点和终止点，方向是由起始点指向终止点。

在图 1–1 中，如果将空间矢量的起始点平移到直角坐标系｛$\boldsymbol{A}$｝的原点位置，p 为终止点，那么该空间矢量可表示为：

$$\boldsymbol{p}=p_x\boldsymbol{i}+p_y\boldsymbol{j}+p_z\boldsymbol{k} \tag{1–1}$$

式中，p_x、p_y、p_z 是该矢量在直角坐标系｛$\boldsymbol{A}$｝中的三个坐标分量，$\boldsymbol{i}$、$\boldsymbol{j}$、$\boldsymbol{k}$ 是直

角坐标系｛$\boldsymbol{A}$｝中的三个坐标方向的单位矢量。式（1–1）中，$\boldsymbol{p}$ 为矢量，以加粗字体表示。

（3）位置描述。刚体在空间中的位置描述需要将其固连一个坐标系｛$\boldsymbol{B}$｝，由于刚体相对于固连坐标系｛$\boldsymbol{B}$｝的位姿是已知的，因此只需将固连坐标系｛$\boldsymbol{B}$｝在参考坐标系｛$\boldsymbol{A}$｝中表示出来，就能确定刚体在空间中的位姿，如图 1–2 所示。固连坐标系的原点 O_B 在坐标系｛$\boldsymbol{A}$｝中的位置可用 3×1 的列矢量表示，即：

$$
{}^{A}\boldsymbol{O}_B = \begin{bmatrix} O_x \\ O_y \\ O_z \end{bmatrix} \tag{1–2}
$$

式中，O_x、O_y、O_z 是点 O_B 在坐标系｛$\boldsymbol{A}$｝中的三个坐标分量。${}^{A}\boldsymbol{O}_B$ 的上标 A 表示选定参考坐标系｛$\boldsymbol{A}$｝，${}^{A}\boldsymbol{O}_B$ 被称为位置矢量。

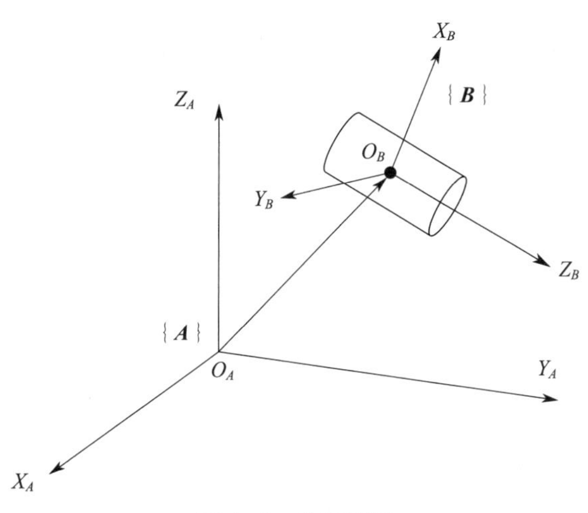

图 1–2　位置描述

（4）姿态描述。研究一个刚体在空间中的运动不仅要会描述其在空间中的位置，而且要会描述其在空间中的姿态。刚体的姿态可以通过其固连坐标系在参考坐标系中的姿态来描述。

为了表示固连坐标系｛$\boldsymbol{B}$｝在参考坐标系｛$\boldsymbol{A}$｝中的姿态，首先将固连坐标系｛$\boldsymbol{B}$｝的原点移动到参考坐标系｛$\boldsymbol{A}$｝的原点，使两个坐标系原点重合，但是坐标系方向保持不变，如图 1–3 所示。

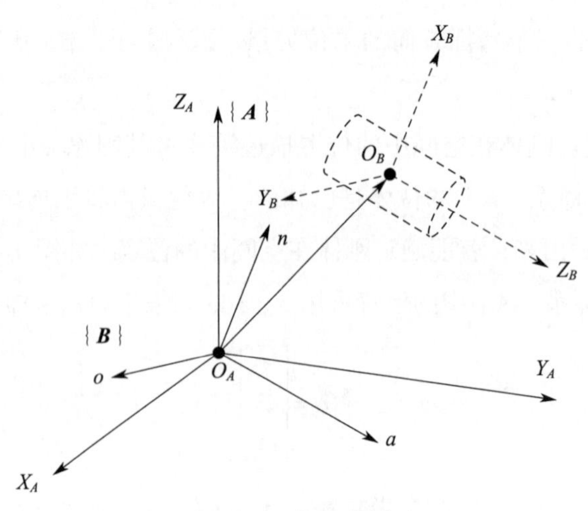

图 1-3　姿态描述

设参考坐标系{**A**}中的三个坐标方向的单位矢量为 **i**、**j**、**k**，固连坐标系{**B**}中的三个坐标方向的单位矢量为 **n**、**o**、**a**，则固连坐标系{**B**}在参考坐标系{**A**}中的姿态可用 3×3 矩阵表示为：

$$\boldsymbol{F}_O=(\boldsymbol{n}\quad \boldsymbol{o}\quad \boldsymbol{a})\begin{bmatrix} n_x & o_x & a_x \\ n_y & o_y & a_y \\ n_z & o_z & a_z \end{bmatrix} \tag{1-3}$$

式中，n_x、n_y、n_z 是矢量 **n** 在参考坐标系{**A**}中的三个坐标分量，o_x、o_y、o_z 是矢量 **o** 在参考坐标系{**A**}中的三个坐标分量，a_x、a_y、a_z 是矢量 **a** 在参考坐标系{**A**}中的三个坐标分量。

（5）**位姿描述。**假设刚体固连坐标系{**B**}的原点为 p，如图 1-4 所示，则根据式（1-2），点 p 在参考坐标系{**A**}中的位置矢量为：

$$^{A}\boldsymbol{p}=\begin{bmatrix} p_x \\ p_y \\ p_z \end{bmatrix} \tag{1-4}$$

刚体上任意一点 q 在参考坐标系{**A**}、固连坐标系{**B**}中可分别表示为：

$$^{A}\boldsymbol{q}=\begin{bmatrix} q_x \\ q_y \\ q_z \end{bmatrix},\ ^{B}\boldsymbol{q}=\begin{bmatrix} q'_x \\ q'_y \\ q'_z \end{bmatrix} \tag{1-5}$$

由几何关系可知：$^{A}\boldsymbol{q}={}^{A}_{B}\boldsymbol{R}{}^{B}\boldsymbol{q}+{}^{A}\boldsymbol{p}$。

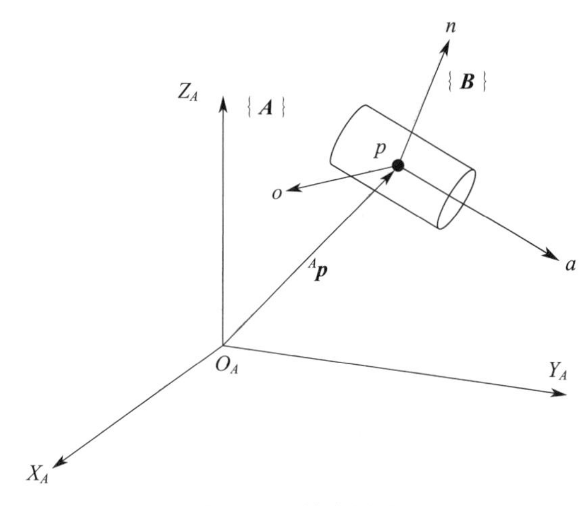

图 1–4　位姿描述

其中，${}^{A}_{B}\boldsymbol{R}$ 为固连坐标系 {$\boldsymbol{B}$} 相对于参考坐标系 {$\boldsymbol{A}$} 的旋转矩阵。

为便于后续坐标变换和运算，可将其几何关系式修改为齐次坐标形式，即：

$$\begin{bmatrix} {}^{A}\boldsymbol{q} \\ 1 \end{bmatrix} = \begin{bmatrix} {}^{A}_{B}\boldsymbol{R} & {}^{A}\boldsymbol{p} \\ \boldsymbol{0} & 1 \end{bmatrix} \begin{bmatrix} {}^{B}\boldsymbol{q} \\ 1 \end{bmatrix} \tag{1-6}$$

因此，固连坐标系 {$\boldsymbol{B}$} 相对于参考坐标系 {$\boldsymbol{A}$} 的位姿可以由三个表示姿态的坐标方向的单位矢量和第四个位置矢量来表示，即组成 4×4 矩阵：

$$\boldsymbol{F} = \begin{bmatrix} n_x & o_x & a_x & p_x \\ n_y & o_y & a_y & p_y \\ n_z & o_z & a_z & p_z \\ 0 & 0 & 0 & 1 \end{bmatrix} \tag{1-7}$$

在后续坐标变换描述过程中，经常用到旋转坐标变换。固连坐标系 {$\boldsymbol{B}$} 原点相对于参考坐标系 {$\boldsymbol{A}$} 不变化，只是在空间改变姿态，即坐标方向的单位矢量发生改变，如图 1–5 所示。

坐标系 {$\boldsymbol{B'}$} 的原点还是坐标系 {$\boldsymbol{B}$} 的原点，其坐标轴绕坐标系 {$\boldsymbol{B}$} 的坐标轴旋转一个角度 θ。角度 θ 若是绕坐标轴逆时针旋转得到的，则规定为正值；若是绕坐标轴顺时针旋转得到的，则规定为负值。绕 X 轴、Y 轴、Z 轴旋转的变换矩阵分别见式（1–8）、式（1–9）、式（1–10）。

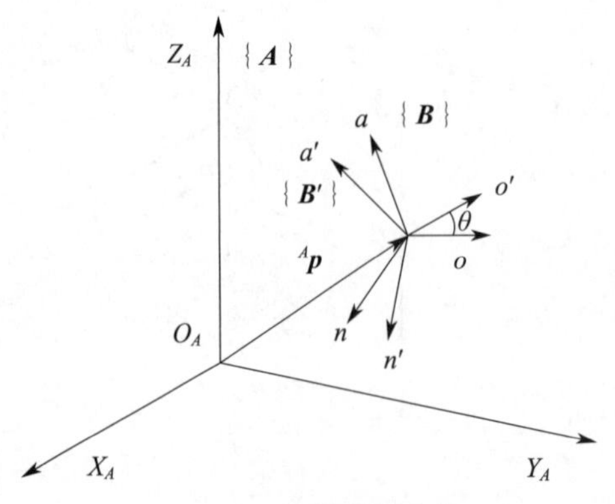

图 1–5 旋转坐标变换

$$\boldsymbol{R}_x(\theta)=\begin{bmatrix}1 & 0 & 0 & 0\\0 & \cos\theta & -\sin\theta & 0\\0 & \sin\theta & \cos\theta & 0\\0 & 0 & 0 & 1\end{bmatrix} \tag{1-8}$$

$$\boldsymbol{R}_y(\theta)=\begin{bmatrix}\cos\theta & 0 & \sin\theta & 0\\0 & 1 & 0 & 0\\-\sin\theta & 0 & \cos\theta & 0\\0 & 0 & 0 & 1\end{bmatrix} \tag{1-9}$$

$$\boldsymbol{R}_z(\theta)=\begin{bmatrix}\cos\theta & -\sin\theta & 0 & 0\\\sin\theta & \cos\theta & 0 & 0\\0 & 0 & 1 & 0\\0 & 0 & 0 & 1\end{bmatrix} \tag{1-10}$$

绕坐标系｛$\boldsymbol{B}$｝的 X 轴旋转 θ 角度的坐标系｛$\boldsymbol{B}'$｝位姿表示为 $\boldsymbol{F}'=\boldsymbol{R}_x(\theta)\times\boldsymbol{F}$。

绕坐标系｛$\boldsymbol{B}$｝的 Y 轴旋转 θ 角度的坐标系｛$\boldsymbol{B}'$｝位姿表示为 $\boldsymbol{F}'=\boldsymbol{R}_y(\theta)\times\boldsymbol{F}$。

绕坐标系｛$\boldsymbol{B}$｝的 Z 轴旋转 θ 角度的坐标系｛$\boldsymbol{B}'$｝位姿表示为 $\boldsymbol{F}'=\boldsymbol{R}_z(\theta)\times\boldsymbol{F}$。

2. 矢量映射

在空间中，任意一个线性矢量 $\overrightarrow{OP}$ 在不同坐标系中的描述是不同的，下面简单介绍线性矢量 $\overrightarrow{OP}$ 从一个坐标系到另一个坐标系之间的映射关系。

（1）平移映射。如图 1–6 所示，坐标系｛$\boldsymbol{A}$｝与｛$\boldsymbol{B}$｝具有相同的姿态，但两个坐标系原点不重合，用位置矢量 $^A\boldsymbol{P}_{BO}$ 描述｛$\boldsymbol{B}$｝相对于｛$\boldsymbol{A}$｝的位置，若点 P 在坐标

系｛$\boldsymbol{B}$｝中的位置为 $^{B}\boldsymbol{P}$，则其相对于坐标系｛$\boldsymbol{A}$｝的位置 $^{A}\boldsymbol{P}$ 可由矢量相加得出：

$$^{A}\boldsymbol{P} = {}^{B}\boldsymbol{P} + {}^{A}\boldsymbol{P}_{BO} \tag{1-11}$$

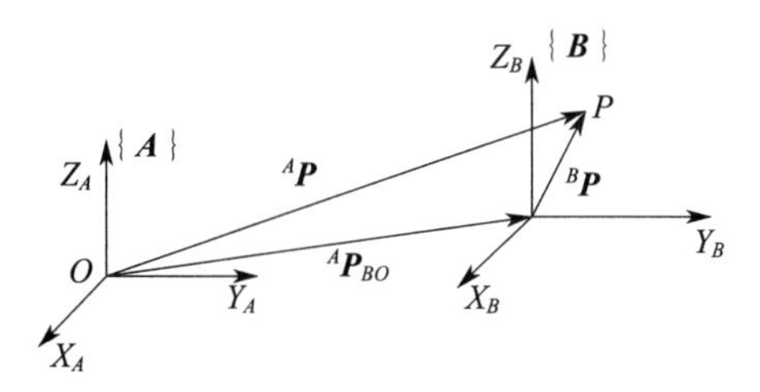

图 1-6　平移映射

（2）**旋转映射。**如图 1-7 所示，坐标系｛$\boldsymbol{A}$｝与｛$\boldsymbol{B}$｝具有相同的原点，但两个坐标系轴线方向不同，可采用旋转矩阵 ${}^{A}_{B}\boldsymbol{R}$ 描述｛$\boldsymbol{B}$｝相对于｛$\boldsymbol{A}$｝的姿态。同一矢量在坐标系｛$\boldsymbol{A}$｝和｛$\boldsymbol{B}$｝中的描述 $^{A}\boldsymbol{P}$ 和 $^{B}\boldsymbol{P}$ 具有以下映射关系：

$$^{A}\boldsymbol{P} = {}^{A}_{B}\boldsymbol{R}\,{}^{B}\boldsymbol{P} \tag{1-12}$$

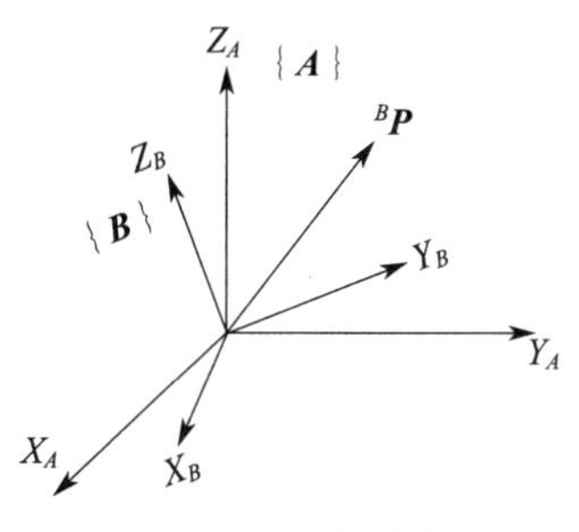

图 1-7　旋转映射

（3）**复合映射。**在通常情况下，坐标系｛$\boldsymbol{B}$｝与坐标系｛$\boldsymbol{A}$｝的原点不重合，轴线方向也不同，此时可采用先分解后复合的方式。用位置矢量 $^{A}\boldsymbol{P}_{BO}$ 描述｛$\boldsymbol{B}$｝的坐标系原点相对于｛$\boldsymbol{A}$｝的位置，用旋转矩阵 ${}^{A}_{B}\boldsymbol{R}$ 描述｛$\boldsymbol{B}$｝相对于｛$\boldsymbol{A}$｝的姿态，任一点 P 在两坐标系｛$\boldsymbol{A}$｝和｛$\boldsymbol{B}$｝中的描述 $^{A}\boldsymbol{P}$ 和 $^{B}\boldsymbol{P}$ 具有以下映射关系：

$$^{A}\boldsymbol{P} = {}^{A}_{B}\boldsymbol{R}\,{}^{B}\boldsymbol{P} + {}^{A}\boldsymbol{P}_{BO} \tag{1-13}$$

上式可作为坐标系旋转和坐标系平移的复合映射。实际上，对于以上问题，可以假设过渡坐标系｛$\boldsymbol{C}$｝，｛$\boldsymbol{C}$｝的原点与｛$\boldsymbol{B}$｝的原点重合，而｛$\boldsymbol{C}$｝的轴线方向与｛$\boldsymbol{A}$｝的轴线方向相同，如图 1-8 所示，通过一次旋转和一次平移可解决问题。

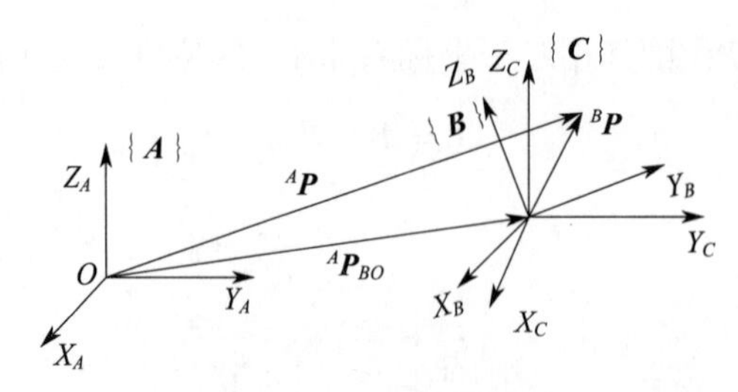

图 1-8　复合映射

3. 齐次变换

（1）齐次变换矩阵。为描述、计算运用方便，复合映射式（1-13）可表达为齐次变换的形式：

$$\begin{bmatrix} {}^{A}\boldsymbol{P} \\ 1 \end{bmatrix} = \begin{bmatrix} {}^{A}_{B}\boldsymbol{R} & {}^{A}\boldsymbol{P}_{BO} \\ \boldsymbol{0} & 1 \end{bmatrix} \begin{bmatrix} {}^{B}\boldsymbol{P} \\ 1 \end{bmatrix} \tag{1-14}$$

或表达为矩阵形式：

$$ {}^{A}\boldsymbol{P} = {}^{A}_{B}\boldsymbol{T}\,{}^{B}\boldsymbol{P} \tag{1-15}$$

上式中，位置矢量 ${}^{A}\boldsymbol{P}$ 和 ${}^{B}\boldsymbol{P}$ 表示成 4×1 的列矢量，与式（1-4）的位置矢量进行对比，其加入了第四个分量 1，这称为点 P 的齐次坐标。

齐次变换矩阵 ${}^{A}_{B}\boldsymbol{T}$ 为 4×4 的方阵，即：

$$ {}^{A}_{B}\boldsymbol{T} = \begin{bmatrix} {}^{A}_{B}\boldsymbol{R} & {}^{A}\boldsymbol{P}_{BO} \\ \boldsymbol{0} & 1 \end{bmatrix} \tag{1-16}$$

这 4×4 的方阵称为齐次变换矩阵，其综合地描述了平移映射与旋转映射的复合。

【例】已知坐标系｛$\boldsymbol{B}$｝的初始位姿与｛$\boldsymbol{A}$｝重合，首先｛$\boldsymbol{B}$｝相对于坐标系｛$\boldsymbol{A}$｝的 Z_A 轴旋转 30°，再沿｛$\boldsymbol{A}$｝的 X_A 轴移动 12 个单位，并沿｛$\boldsymbol{A}$｝的 Y_A 轴移动 6 个单位，求齐次变换矩阵。假设点 P 在坐标系｛$\boldsymbol{B}$｝的描述为 ${}^{B}\boldsymbol{P}$=［5，9，0］^{T}，求它在坐标系｛$\boldsymbol{A}$｝中的描述 ${}^{A}\boldsymbol{P}$。

根据式（1-16）可得齐次变换矩阵：

$$ {}^{A}_{B}\boldsymbol{T} = \begin{bmatrix} {}^{A}_{B}\boldsymbol{R} & {}^{A}\boldsymbol{P}_{BO} \\ \boldsymbol{0} & 1 \end{bmatrix} = \begin{bmatrix} 0.866 & -0.5 & 0 & 12 \\ 0.5 & 0.866 & 0 & 6 \\ 0 & 0 & 1 & 0 \\ 0 & 0 & 0 & 1 \end{bmatrix}$$

代入齐次变换式（1-15）得：

$$
{}^{A}\boldsymbol{P}=\begin{bmatrix}0.866 & -0.5 & 0 & 12\\0.5 & 0.866 & 0 & 6\\0 & 0 & 1 & 0\\0 & 0 & 0 & 1\end{bmatrix}\begin{bmatrix}5\\9\\0\\1\end{bmatrix}=\begin{bmatrix}0.866\times5+(-0.5)\times9+0\times0+12\times1\\0.5\times5+0.866\times9+0\times0+6\times1\\0\times5+0\times9+1\times0+0\times1\\0\times5+0\times9+0\times0+1\times1\end{bmatrix}
$$

$$
=\begin{bmatrix}11.83\\16.294\\0\\1\end{bmatrix}
$$

${}^{A}\boldsymbol{P}$ 即为点 P 在坐标系 $\{\boldsymbol{A}\}$ 中的位置。

(2) 齐次变换矩阵性质

1) 齐次变换矩阵相乘。对于给定的坐标系 $\{\boldsymbol{A}\}$、$\{\boldsymbol{B}\}$ 和 $\{\boldsymbol{C}\}$，已知 $\{\boldsymbol{B}\}$ 相对于 $\{\boldsymbol{A}\}$ 的描述为 ${}^{A}_{B}\boldsymbol{T}$，$\{\boldsymbol{C}\}$ 相对于 $\{\boldsymbol{B}\}$ 的描述为 ${}^{B}_{C}\boldsymbol{T}$。

齐次变换矩阵 ${}^{B}_{C}\boldsymbol{T}$ 将 ${}^{C}\boldsymbol{P}$ 映射为 ${}^{B}\boldsymbol{P}$，即：

$$
{}^{B}\boldsymbol{P}={}^{B}_{C}\boldsymbol{T}\,{}^{C}\boldsymbol{P} \tag{1-17}
$$

齐次变换矩阵 ${}^{A}_{B}\boldsymbol{T}$ 又将 ${}^{B}\boldsymbol{P}$ 映射为 ${}^{A}\boldsymbol{P}$，即：

$$
{}^{A}\boldsymbol{P}={}^{A}_{B}\boldsymbol{T}\,{}^{B}\boldsymbol{P} \tag{1-18}
$$

综合上面两次映射得：

$$
{}^{A}\boldsymbol{P}={}^{A}_{B}\boldsymbol{T}\,{}^{B}_{C}\boldsymbol{T}\,{}^{C}\boldsymbol{P} \tag{1-19}
$$

由此可定义复合变换：

$$
{}^{A}_{C}\boldsymbol{T}={}^{A}_{B}\boldsymbol{T}\,{}^{B}_{C}\boldsymbol{T} \tag{1-20}
$$

2) 齐次变换矩阵求逆。如果已知坐标系 $\{\boldsymbol{B}\}$ 相对于坐标系 $\{\boldsymbol{A}\}$ 的齐次变换矩阵为 ${}^{A}_{B}\boldsymbol{T}$，则 ${}^{B}_{A}\boldsymbol{T}$ 代表坐标系 $\{\boldsymbol{A}\}$ 相对于 $\{\boldsymbol{B}\}$ 的齐次变换矩阵，其中 ${}^{A}_{B}\boldsymbol{T}$ 与 ${}^{B}_{A}\boldsymbol{T}$ 互为逆矩阵，即：

$$
{}^{A}_{B}\boldsymbol{T}={}^{B}_{A}\boldsymbol{T}^{-1} \tag{1-21}
$$

为描述机器人的操作，必须建立机器人本身各连杆之间、机器人与周围环境之间的运动关系，为此要规定各种坐标系来描述机器人本身及其与环境的相对位姿关系。

如图 1-9a 所示，$\{\boldsymbol{B}\}$ 代表基础坐标系，$\{\boldsymbol{T}\}$ 是工具坐标系，$\{\boldsymbol{S}\}$ 是工件坐标系，$\{\boldsymbol{G}\}$ 是目标坐标系，若给定 ${}^{B}_{T}\boldsymbol{T}$、${}^{B}_{S}\boldsymbol{T}$ 和 ${}^{B}_{G}\boldsymbol{T}$，求解坐标系 $\{\boldsymbol{G}\}$ 到坐标系 $\{\boldsymbol{T}\}$ 的

映射关系。

建立空间尺寸链如图 1-9b 所示。

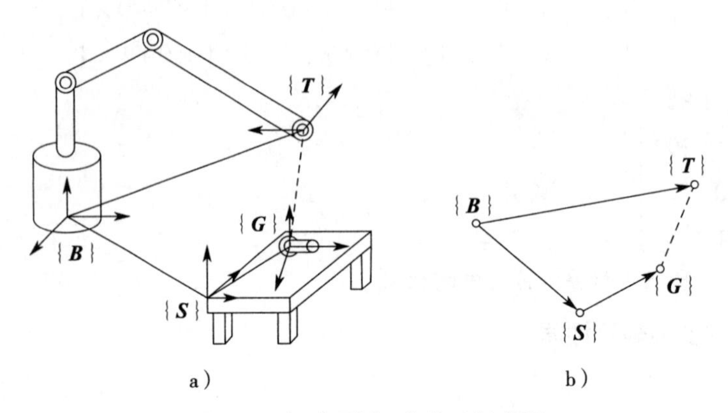

图 1-9 {*G*} 到 {*T*} 的映射求解

a）变换过程 b）空间尺寸链

建立坐标系 {***B***} 到坐标系 {***T***} 的变换方程：

$$ {}^{B}_{T}\boldsymbol{T}={}^{B}_{S}\boldsymbol{T}\cdot{}^{S}_{G}\boldsymbol{T}\cdot{}^{G}_{T}\boldsymbol{T} \tag{1-22}$$

计算得：

$$ {}^{G}_{T}\boldsymbol{T}={}^{S}_{G}\boldsymbol{T}^{-1}\cdot{}^{B}_{S}\boldsymbol{T}^{-1}\cdot{}^{B}_{T}\boldsymbol{T} \tag{1-23}$$

由此，得坐标系 {***G***} 到坐标系 {***T***} 的映射关系。

二、工业机器人运动精度

工业机器人的运动精度主要包括位姿精度、重复位姿精度、轨迹精度、重复轨迹精度等。

位姿精度是指指令位姿和从同一方向一次接近该指令位姿时的实到位姿之间的偏差。

重复位姿精度是指对同一指令位姿从同一方向重复响应 *n* 次后实到位姿的不一致程度。

轨迹精度是指工业机器人机械接口从同一方向一次跟随指令轨迹的偏差。

重复轨迹精度是指对同一给定轨迹从同一方向重复跟随 *n* 次后实到轨迹的不一致程度。

三、工业机器人运动平稳性

运动平稳性是工业机器人运动特性的一个重要指标，主要是指工业机器人在运动过程中能够维持机体稳定而不发生倾覆的性能。理论上，工业机器人的关节是一个点，而实际上，工业机器人的关节有间隙，因此需要考虑运动副（关节的连接部件）间隙影响下的工业机器人平稳作业问题。

学习单元 2　工业机器人坐标系基础

学习目标

1. 了解工业机器人右手坐标系
2. 了解工业机器人运动命名原则
3. 熟悉工业机器人轴的命名原则
4. 掌握工业机器人坐标系
5. 了解工业机器人连杆坐标系

知识要求

一、工业机器人右手坐标系和运动命名原则

1. 工业机器人右手坐标系

为说明工业机器人的位姿、运动快慢等，必须选取坐标系。在参照系中，为确定空间一点的位置，按规定方法选取的有次序的一组数据就是坐标。描述某一位置时所规定坐标的方法就是该位置坐标所用的坐标系。

《机器人与机器人装备　坐标系和运动命名原则》（GB/T 16977—2019）对机器人的坐标系进行了定义。该标准中描述的全部坐标系都由正交的右手定则确定，如

图 1–10 所示。

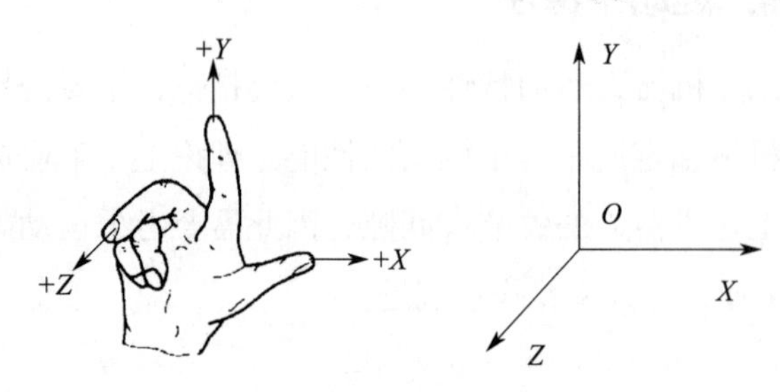

图 1–10　右手坐标系

2. 工业机器人移动命名原则

工业机器人的移动是末端执行点以基础坐标系作为参照确定的，其移动方向参照图 1–10 指定如下：+*X* 或 –*X* 是沿着 *X* 轴移动，+*Y* 或 –*Y* 是沿着 *Y* 轴移动，+*Z* 或 –*Z* 是沿着 *Z* 轴移动。

3. 工业机器人转动命名原则

工业机器人的转动是指工业机器人的姿态从开始点到结束点，以 TCP（工具中心位置）为中心旋转的一种运动。转动的运动速度单位为 deg/s，表示每秒转动的度数。根据 GB/T 16977—2019，*A*、*B*、*C*（FANUC 工业机器人为 *w*、*p*、*r*）分别被定义为围绕 *X* 轴、*Y* 轴、*Z* 轴的独立转动角度，分别称为回转角、俯仰角和偏转角。一般转动是由独立转动的组合来表达的。

A、*B*、*C*（*w*、*p*、*r*）的正方向分别以 *X* 轴、*Y* 轴、*Z* 轴的正方向上右手螺旋前进的方向为正方向，如图 1–11 所示。

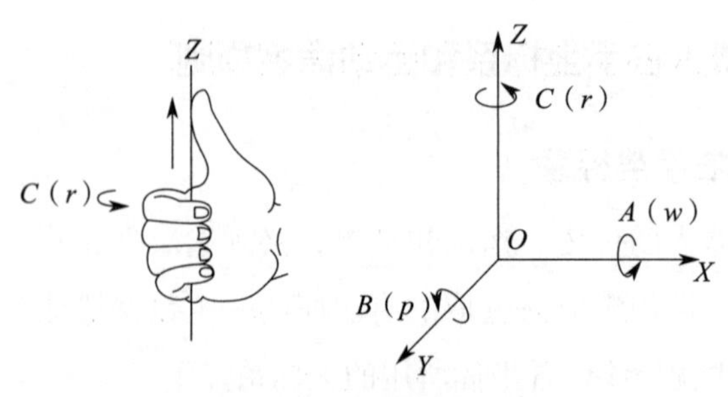

图 1–11　右手螺旋法则

二、工业机器人轴的命名原则

若工业机器人运动轴由数字来定义，则轴 1 应是最靠近机座安装表面的第 1 个运动轴，轴 2 是靠近机座安装表面的第 2 个运动轴，以此类推，轴 n（最后一个轴）则是安装在机械接口上的运动轴。以 FANUC 六轴关节型工业机器人为例，各个运动轴分别称为 J1、J2、J3、J4、J5、J6，如图 1–12 所示，其中，J6 为安装在机械接口的运动轴，其既可以定位末端执行器，也可以操纵零件。图中所有轴都处在 0° 状态。

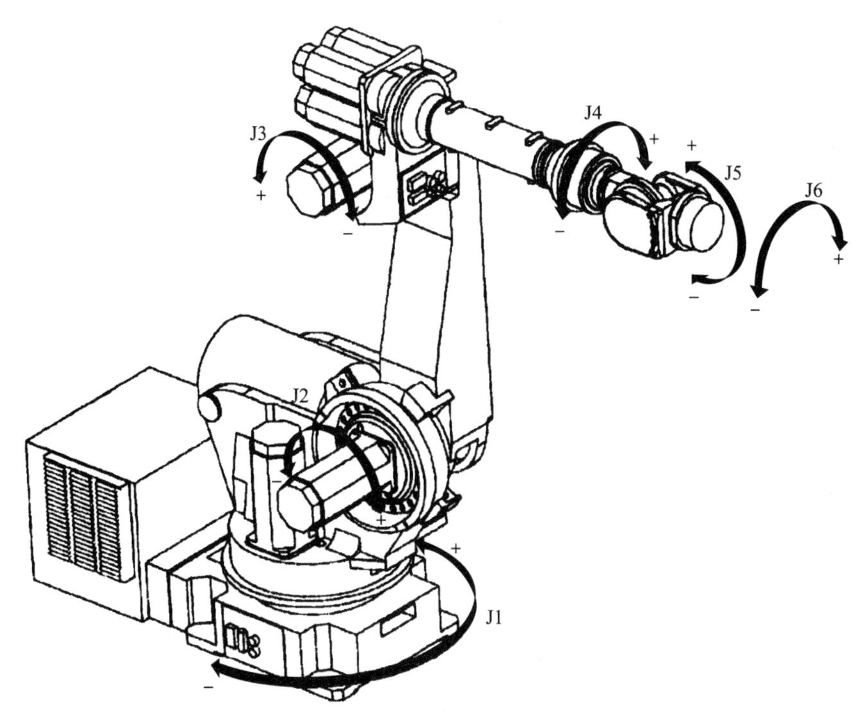

图 1–12　FANUC 六轴关节型机器人轴的命名

三、工业机器人坐标系

机器人坐标系是为确定机器人位姿而在机器人或空间上进行定义的位置指标系统。工业机器人运动通常选取的坐标系有关节坐标系、世界坐标系、工具坐标系、用户坐标系、机座坐标系和机械接口坐标系。

1. 关节坐标系

机器人的各个关节中心点便是关节坐标系的原点，在关节坐标系下，机器人各运动轴均能实现单独运动（包含正向运动和反向运动）。每个关节坐标系是相对于前一个关节坐标系或其他坐标系来定义的。

2. 世界坐标系

世界坐标系是与工业机器人的运动无关、以地球为参照系的固定坐标系，又称绝对坐标系。

3. 工具坐标系

工具坐标系可以是以机器人末端 TCP 为原点的坐标系，也可以是表示工具姿态的坐标系，未设置时由机械接口坐标系替代。

4. 用户坐标系

用户坐标系是用户对每个作业空间进行定义的直角坐标系，未设置时由世界坐标系替代。

5. 机座坐标系

机座坐标系是以机器人机座安装平面为参照的坐标系，也称基础坐标系。

6. 机械接口坐标系

机械接口坐标系是以机械接口为参照的坐标系。

对于固定安装的机器人，坐标系之间的对应关系是唯一确定的，两种坐标系之间的变换可通过空间计算得出。机器人系统各类坐标系如图 1–13 所示。

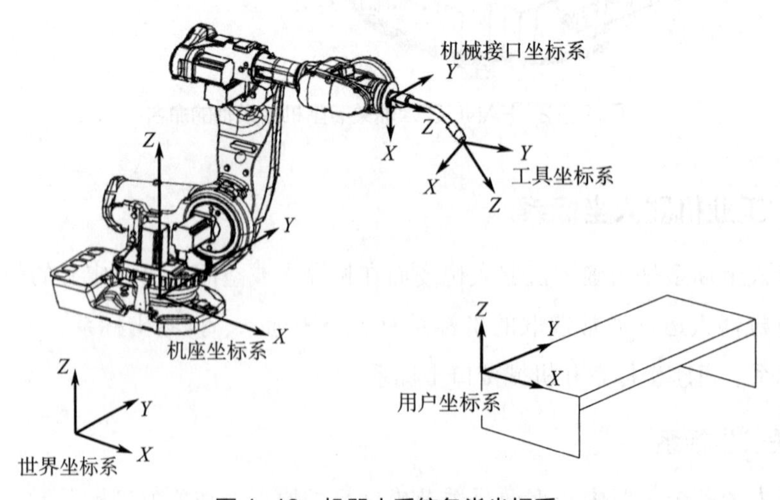

图 1–13　机器人系统各类坐标系

工业机器人根据示教器或程序中的运动指令进行运动。工业机器人的作业点在空间中通过坐标进行标识，通过选取不同的坐标系可以快速有效地对工业机器人进行示教，提高工作效率。当选用关节坐标系时，工业机器人各个关节的运动幅度较小，运动比较精确。当选用世界坐标系时，工业机器人各个关节的运动幅度较大，到达位置点的速度较快。

四、连杆坐标系

工业机器人机械臂可以看作由一系列连杆通过关节顺次相连的运动链。通常，机械臂由转动关节和移动关节组成。为研究机械臂各连杆之间的位移关系，可在每个连杆上固连一个坐标系，用前面所讲的齐次变换矩阵描述相邻两连杆的空间几何关系，依次变换从而推导出连杆坐标系相对于机座坐标系的齐次变换矩阵，建立机械臂运动方程。

坐标系｛0｝为机座坐标系，即基础坐标系，与机器人机座安装面固连且固定不动，可作为参考坐标系，用来描述其他连杆坐标系的位姿。基础坐标系的方向可任意设定，但为了简化起见，一般基础坐标系的 Z 轴（即 Z_0 轴）沿着关节 1 的运动轴线方向，并且当关节 1 的运动变量为零时，坐标系｛1｝与｛0｝重合。末端连杆（连杆 n）坐标系｛n｝的设定与基础坐标系相似。

1. 坐标系建立步骤

（1）找出并画出各个运动轴线。

（2）确定机构整体的初始位置。

（3）规定 Z_i 轴与关节 i 轴线重合（Z_0 轴除外）。

（4）根据初始位置规定 X_i 轴或 Y_i 轴方向。

（5）根据右手定则规定 Y_i 轴或 X_i 轴方向。

值得注意的是，坐标系建立方法并不唯一，方便适用即可。

2. 建立三自由度机械臂连杆坐标系

如图 1–14 所示建立三自由度机械臂连杆坐标系。

首先，找到各转动运动轴线位置，并设定机构整体初始位置，本机构设定 $\theta_2=0°$、$\theta_3=0°$ 时为初始状态，在此基础上设定关节轴线方向为 Z 轴方向，进而根据右手定则设定 X 轴和 Y 轴。

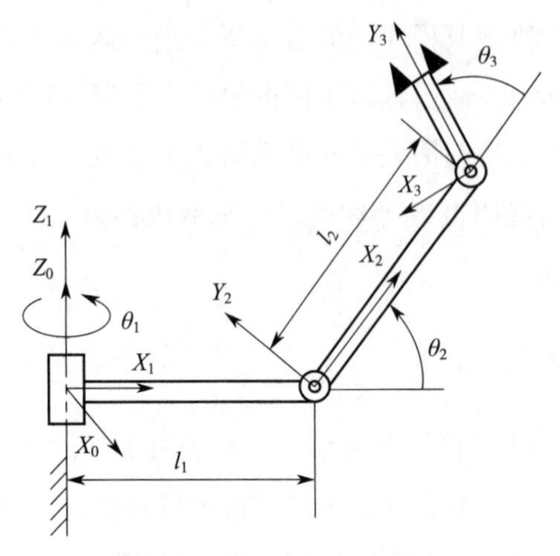

图 1-14　三自由度机械臂连杆坐标系

通过建立末端连杆坐标系与机座坐标系的齐次变换关系，可得到在不同驱动角度下，机械臂末端执行器相对于机座坐标系的位姿关系。

学习单元 3　工业机器人坐标系设置

学习目标

1. 熟悉工业机器人工具坐标系与用户坐标系
2. 掌握工业机器人工具坐标系设置
3. 掌握工业机器人用户坐标系设置

知识要求

一、工具坐标系与用户坐标系

1. 工具坐标系

工具坐标系是表示工具中心位置（TCP）和工具姿态的笛卡尔坐标系。工具坐标系通常以 TCP 为原点，将工具方向设为 Z 轴。工具坐标系需要在编程前先进行定义，若未定义，将由机械接口坐标系替代。

机械接口坐标系是在机器人的机械手腕法兰盘面中定义的标准笛卡尔坐标系，该坐标系的原点被固定在机械接口上的运动轴的法兰盘中心，如图 1–15 所示。

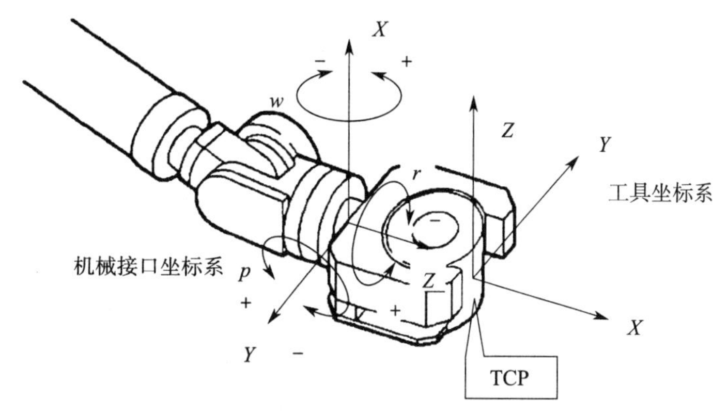

图 1–15　工具坐标系与机械接口坐标系

工具坐标系基于机械接口坐标系而设置，最多可设置 10 个工具坐标系，并可根据情况进行切换。工具坐标系的设置方法有三点法、六点法和直接输入法。

2. 用户坐标系

用户坐标系通过相对于世界坐标系的原点位置（x，y，z）和 X 轴、Y 轴、Z 轴的旋转角（w，p，r）来定义，如图 1–16 所示。用户最多可设置 9 个用户坐标系。用户坐标系的设置方法有三点法和直接输入法。

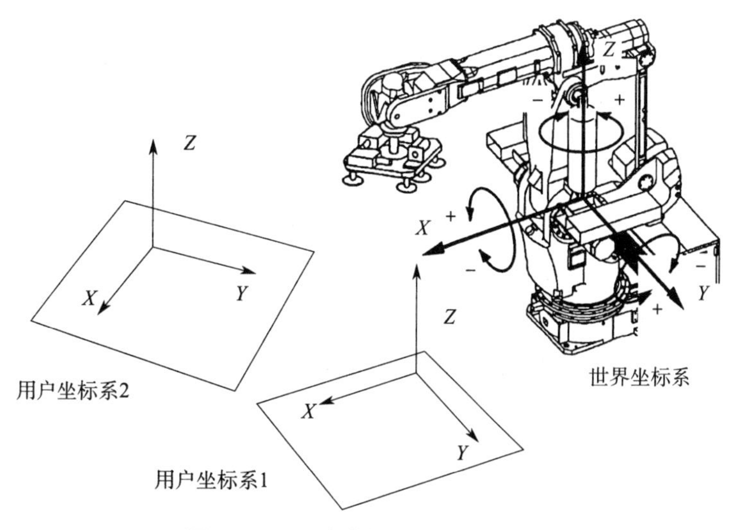

图 1–16　用户坐标系与世界坐标系

二、工具坐标系设置

1. 三点法

用三点法设置工业机器人工具坐标系时，一共需要设置 3 个点。在设置过程中，应使工业机器人以 3 种不同的姿态指向一个固定不变的点——基准点，通过示教的方式记录这 3 个位置。当 3 个点记录完成后，新的工具坐标系将被自动计算生成。要进行正确设置，应尽量使 3 个趋近方向各不相同。

以 FANUC 六轴关节型工业机器人为例，这 3 个点分别为：在示教坐标系切换成世界坐标系后，工业机器人的工具尖端接触到基准点，记录这个位置为第 1 个接近点；在第 1 个接近点基础上，使用关节坐标系旋转 J6 轴（法兰面），角度区间为 90° ~ 360°，使工具尖端接触到基准点，在世界坐标系下记录该位置为第 2 个接近点；在第 2 个接近点基础上，使用关节坐标系旋转 J4 轴和 J5 轴，各轴旋转角度不超过 90°，使工具尖端接触到基准点，在世界坐标系下记录该位置为第 3 个接近点。用三点法设置工业机器人工具坐标系时需要用到世界坐标系、关节坐标系。

三点法示教中，只可以设置工具坐标系的位置（x，y，z），工具坐标系的姿态（w，p，r）的初始值为（0，0，0）。在设定完位置后，可以用六点法或直接输入法来定义工具坐标系的姿态。

2. 六点法

用六点法设置工业机器人工具坐标系时，一共需要设置 6 个点。在设置过程中，先与三点法一样设定位置（x，y，z），再设定姿态（w，p，r）。当 6 个点记录完成后，新的工具坐标系将被自动计算生成。

这 6 个点分别为：三点法中用到的 3 个接近点（接近点 2 的定位方法略不同）、坐标原点、+X 方向点、+Z 方向点。记录工具坐标系 X 轴和 Z 轴方向的点时，将工业机器人的工具坐标系切换为世界坐标系，将所要设置的工具坐标系的 X 轴和 Z 轴平行于世界坐标系的 X 轴和 Z 轴，使操作简单化。

3. 直接输入法

用直接输入法设置工业机器人工具坐标系时，直接输入 TCP 位置（x，y，z）的值，以及工具坐标系 X 轴、Y 轴、Z 轴相对于机械接口坐标系 X 轴、Y 轴、Z 轴的姿态（w，p，r）的值。直接输入法无须操控机器人进行定点，前几步操作都与三点法和六点法一致，之后选择设置的方法为直接输入（Direct Entry），最后用数字键直接输入。直接输入法是最精确的工具坐标系创建方法。

4. 工具坐标系激活

工业机器人工具坐标系激活方法有两种：一种是在坐标系操作界面激活，另一种是用 SHIFT+COORD 键激活。

三、用户坐标系设置

1. 三点法

用三点法设置工业机器人用户坐标系时，一共需要设置 3 个点。这 3 个点分别为坐标原点、X 轴方向点、Y 轴方向点，如图 1–17 所示。通过示教的方式记录这 3 个点后，新的用户坐标系将被自动计算生成。

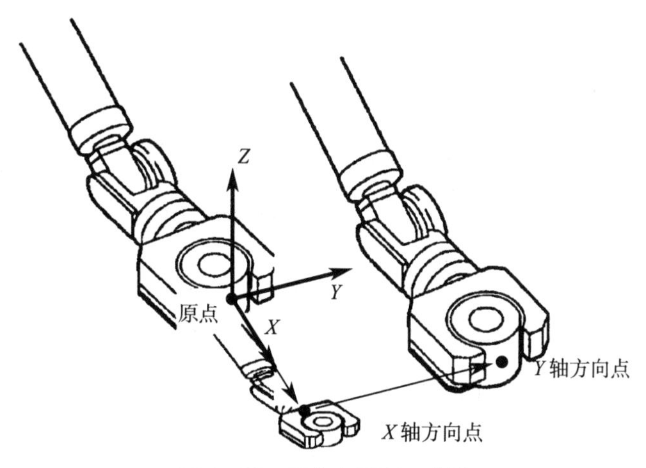

图 1–17　用户坐标系三点法

2. 直接输入法

用直接输入法设置工业机器人用户坐标系时，直接输入用户坐标系原点相对于世界坐标系原点的偏移量的值，以及用户坐标系三轴相对于世界坐标系三轴的姿态的值。直接输入法无须操控机器人进行定点，前几步操作都与三点法一致，之后选择设置的方法为直接输入（Direct Entry），最后用数字键直接输入值。直接输入法是最精确的用户坐标系创建方法。

3. 用户坐标系激活

工业机器人用户坐标系激活方法有两种：一种是在坐标系操作界面激活，另一种是用 SHIFT+COORD 键激活。

技能要求

FANUC 机器人工具坐标系三点法设置

操作要求

掌握机器人工具坐标系三点法设置。

操作准备

序号	名称	规格型号	数量
1	机器人	FANUC M-10iA	1 个
2	控制柜	R-30iB Mate	1 个
3	示教器	iPendant	1 个

操作步骤

步骤 1 确认工业机器人处于安全状态，机器人控制柜处于通电状态。单手握住示教器，等示教器启动后，将 TP（示教器）开关置为 ON，如图 1-18 所示。手持示教器，保持示教器背部的 DEADMAN 开关（即使能开关）按下，如图 1-19 所示，点击示教器操作面板上的 RESET（复位）键，以清除报警。

图 1-18 打开 TP 开关

步骤 2 按下示教器操作面板上的 MENU（菜单）键，如图 1-20 所示。

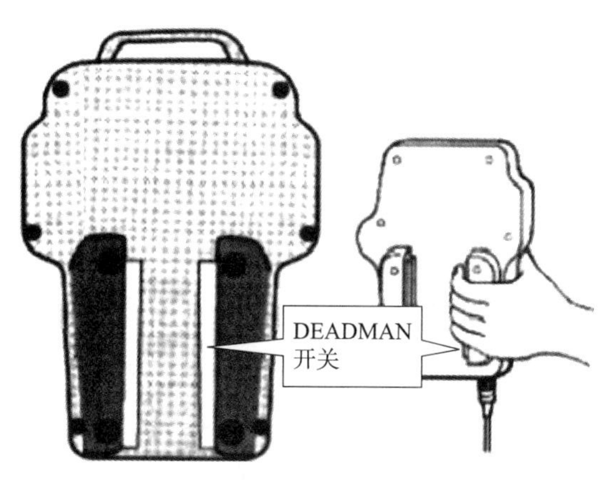

图 1-19　按下使能开关

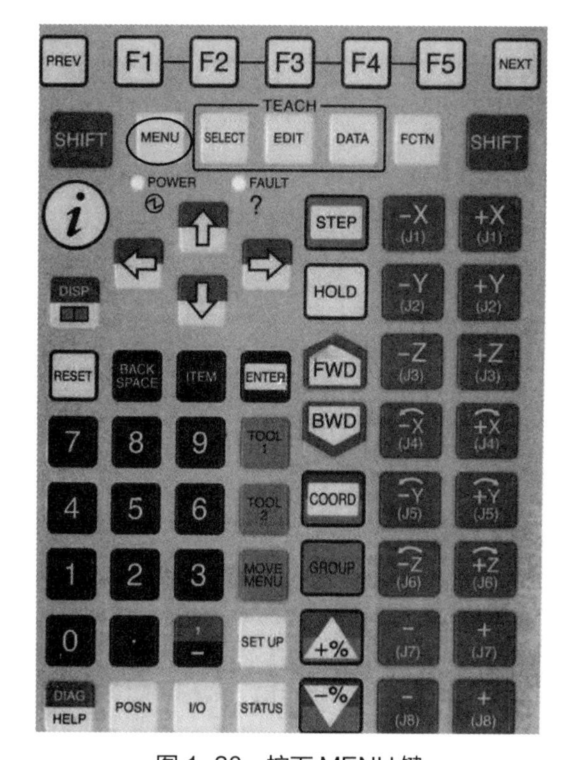

图 1-20　按下 MENU 键

步骤 3　进入菜单程序管理界面后，移动光标，选择 SETUP（设置），如图 1-21 所示，点击操作面板上的 ENTER（回车）键进入系统设置界面。

步骤 4　点击 F1 TYPE（类型）键，移动光标，选择 Frames（坐标系），并点击 ENTER 键，进入坐标系设置界面。

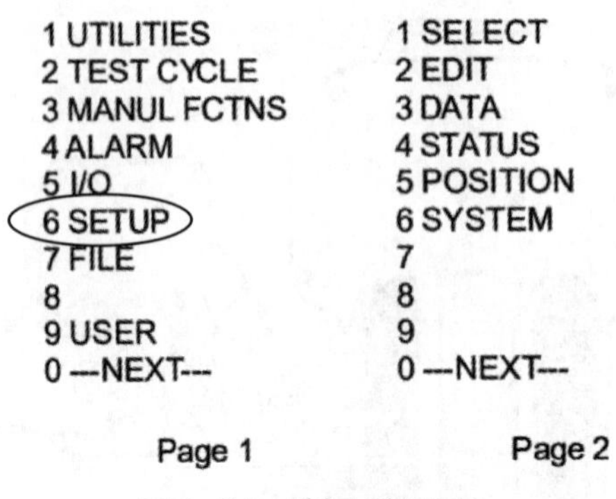

图 1–21　选择 SETUP

步骤 5　点击 F3 OTHER（其他）键，移动光标，选择 Tool Frame（工具坐标系），如图 1–22 所示，并点击 ENTER 键，进入工具坐标系设置界面。

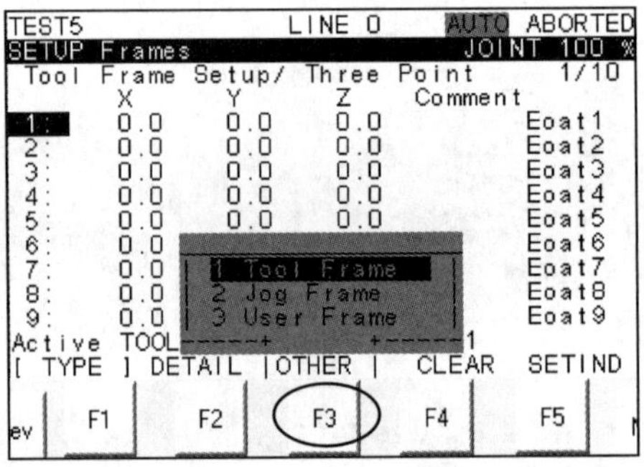

图 1–22　选择工具坐标系

步骤 6　移动光标，选择所需设置的 TCP 参数行，点击 F2 DETAIL（细节）键，如图 1–23 所示，进入详细界面。

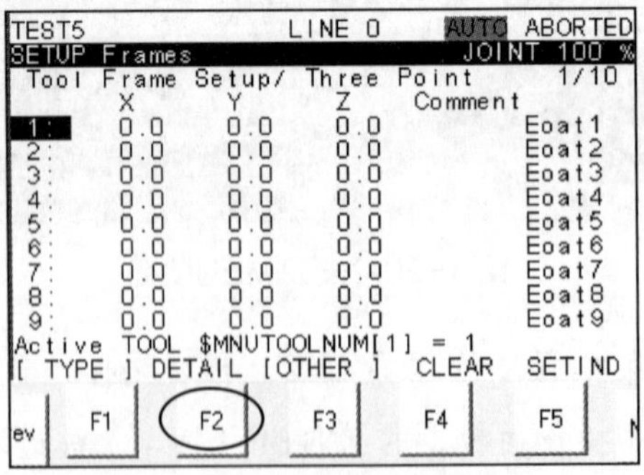

图 1–23　工具坐标系设置界面

步骤 7　点击 F2 METHOD（方法）键，移动光标，选择 Three Point（三点

法），如图 1–24 所示，并点击 ENTER 键确认，进入三点法设置界面，如图 1–25 所示。

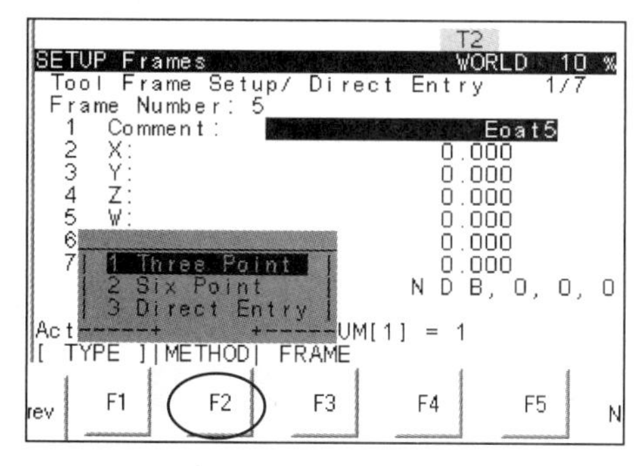

图 1–24　选择三点法

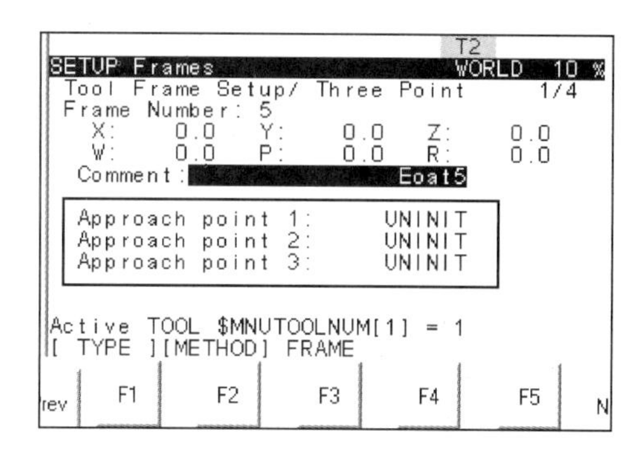

图 1–25　三点法设置界面

步骤 8　记录接近点 1。

（1）移动光标，选择 Approach point 1:（接近点 1:）。

（2）把示教坐标系切换成世界坐标系（WORLD），移动机器人，使工具尖端接触到基准点，如图 1–26 所示。

（3）同时点击 SHIFT 键和 F5 RECORD（记录）键进行记录。

步骤 9　记录接近点 2。

（1）移动光标，选择 Approach point 2:（接近点 2:）。

（2）把示教坐标系切换成关节坐标系（JOINT），旋转 J6 轴（法兰面）至少 90°，但不要超过 360°，如图 1–27 所示。

（3）把示教坐标系切换成世界坐标系，移动机器人，使工具尖端接触到基准点。

（4）同时点击 SHIFT 键和 F5 RECORD 键进行记录。

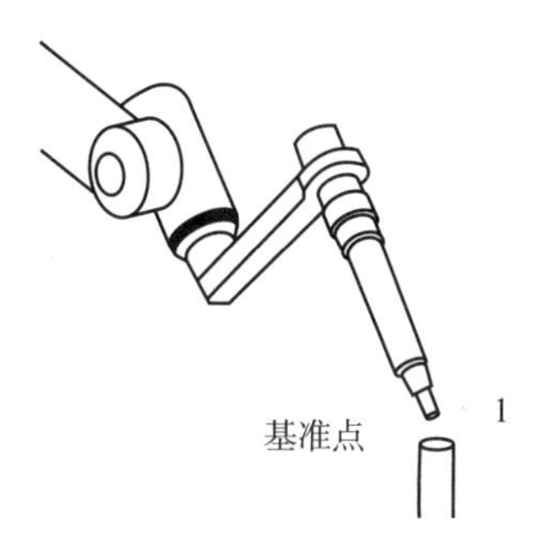

图 1–26　机器人工具尖端移动至接近点 1

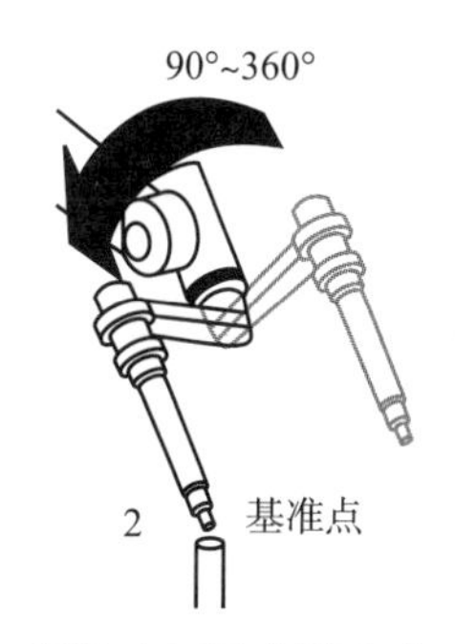

图 1–27　机器人工具尖端移动至接近点 2

步骤 10 记录接近点 3。

（1）移动光标，选择 Approach point 3:（接近点 3:）。

（2）把示教坐标系切换成关节坐标系，旋转 J4 轴和 J5 轴，不要超过 90°，如图 1–28 所示。

（3）把示教坐标系切换成世界坐标系，移动机器人，使工具尖端接触到基准点。

（4）同时点击 SHIFT 键和 F5 RECORD 键进行记录。

步骤 11 三个点记录完成后，新的工具坐标系被自动计算生成，如图 1–29 所示。其中，X、Y、Z 中的数据代表当前设置的 TCP 相对于 J6 轴法兰盘中心的偏移量，W、P、R 的值为 0。

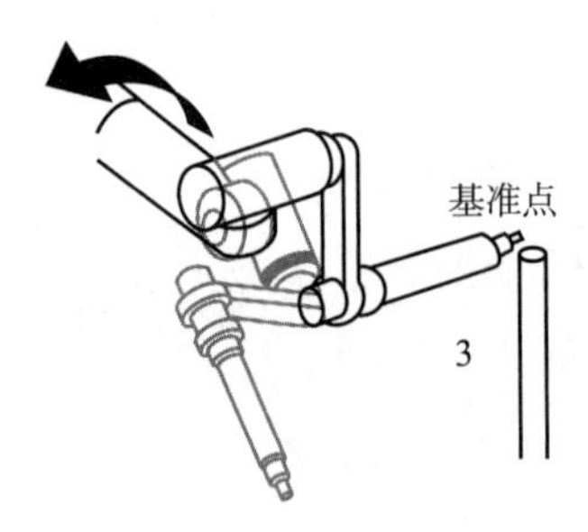

图 1–28 机器人工具尖端移动至接近点 3

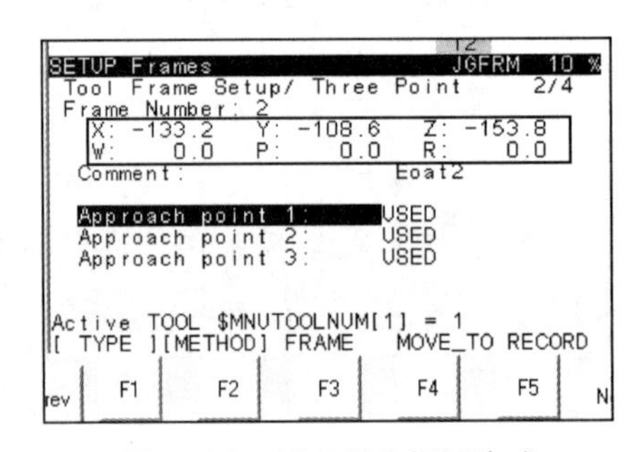

图 1–29 新工具坐标系生成

FANUC 机器人工具坐标系六点法设置

操作要求

掌握机器人工具坐标系六点法设置。

操作准备

序号	名称	规格型号	数量
1	机器人	FANUC M–10iA	1 个
2	控制柜	R–30iB Mate	1 个
3	示教器	iPendant	1 个

操作步骤

步骤 1　确认工业机器人处于安全状态，机器人控制柜处于通电状态。单手握住示教器，等示教器启动后，将 TP 开关置为 ON，如图 1–18 所示。手持示教器，保持示教器背部的 DEADMAN 开关按下，如图 1–19 所示，点击示教器操作面板上的 RESET 键，以清除报警。

步骤 2　按下示教器操作面板上的 MENU 键，如图 1–20 所示。

步骤 3　进入菜单程序管理界面后，移动光标，选择 SETUP，如图 1–21 所示，点击操作面板上的 ENTER 键进入系统设置界面。

步骤 4　点击 F1 TYPE 键，移动光标，选择 Frames，并点击 ENTER 键，进入坐标系设置界面。

步骤 5　点击 F3 OTHER（其他）键，移动光标，选择 Tool Frame（工具坐标系），如图 1–22 所示，并点击 ENTER 键，进入工具坐标系设置界面。

步骤 6　移动光标，选择所需设置的 TCP 参数行，点击 F2 DETAIL 键，如图 1–23 所示，进入详细界面。

步骤 7　点击 F2 METHOD 键，移动光标，选择 Six Point（六点法），如图 1–30 所示，并点击 ENTER 键确认，进入六点法设置界面，如图 1–31 所示。

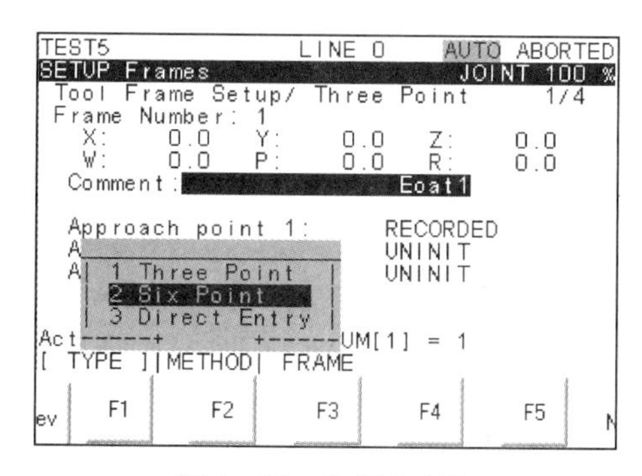

图 1–30　选择六点法

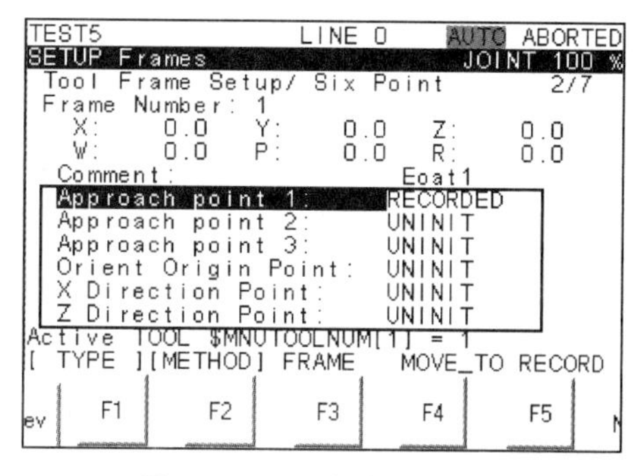

图 1–31　六点法设置界面

步骤 8　记录接近点 1 和坐标原点（Orient Origin Point）。

（1）移动光标，选择 Approach point 1:，如图 1–31 所示。

（2）点击 COORD 键，切换示教坐标系为世界坐标系，移动机器人，使工具尖端接触到基准点，如图 1–32 所示。

（3）同时点击 SHIFT 键和 F5 RECORD 键进行记录。

（4）移动光标，选择图 1–31 中的 Orient Origin Point:。

（5）坐标原点位置如图 1–33 所示，同时点击 SHIFT 键和 F5 RECORD 键进行记录。

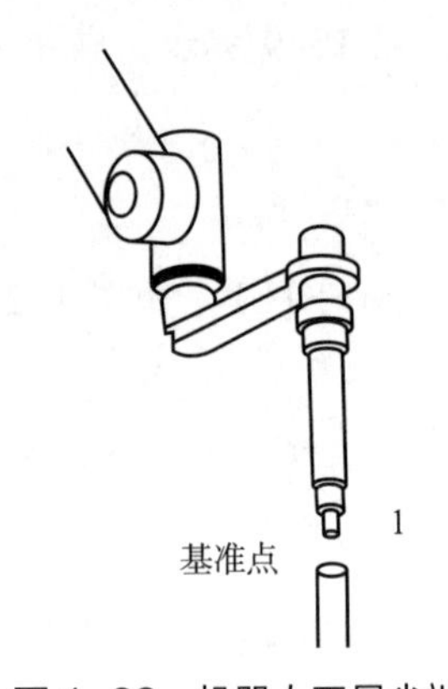

图 1–32　机器人工具尖端移动至接近点 1

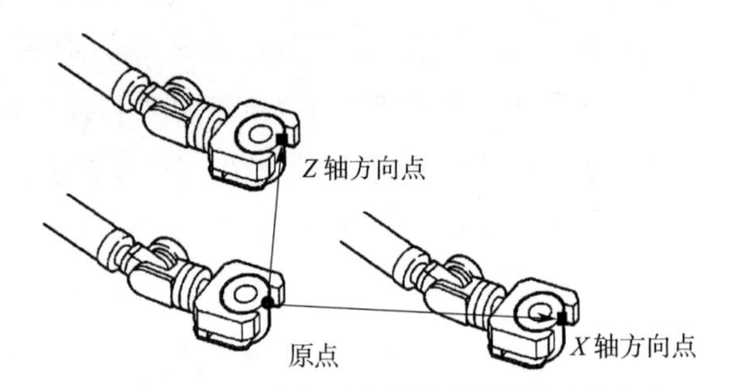

图 1–33　工具坐标系六点法中计算姿态的三点

步骤 9　记录 +*X* 方向点。

（1）移动光标，选择图 1–31 中的 X Direction Point:。

（2）移动机器人，使工具沿所需要设置的 +*X* 方向移动至少 250 mm，*X* 轴方向点如图 1–33 所示。

（3）同时点击 SHIFT 键和 F5 RECORD 键进行记录。

步骤 10　记录 +*Z* 方向点。

（1）移动光标，选择图 1–31 中的 Orient Origin Point:。

（2）同时点击 SHIFT 键和 F4 MOVE_TO（位置移动）键使机器人工具恢复到坐标原点位置。

（3）移动光标，选择图 1–31 中的 Z Direction Point:。

（4）移动机器人，使工具沿所需要设置的 +*Z* 方向移动至少 250 mm，*Z* 轴方向点如图 1–33 所示。

（5）同时点击 SHIFT 键和 F5 RECORD 键进行记录。

步骤 11　记录接近点 2。

（1）移动光标，选择图 1–31 中的 Approach point 1:。

（2）同时点击 SHIFT 键和 F4 MOVE_TO 键使机器人工具恢复到接近点 1

的位置。

（3）沿世界坐标系 +Z 方向移动机器人工具 50 mm 左右。

（4）移动光标，选择图 1-31 中的 Approach point 2：。

（5）把示教坐标系切换成关节坐标系，旋转 J6 轴（法兰面）至少 90°，但不要超过 180°。

（6）把示教坐标系切换成世界坐标系，移动机器人，使工具尖端接触到基准点，如图 1-34 所示。

（7）同时点击 SHIFT 键和 F5 RECORD 键进行记录。

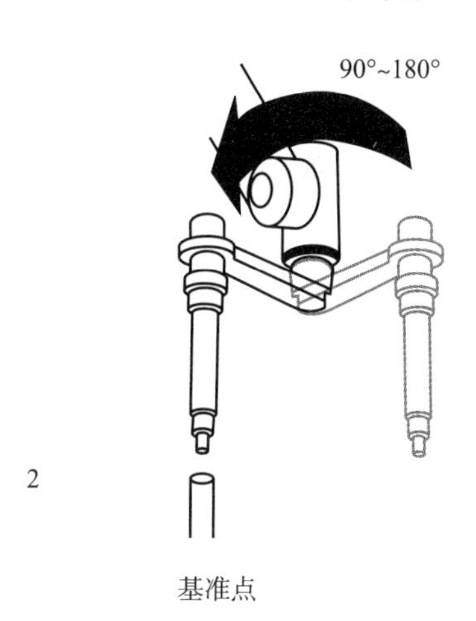

图 1-34　机器人工具尖端移动至接近点 2

步骤 12　记录接近点 3。

（1）移动光标，选择图 1-31 中的 Approach point 3：。

（2）机器人工具在接近点 2 上，把示教坐标系切换成关节坐标系，旋转 J4 轴和 J5 轴，不要超过 90°。

（3）把示教坐标系切换成世界坐标系，移动机器人，使工具尖端接触到基准点，如图 1-35 所示。

（4）同时点击 SHIFT 键和 F5 RECORD 键进行记录。

步骤 13　六个点记录完成后，新的工具坐标系被自动计算生成，如图 1-36 所示。其中，X、Y、Z 中的数据代表当前设置的 TCP 相对于 J6 轴法兰盘中心的偏移量，W、P、R 中的数据代表当前设置的工具坐标系相对于默认工具坐标系的旋转量。

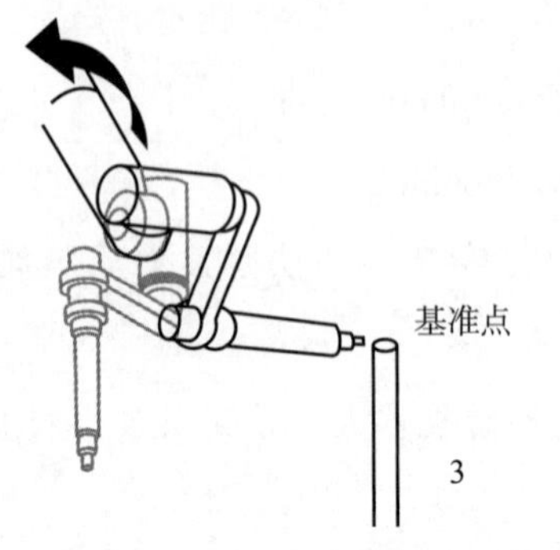

图 1-35　机器人工具尖端移动至接近点 3

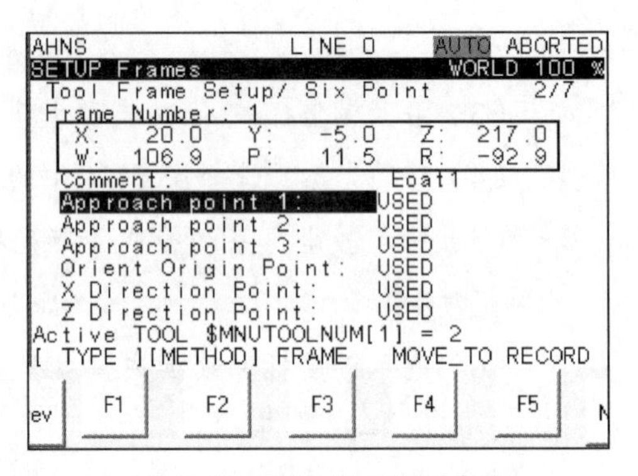

图 1-36　新工具坐标系生成

FANUC 机器人工具坐标系激活

操作要求

1. 掌握机器人工具坐标系操作界面激活法。
2. 掌握机器人工具坐标系快捷键激活法。

操作准备

序号	名称	规格型号	数量
1	机器人	FANUC M-10iA	1 个
2	控制柜	R-30iB Mate	1 个
3	示教器	iPendant	1 个

操作步骤

步骤 1　确认工业机器人处于安全状态，机器人控制柜处于通电状态。单手握住示教器，等示教器启动后，将 TP 开关置为 ON，如图 1-18 所示。手持示教器，保持示教器背部的 DEADMAN 开关按下，如图 1-19 所示，点击示教器操作面板上的 RESET 键，以清除报警。

步骤 2　按下示教器操作面板上的 MENU 键，如图 1-20 所示。

步骤 3　进入菜单程序管理界面后，移动光标，选择 SETUP（设置），如图 1-21 所示，点击操作面板上的 ENTER 键进入系统设置界面。

步骤 4　点击 F1 TYPE 键，移动光标，选择 Frames，并点击 ENTER 键，进入坐标系设置界面。

步骤 5　用三点法、六点法或直接输入法完成工具坐标系设置，进行如下操作。

方法一：

步骤 6　点击示教器操作面板上的 PREV（前一页）键回到工具坐标系操作界面，点击 F5 SETIND（设定）键，如图 1-37 所示。

AHNS　LINE 0　AUTO ABORTED
SETUP Frames　WORLD 100 %
Tool Frame Setup/ Six Point　1/10

	X	Y	Z	Comment
1:	20.0	-5.0	217.0	Eoat1
2:	4.0	-2.5	258.5	Eoat2
3:	0.0	0.0	0.0	Eoat3
4:	0.0	0.0	0.0	Eoat4
5:	0.0	0.0	0.0	Eoat5
6:	0.0	0.0	0.0	Eoat6
7:	0.0	0.0	0.0	Eoat7
8:	0.0	0.0	0.0	Eoat8
9:	0.0	0.0	0.0	Eoat9

Active TOOL $MNUTOOLNUM[1] = 2
[TYPE] DETAIL [OTHER] CLEAR SETIND
rev F1 F2 F3 F4 F5 N

图 1-37　工具坐标系操作界面

步骤 7　移动光标，选择 Enter frame number:（输入坐标系号:），如图 1-38 所示，用数字键输入所需激活的工具坐标系号，点击 ENTER 键确认。屏幕中将显示被激活的工具坐标系号，即当前有效工具坐标系号，如图 1-39 所示。

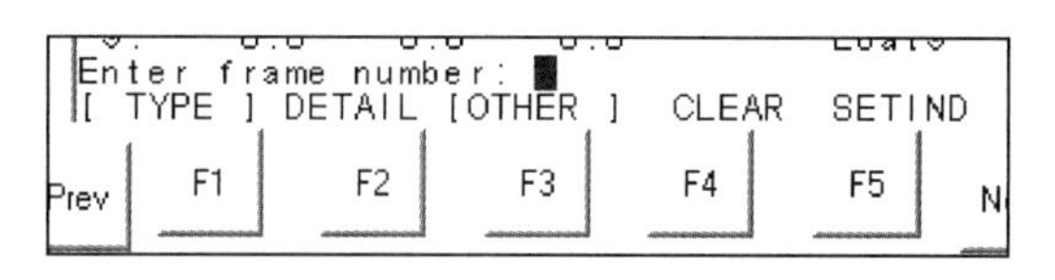

图 1-38　输入工具坐标系号

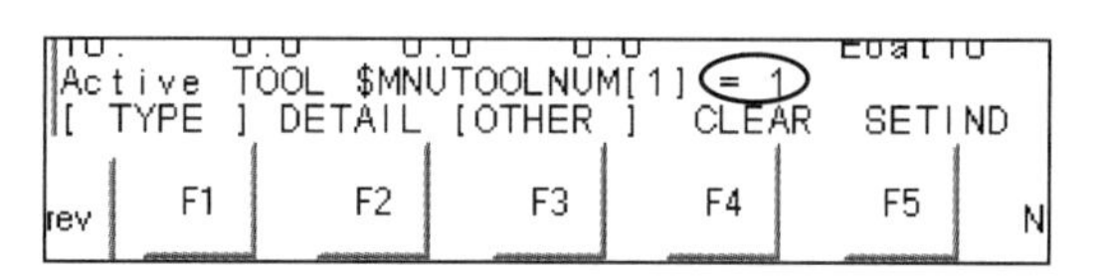

图 1-39　有效工具坐标系号

方法二：

步骤 6 同时点击 SHIFT 键和 COORD 键，系统界面弹出对话框，如图 1-40 所示。

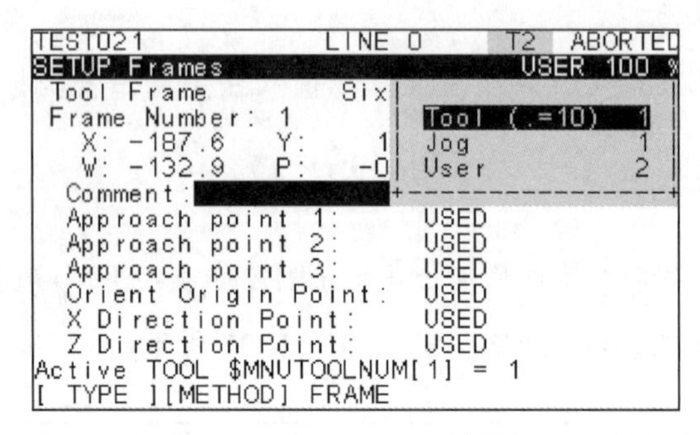

图 1-40 用 SHIFT+COORD 键激活工具坐标系

步骤 7 移动光标，选择工具坐标系（Tool），用数字键输入所要激活的工具坐标系号。

FANUC 机器人用户坐标系三点法设置

操作要求

掌握机器人用户坐标系三点法设置。

操作准备

序号	名称	规格型号	数量
1	机器人	FANUC M-10iA	1 个
2	控制柜	R-30iB Mate	1 个
3	示教器	iPendant	1 个

操作步骤

步骤 1 确认工业机器人处于安全状态，机器人控制柜处于通电状态。单手握住示教器，等示教器启动后，将 TP 开关置为 ON，如图 1-18 所示。手持示教器，保持示教器背部的 DEADMAN 开关按下，如图 1-19 所示，点击示教器操作面板上的 RESET 键，以清除报警。

步骤 2　按下示教器操作面板上的 MENU 键，如图 1-20 所示。

步骤 3　进入菜单程序管理界面后，移动光标，选择 SETUP，如图 1-21 所示，点击操作面板上的 ENTER 键进入系统设置界面。

步骤 4　点击 F1 TYPE 键，移动光标，选择 Frames，并点击 ENTER 键，进入坐标系设置界面。

步骤 5　点击 F3 OTHER 键，移动光标，选择 User Frame（用户坐标系），如图 1-41 所示，并点击 ENTER 键，进入用户坐标系设置界面。

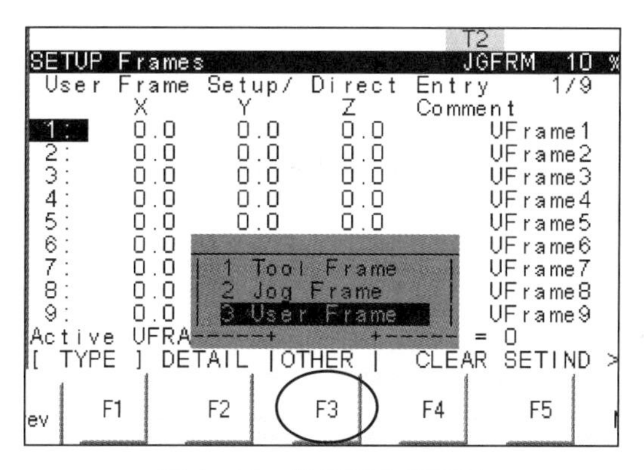

图 1-41　选择用户坐标系

步骤 6　移动光标，选择需要设置的用户坐标系参数行，点击 F2 DETAIL 键，如图 1-42 所示，进入详细界面。

```
T2
SETUP Frames                          JGFRM   10 %
 User Frame Setup/ Direct Entry          1/9
         X          Y          Z      Comment
 1:     0.0        0.0        0.0          UFrame1
 2:     0.0        0.0        0.0          UFrame2
 3:     0.0        0.0        0.0          UFrame3
 4:     0.0        0.0        0.0          UFrame4
 5:     0.0        0.0        0.0          UFrame5
 6:     0.0        0.0        0.0          UFrame6
 7:     0.0        0.0        0.0          UFrame7
 8:     0.0        0.0        0.0          UFrame8
 9:     0.0        0.0        0.0          UFrame9
Active UFRAME $MNUFRAMENUM[1] = 0
[ TYPE ] DETAIL [OTHER ] CLEAR SETIND >
     F1      F2      F3      F4      F5
```

图 1-42　用户坐标系设置界面

步骤7 点击F2 METHOD键，移动光标，选择Three Point，如图1-43所示，并点击ENTER键确认，进入三点法设置界面，如图1-44所示。

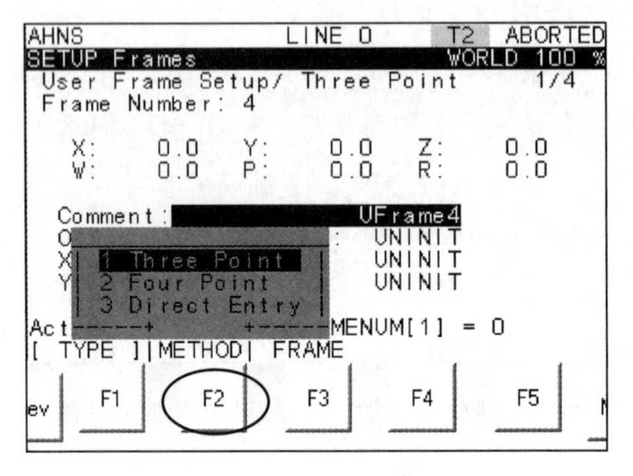

图1-43 选择三点法

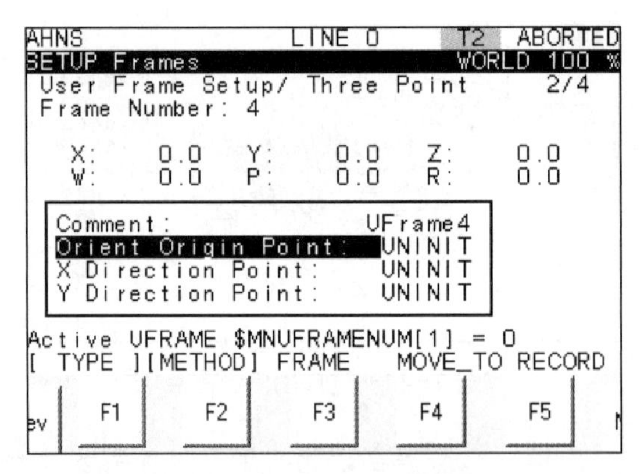

图1-44 三点法设置界面

步骤8 记录坐标原点。

（1）将示教坐标系切换成世界坐标系，移动机器人，使工具尖端接触到设置的用户坐标系的原点。

（2）移动光标，选择图1-44中的Orient Origin Point:，同时点击SHIFT键和F5 RECORD键进行记录。记录完成后，UNINIT（未初始化）变成RECORDED（记录完成），如图1-45所示。

步骤9 记录*X*轴方向点。

（1）示教机器人工具沿用户设定的+*X*方向移动至少250 mm。

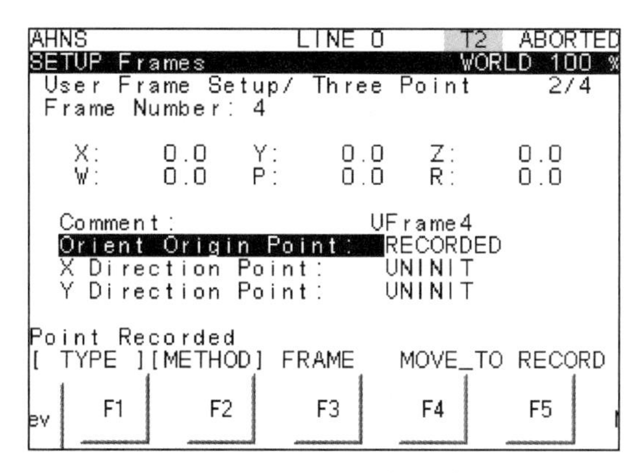

图 1-45　记录坐标原点

（2）移动光标，选择 X Direction Point:，同时点击 SHIFT 键和 F5 RECORD 键进行记录。记录完成后，UNINIT 变成 RECORDED。

（3）移动光标，选择 Orient Origin Point:。

（4）同时点击 SHIFT 键和 F4 MOVE_TO 键，使示教点回到坐标原点。

步骤 10　记录 *Y* 轴方向点。

（1）示教机器人工具沿用户设定的 +*Y* 方向移动至少 250 mm。

（2）移动光标，选择 Y Direction Point:，同时点击 SHIFT 键和 F5 RECORD 键进行记录。记录完成后，UNINIT 变成 RECORDED。

步骤 11　三个点记录完成后，新的用户坐标系被自动计算生成，RECORDED 自动跳转为 USED，如图 1-46 所示。其中，X、Y、Z 中的数据代表当前设置的用户坐标系原点相对于世界坐标系的偏移量，W、P、R 中的数据代表当前设置的用户坐标系相对于世界坐标系的旋转量。

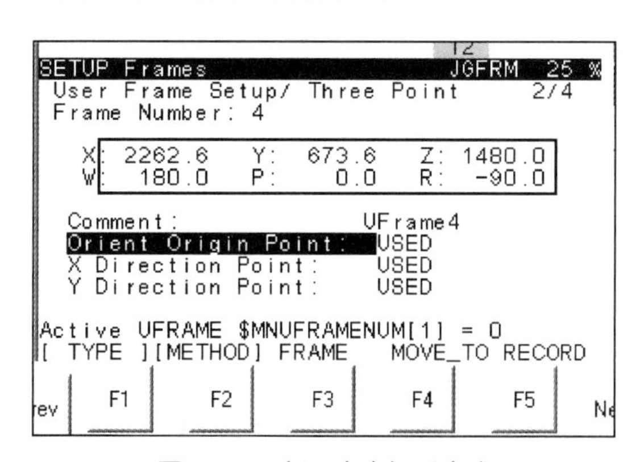

图 1-46　新用户坐标系生成

FANUC 机器人用户坐标系激活

操作要求

1. 掌握机器人用户坐标系操作界面激活法。
2. 掌握机器人用户坐标系快捷键激活法。

操作准备

序号	名称	规格型号	数量
1	机器人	FANUC M–10iA	1个
2	控制柜	R–30iB Mate	1个
3	示教器	iPendant	1个

操作步骤

步骤 1 确认工业机器人处于安全状态，机器人控制柜处于通电状态。单手握住示教器，等示教器启动后，将 TP 开关置为 ON，如图 1–18 所示。手持示教器，保持示教器背部的 DEADMAN 开关按下，如图 1–19 所示，点击示教器操作面板上的 RESET 键，以清除报警。

步骤 2 按下示教器操作面板上的 MENU 键，如图 1–20 所示。

步骤 3 进入菜单程序管理界面后，移动光标，选择 SETUP，如图 1–21 所示，点击操作面板上的 ENTER 键进入系统设置界面。

步骤 4 点击 F1 TYPE 键，移动光标，选择 Frames，并点击 ENTER 键，进入坐标系设置界面。

步骤 5 确认机器人处于正常待机状态且用户坐标系设置完成，进行以下操作。

方法一：

步骤 6 点击示教器操作面板上的 PREV 键回到用户坐标系操作界面，点击 F5 SETIND 键，如图 1–47 所示。

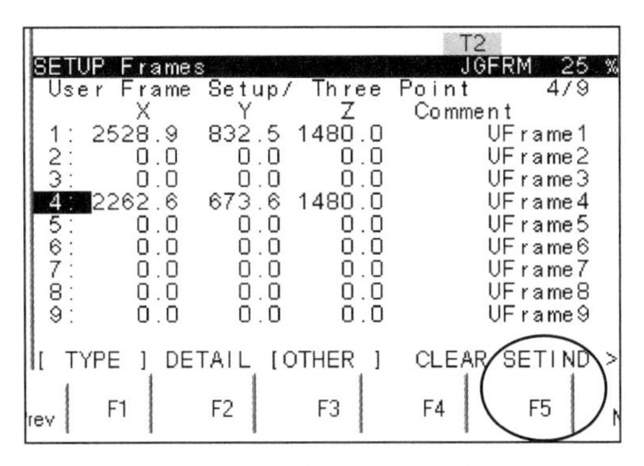

图 1–47　用户坐标系操作界面

步骤 7　移动光标，选择 Enter frame number:，如图 1–48 所示，用数字键输入所需激活的用户坐标系号，点击 ENTER 键确认。屏幕中将显示被激活的用户坐标系号，即当前有效用户坐标系号，如图 1–49 所示。

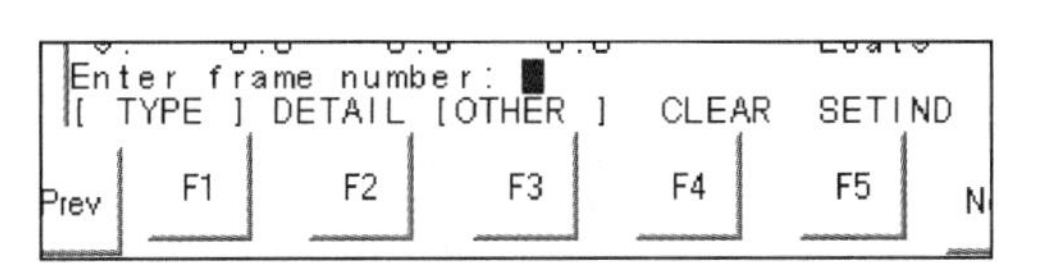

图 1–48　输入用户坐标系号

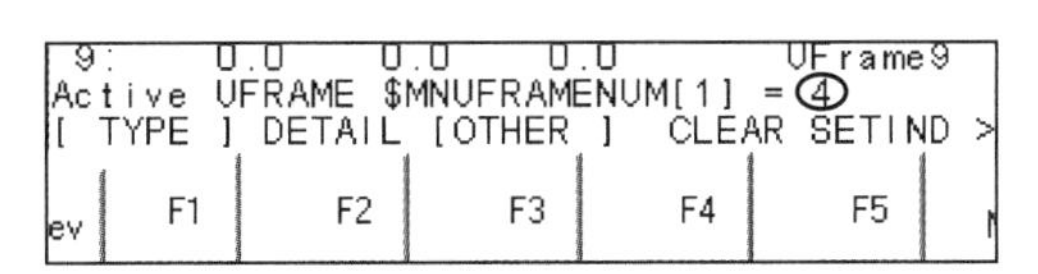

图 1–49　有效用户坐标系号

方法二：

步骤 6　同时点击 SHIFT 键和 COORD 键，系统界面弹出对话框，如图 1–50 所示。

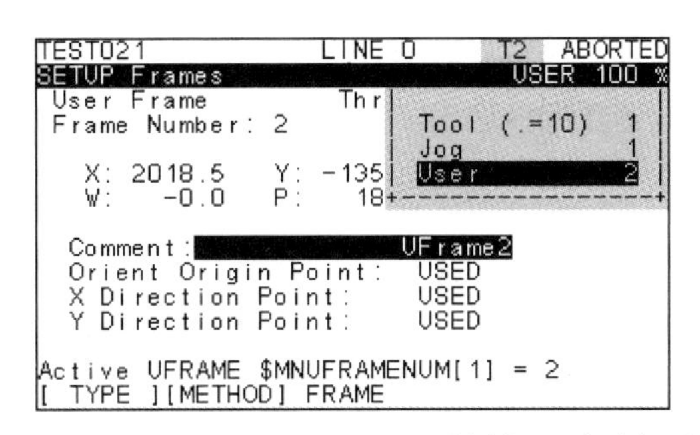

图 1–50　用 SHIFT+COORD 键激活用户坐标系

步骤 7 移动光标，选择用户坐标系（User），用数字键输入所要激活的用户坐标系号。

学习单元 4 工业机器人运动学

学习目标

1. 了解工业机器人的自由度
2. 了解工业机器人的正反解
3. 熟悉工业机器人的工作空间
4. 掌握工业机器人的奇异位形

知识要求

机器人运动学将几何应用于构成机器人系统结构的多自由度运动链的运动研究。机器人的结构直接影响机器人的工作性能。虽然机器人由编程控制，可以完成很多加工任务，但是由于经济性和实用性要求，不同的任务仍由不同的机器人承担。机器人的布局、关节数量、驱动传动等将随着工作要求和环境要求的不同而不同，其运动学的基本要素如下。

一、自由度

自由度是指机器人机械臂所具有的独立坐标轴数目，或机器人具有的关节轴数目，不包括末端执行器动作轴的数目。对于二维空间，机器人一般需要有 3 个自由度，包括两个移动自由度、一个转动自由度；对于三维空间，机器人一般需要有 6 个自由度，包括沿 X 轴、Y 轴、Z 轴的移动自由度及绕三轴的转动自由度。

机器人的自由度要与其任务要求相配合，并不是所有机器人都要有 6 个自由度。例如，在工业物料搬运过程中，一般采用四自由度码垛机器人，其结构示意如图 1–51 所示。又如，在机床加工中，刀库与机床主轴之间的刀具选择与转换使用的是一个具有抓、拔、转位和交换等功能的具有 4 个自由度的机械手。

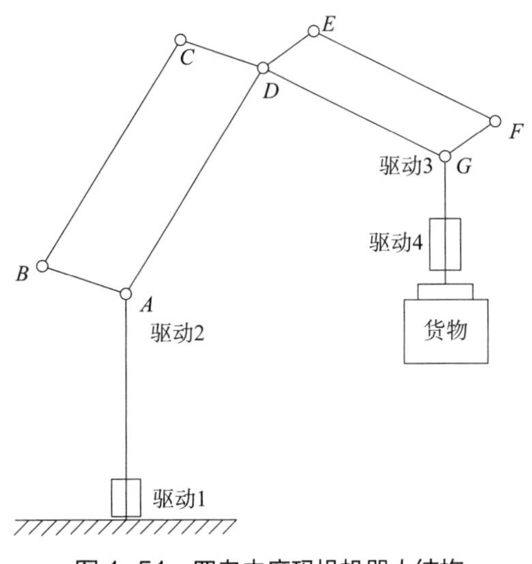

图 1-51　四自由度码垛机器人结构

虽然采用少于 6 个自由度的机器人也能完成预定的任务，但是在实际工作中，为避免碰撞，也会使用有冗余度的机器人，即运动自由度个数大于机械臂驱动个数，这样能使机器人在工作时具有更大的灵活性，避免碰撞与机构奇异。

二、正反解

正反解是机器人运动研究的基础内容，用来反映各个驱动关节与末端执行器运动的变化关系，是设计、规划、控制机器人的基础。运动正解是指根据给定的驱动关节变量大小求解机器人末端执行器的位姿，运动反解是指根据给定的机器人末端执行器的位姿求解各个驱动关节变量大小。

串联机器人（指一个轴的运动会改变另一个轴的坐标原点的机器人）的运动正解易于处理，运动反解相对困难；并联机器人（指一个轴的运动不会改变另一个轴的坐标原点的机器人）的运动反解一般相对容易（但一些少自由度并联机构的并联机器人反解也相对困难），运动正解却十分复杂。对于串联机器人，随着机器人自由度增加，原本就比正解问题复杂的反解问题的求解将变得更加复杂。在实际应用中，大多数的运动是预先给定末端执行器的位姿，通过反解得到关节坐标，从而控制机器人完成操作。

三、工作空间

机器人的工作空间就是机器人末端执行器 TCP 所能达到的点的集合。机器人工作空间的大小代表了机器人活动范围的大小，是衡量机器人工作能力的一个重要指标。图 1–52 所示为两自由度平面机械手的工作空间示意。在机器人设计、控制及应用过程中，工作空间都是一个需要考虑的重要问题。例如，要根据工作空间要求来确定机器人的结构尺寸，进行冗余度机器人回避障碍物的动作规划等。此外，可用工作空间来衡量机器人机构设计的合理性。

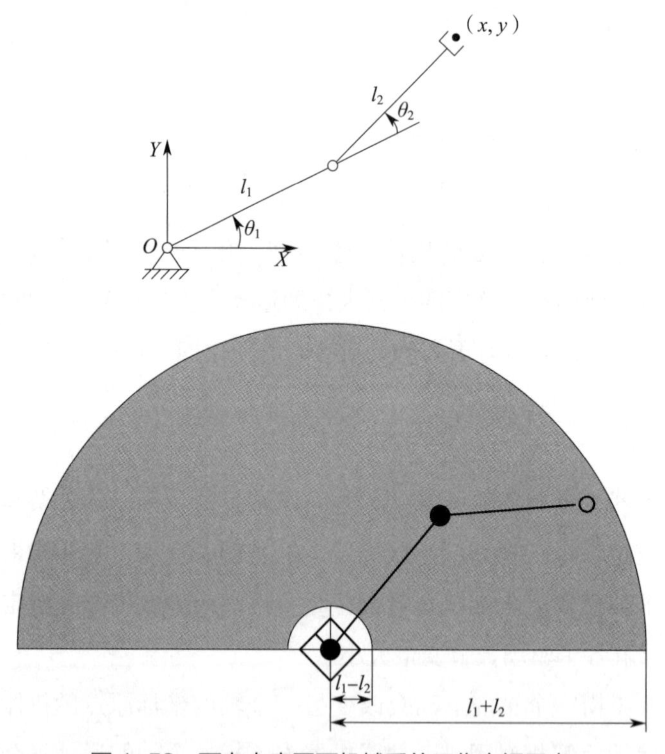

图 1–52　两自由度平面机械手的工作空间示意

工作空间必须与被加工工件和机器人使用的夹具相适应。决定机器人工作空间大小的因素包括驱动轴数目、连杆尺寸及总体构型。需要注意的是，在工作空间内的某些位置上，机器人不可能达到预定速度，甚至不能完成规定方向的运动，即所谓工作空间的奇异性。

四、奇异位形

当机器人以笛卡尔坐标系为参考坐标系进行运动时，机器人末端执行器失去瞬间向一个或多个方向移动的能力时的位置称为运动学奇异点，简称奇异点。

当机器人在运动过程中到达奇异点时会自动停止运动，此时机器人的位姿称为奇异位形。奇异位形是机器人机构的一个重要运动学特性，是指在机器人的工作空间中，TCP 不能实现沿任意方向进行微小移动或转动时机器人的位姿。粗略地讲，奇异位形可分为工作空间边界的奇异位形和工作空间内部的奇异位形。

1. 工作空间边界的奇异位形

工作空间边界的奇异位形通常是由于机器人机械臂到达极限位置造成的。如图 1–53 所示，两自由度平面机械手处于工作空间边界（机械臂完全伸出或缩回）时，其只具有一个操作自由度，只可沿切向运动，不能沿径向运动。

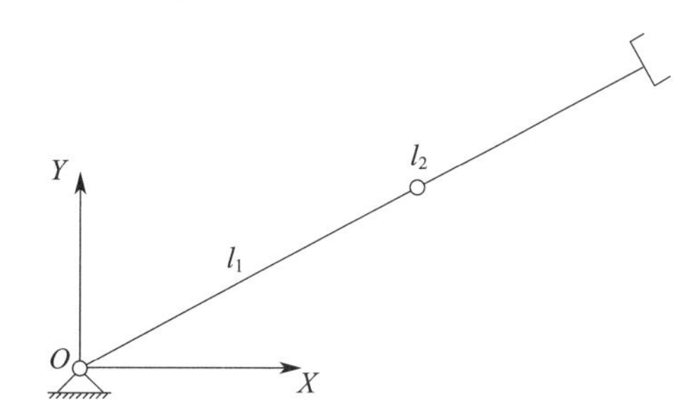

图 1–53　两自由度平面机械手工作空间边界的奇异位形

2. 工作空间内部的奇异位形

工作空间内部的奇异位形通常由两个或多个运动轴线重合造成。

在奇异位形附近，机器人的运动性能往往会下降，产生的不良影响主要表现在以下三个方面：

（1）使机械臂实际操作自由度减少，从而使手部无法实现沿着某些方向做运动，同时减少了独立的内部关节变量数目；

（2）某些关节角速度趋向于无穷大，引起机械臂失控，导致末端执行器偏离了规定的轨道；

（3）使机器人相关算法失效，从而导致求逆控制方案无法实现。

因此，奇异性是机器人运动一个不可忽视的问题。应根据机器人的结构特点进行具体分析，尽可能找出所有的奇异点，使机器人在运动过程中避开或通过奇异点。

学习单元 5 工业机器人信号基础

学习目标

1. 了解工业机器人信号的含义
2. 熟悉工业机器人控制系统
3. 了解工业机器人 I/O 信号的定义与分类
4. 熟悉工业机器人 DI/DO 信号
5. 掌握工业机器人 I/O 信号调用与查看

知识要求

一、信号

信号是信息的载体，用于传递信息。为有效地传播和利用信息，常常需要将信息转换成便于传输和处理的信号。常见的信号有声信号、光信号、电信号、图像信号等。

1. 信号分析

信号分析通常包括时域分析、频域分析、信号测量。其中，时域分析内容包括波形参数、波形变化、重复周期、时域分解与合成等，频域分析内容包括频率结构、频带宽度、能量分布、信息变化等。信号测量仪器可分为模拟式信号测量仪器和数字式信号测量仪器。

2. 信号分类

信号分类方式包括以下几种：

（1）确定信号与随机信号；

（2）连续信号与离散信号；

（3）周期信号与非周期信号；

（4）能量信号与功率信号；

（5）因果信号与非因果信号；

（6）模拟信号与数字信号；

（7）实信号与复信号。

3. 信号的基本特性

信号的基本特性包括时间特性、频率特性、能量特性和信息特性。

二、控制系统

控制系统是用于实现信号产生、传输和处理的物理装置。控制系统的基本作用是对输入信号进行加工和处理，将其转换为所需要的输出信号，如图 1–54 所示。

图 1–54　控制系统信号处理

1. 控制系统的组成和控制方式

工业机器人控制系统的功能是接收来自传感器的检测信号，根据操作任务的要求驱动机械臂中的各台电动机。就像人的活动需要依赖自身的感官一样，工业机器人的运动控制离不开传感器。工业机器人需要用传感器来检测各种状态，内部传感器信号被用来反映机械臂关节的实际运动状态，外部传感器信号被用来检测工作环境的变化。

工业机器人的运动控制系统包含以下三个方面：

（1）执行机构——伺服电动机或步进电动机；

（2）驱动机构——伺服驱动器或步进驱动器；

（3）控制机构——运动控制器。

工业机器人的控制方式有两种：对于固定执行动作的，编辑固定参数的程序给运动控制器；对于有视觉传感器或其他传感器的，根据传感器信号，编辑不固定参数的程序给运动控制器。

2. 控制系统的基本功能

控制系统的基本功能如下：

（1）控制机械臂末端执行器的运动位置，即控制末端执行器经过的点和移动路径；

（2）控制机械臂的运动姿态，即控制相邻两个活动构件的相对位置；

（3）控制运动速度，即控制末端执行器运动位置随时间变化的规律；

（4）控制运动加速度，即控制末端执行器在运动过程中的速度变化；

（5）控制机械臂中各动力关节的输出转矩，即控制对操作对象施加的作用力；

（6）操作方便的人机交互功能，使工业机器人通过记忆和再现来完成规定的任务；

（7）对外部环境的检测和感觉功能，使工业机器人能通过视觉传感器、力觉传感器、触觉传感器等进行测量、识别，判断作业条件的变化。

3. 控制系统的硬件结构

控制器是机器人系统的核心，国外对我国实行严密技术封锁。近年来，随着微电子技术的发展，微处理器的性能越来越高，价格则越来越便宜。目前，市场上已经出现了单价最低约为 7 元的 32 位微处理器。高性价比的微处理器为机器人控制器带来了新的发展机遇，使开发低成本、高性能的机器人控制器成为可能。为保证机器人系统具有足够的计算与存储能力，目前机器人控制器多采用计算能力较强的 ARM 系列芯片、DSP 系列芯片、PowerPC 系列芯片、Intel 系列芯片等。

此外，由于已有的通用芯片在功能和性能上不能完全满足某些机器人系统在价格、性能、集成度、接口等方面的要求，因此产生了机器人系统对 SoC（片上系统）技术的需求，其将特定的处理器与所需要的接口集成在一起，可简化系统外围电路设计，缩小系统尺寸，并降低成本。

在机器人运动控制器方面，研究成果主要集中在美国和日本，其运动控制器以 DSP（数字信号处理）技术为核心，采用基于 PC（个人计算机）的开放式结构。

在控制器体系结构方面，研究重点是功能划分规范和功能信息交换规范。在开放式控制器体系结构研究方面，有两种基本结构：一种是基于硬件层次划分的结构，该结构比较简单，日本的控制器体系结构就是以硬件层次为基础来划分的；另一种是基于功能划分的结构，它将软、硬件进行综合考虑，是机器人控制器体系结构研究和发展的方向。

三、I/O 信号

通过菜单按键或 I/O（输入 / 输出）快捷键，可调出 I/O 画面，并查看当前 I/O 信号的状态。

I/O 信号是机器人与末端执行器、外围设备进行通信的电信号，分为通用 I/O 信号和专用 I/O 信号。

1. 通用 I/O 信号

通用 I/O 信号是可由用户自由定义并使用的 I/O 信号。

通用 I/O 信号有如下三类：

（1）数字 I/O 信号，显示为 DI[i]/DO[i]；

（2）组 I/O 信号，显示为 GI[i]/GO[i]；

（3）模拟 I/O 信号，显示为 AI[i]/AO[i]。

[i] 表示信号的逻辑编号。

2. 专用 I/O 信号

专用 I/O 信号是用途已经确定的 I/O 信号。

专用 I/O 信号有如下三类：

（1）外围设备 I/O 信号，显示为 UI[i]/UO[i]；

（2）操作面板 I/O 信号，显示为 SI[i]/SO[i]；

（3）机器人 I/O 信号，显示为 RI[i]/RO[i]。

需要注意的是，操作面板 I/O 信号和机器人 I/O 信号的物理地址编号被固定为逻辑编号，因而不能进行再定义；数字 I/O 信号、组 I/O 信号、模拟 I/O 信号、外围设备 I/O 信号可以将物理地址编号分配给逻辑编号，即进行再定义，再定义的过程称为信号配置，信号配置过程需指定相应的机架号和插槽号。

四、DI/DO 信号

DI/DO 信号是外围设备通过 I/O 印制电路板（或 I/O 单元）的输入 / 输出信号线来进行数据交换的标准数字信号。数字信号有 ON（通）和 OFF（断）两种状态。DI/DO 信号可对信号的物理地址编号进行再定义。

机器人的物理地址编号是由机架号与插槽号组成的，其开始点是信号映射的起始点。

1. 机架号

机架（RACK）号表示构成 I/O 模块的硬件种类。例如，0 代表 I/O 印制电路板、I/O 连接设备连接单元，1 ~ 16 代表 I/O 模块 A/B 单元，32 代表 I/O 连接设备从机接口，48 代表外围设备控制接口。

2. 插槽号

插槽（SLOT）号代表构成机架的 I/O 模块部件的编号。插槽号遵循以下规律：

● 使用 I/O 印制电路板的情况下，按所连接的印制电路板顺序分别编为插槽 1 、插槽 2、……；

● 使用 I/O 模块 A 单元的情况下，插有模块的后面板的插槽编号即为该模块的插槽号；

● 使用 I/O 模块 B 单元的情况下，通过连接单元的双列直插式开关设定的地址即为该基本单元的插槽号。

3. 开始点

开始点（START）是信号映射的起始点，是将数字 I/O 信号、组 I/O 信号、模拟 I/O 信号、外围设备 I/O 信号的物理地址编号分配给逻辑编号的初始编号，一般是从数字 1 开始编号。

技能要求

FANUC 机器人 I/O 信号调用与查看

操作要求

1. 熟悉机器人 I/O 信号调用方法。

2. 熟悉机器人 I/O 信号查看方法。

操作准备

序号	名称	规格型号	数量
1	机器人	FANUC M-10iA	1 个
2	控制柜	R-30iB Mate	1 个
3	示教器	iPendant	1 个

操作步骤

步骤 1　确认工业机器人处于安全状态，机器人控制柜处于通电状态。单手握住示教器，等示教器启动后，将 TP 开关置为 ON，如图 1-18 所示。手持示教器，保持示教器背部的 DEADMAN 开关按下，如图 1-19 所示，点击示教器操作面板上的 RESET 键，以清除报警。

步骤 2　按下示教器操作面板上的 MENU 键，如图 1-20 所示。

步骤 3　进入菜单程序管理界面后，移动光标，选择图 1-21 中的 I/O，点击操作面板上的 ENTER 键进入信号设置界面。

步骤 4　点击 F1 TYPE 键，显示细节菜单，移动光标，选择 Digital（数字），如图 1-55 所示。

步骤 5　出现数字 I/O 信号画面时，点击 F3 IN/OUT（输入 / 输出）键，可切换到 DI 或 DO 画面进行查看，如图 1-56 所示。第三列 STATUS 表示当前信号的状态。

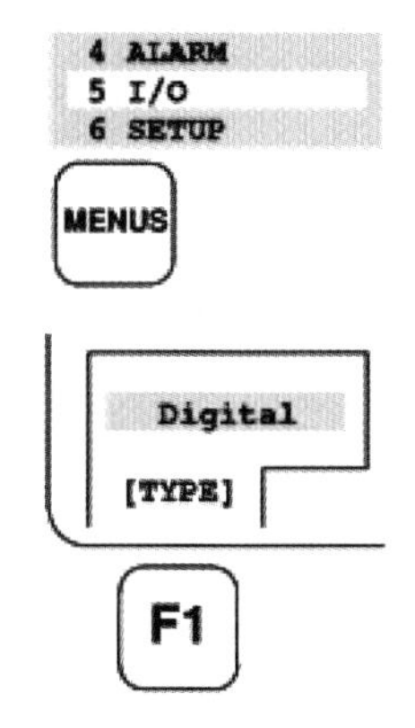

图 1-55　I/O 信号类型选择

```
I/O Digital Out                    JOINT 30%
       #   SIM   STATUS
  DO[1]     U    OFF  [                      ]
  DO[2]     U    OFF  [                      ]
  DO[3]     U    OFF  [                      ]
  DO[4]     U    OFF  [                      ]
  DO[5]     U    OFF  [                      ]
  DO[6]     U    OFF  [                      ]
  DO[7]     U    OFF  [                      ]
  DO[8]     U    OFF  [                      ]
  DO[9]     U    OFF  [                      ]

[TYPE]  CONFIG  IN/OUT    ON       OFF
```

图 1-56　数字 I/O 信号查看

学习单元6 模拟信号与数字信号

学习目标

1. 了解模拟信号
2. 了解数字信号
3. 熟悉模拟信号与数字信号转换
4. 掌握工业机器人数字信号仿真输入和输出
5. 掌握工业机器人 DI/DO 信号配置
6. 掌握工业机器人信号屏蔽设置

知识要求

工业机器人系统正常工作时要处理各种信号，这些信号是由电路产生或传输的变化电量，如电压变量、电流变量，这些信号都可以表示为时间的函数。

工业机器人系统中的信号通常可分为模拟信号和数字信号两大类。

一、模拟信号

在时间上或数值上具有连续性的物理量称为模拟量。一般将表示模拟量的信号称为模拟信号，对模拟信号进行传输、变换、处理、放大、测量、显示等的电子电路称为模拟电路。例如，热电偶在工作时输出的电压信号就属于模拟信号，因为在任何情况下被测温度都不可能发生突跳，所以测得的电压信号无论在时间上还是在数值上都是连续的，而且这个电压信号在连续变化过程中的任何一个取值都有具体的物理意义，即表示一个相应的温度。

二、数字信号

在时间上和数量上都是离散的物理量称为数字量。一般将表示数字量的信号称为数字信号，用数字信号对数字量进行算术运算和逻辑运算的电子电路称为数字电路。例如，用电子电路记录从自动生产线上输出的零件数目时，每送出一个零件便给电子电路一个信号，记为 1，而在无零件送出时将给电子电路的信号记为 0。可见，零件数目这个信号无论在时间上还是在数量上都是不连续的，因此是一个数字信号。

三、模拟信号与数字信号转换

1. 数模转换器

数模转换器是将数字信号转换为模拟信号的系统，一般用低通滤波即可实现。先对数字信号进行解码，即把数字码转换成与之对应的电平，形成阶梯状数字信号，然后进行低通滤波。根据信号与系统的理论，阶梯状数字信号可以看作理想冲激采样信号和矩形脉冲信号的卷积，那么根据卷积定理，阶梯状数字信号的频谱就是冲激采样信号的频谱与矩形脉冲信号的频谱（即 Sa 函数）的乘积。用 Sa 函数的倒数作为频谱特性补偿，数字信号便可恢复为采样信号。根据采样定理，采样信号的频谱经理想低通滤波后便得到原先对应模拟信号的频谱。

2. 模数转换器

模数转换器是将模拟信号转换为数字信号的系统，是一个滤波、采样保持和编码的过程。

模拟信号经限带滤波器、采样保持电路变为阶梯状信号。通过编码器，阶梯状信号中的各个电平变为二进制码。

四、工业机器人 DI/DO 信号仿真

工业机器人 DI 信号仿真输入 / 输出可通过程序执行或手动操作（DI/DO 指令或 DI/DO 信号手动控制）来设定数字输入值。DI/DO 信号手动控制可以在执行程序前与外围设备进行信号的交换。

1. 工业机器人 DI 信号仿真输入

工业机器人 DI 信号仿真输入操作的前提是已预先分配好将要输入的信号。

2. 工业机器人 DO 信号仿真输出

工业机器人 DO 信号仿真输出操作的前提是已预先分配好将要输出的信号。

五、工业机器人 DI/DO 信号配置

工业机器人 DI/DO 信号配置是指 I/O 接口与外围 I/O 设备连接后，使用示教器给设备硬件端口的物理地址编号重新分配逻辑编号。

六、工业机器人信号屏蔽

工业机器人控制装置上备有如下功能：无论信号前期被设定为仿真有效还是无效，一旦被设置了仿真输入跳过功能有效，就开启了信号屏蔽功能。例如，系统在执行待命指令时，由于前期开启了信号屏蔽功能，系统将在检测出该待命指令信号后自动取消待命。信号屏蔽功能可以针对数字信号和机器人信号使用。

技能要求

FANUC 机器人 DI 信号仿真输入

操作要求

能熟练掌握机器人 DI 信号仿真输入法。

操作准备

序号	名称	规格型号	数量
1	机器人	FANUC M-10iA	1 个
2	控制柜	R-30iB Mate	1 个
3	示教器	iPendant	1 个

操作步骤

步骤1 确认工业机器人处于安全状态，机器人控制柜处于通电状态。单手握住示教器，等示教器启动后，将TP开关置为ON，如图1–18所示。手持示教器，保持示教器背部的DEADMAN开关按下，如图1–19所示，点击示教器操作面板上的RESET键，以清除报警。

步骤2 按下示教器操作面板上的MENU键，如图1–20所示。

步骤3 进入菜单程序管理界面后，移动光标，选择图1–21中的I/O，点击操作面板上的ENTER键进入信号设置界面。

步骤4 点击F1 TYPE键，显示细节菜单，移动光标，选择Digital，如图1–55所示。

步骤5 出现数字I/O信号画面时，点击F3 IN/OUT键，切换到DI信号画面，如图1–57所示。第三列STATUS表示当前信号的状态。

```
I/O Digital In                          JOINT 30%
         #   SIM   STATUS
  DI[1]       U     OFF   [                      ]
  DI[2]       U     OFF   [                      ]
  DI[3]       U     OFF   [                      ]
  DI[4]       U     OFF   [                      ]
  DI[5]       U     OFF   [                      ]
  DI[6]       U     OFF   [                      ]
  DI[7]       U     OFF   [                      ]
  DI[8]       U     OFF   [                      ]
  DI[9]       U     OFF   [                      ]

[TYPE]   CONFIG   IN/OUT     ON         OFF
```

图1–57 DI信号画面

步骤6 在DI信号画面上，第二列SIM（仿真）的U/S方式显示了仿真的有效/无效设定状态。S表示设定仿真状态有效；U表示没有设定仿真状态，仿真无效。在设定仿真状态为S时，移动光标，指向希望更改的信号编号的STATUS列，点击F4 ON键或F5 OFF键选择开启或关闭仿真输入状态。

FANUC 机器人 DO 信号仿真输出

操作要求

能熟练掌握机器人 DO 信号仿真输出法。

操作准备

序号	名称	规格型号	数量
1	机器人	FANUC M-10iA	1 个
2	控制柜	R-30iB Mate	1 个
3	示教器	iPendant	1 个

操作步骤

步骤 1 确认工业机器人处于安全状态，机器人控制柜处于通电状态。单手握住示教器，等示教器启动后，将 TP 开关置为 ON，如图 1-18 所示。手持示教器，保持示教器背部的 DEADMAN 开关按下，如图 1-19 所示，点击示教器操作面板上的 RESET 键，以清除报警。

步骤 2 按下示教器操作面板上的 MENU 键，如图 1-20 所示。

步骤 3 进入菜单程序管理界面后，移动光标，选择图 1-21 中的 I/O，点击操作面板上的 ENTER 键进入信号设置界面。

步骤 4 点击 F1 TYPE 键，显示细节菜单，移动光标，选择 Digital，如图 1-55 所示。

步骤 5 出现数字 I/O 信号画面时，点击 F3 IN/OUT 键，切换到 DO 信号画面，如图 1-58 所示。第三列 STATUS 表示当前信号的状态。

步骤 6 在 DO 信号画面上，第二列 SIM 的 U/S 方式显示了仿真的有效 / 无效设定状态。S 表示设定仿真状态有效；U 表示没有设定仿真状态，仿真无效。在设定仿真状态为 S 时，移动光标，指向希望更改的信号编号的 STATUS 列，点击 F4 ON 键或 F5 OFF 键选择开启或关闭仿真输出状态。

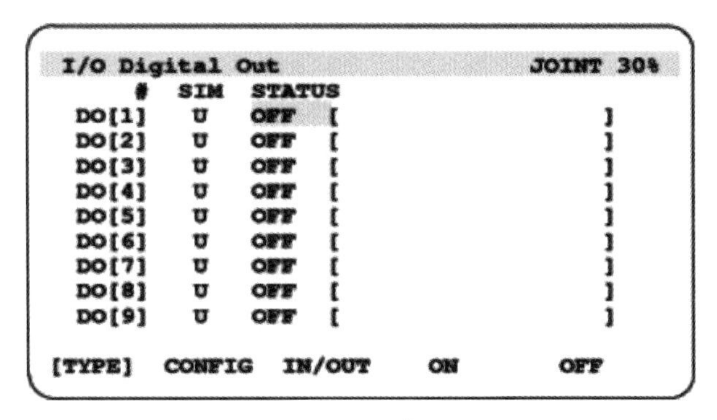

图 1-58　DO 信号画面

FANUC 机器人 DI/DO 信号配置

操作要求

能熟练掌握机器人 DI/DO 信号配置。

操作准备

序号	名称	规格型号	数量
1	机器人	FANUC M-10iA	1 个
2	控制柜	R-30iB Mate	1 个
3	示教器	iPendant	1 个

操作步骤

步骤 1　确认工业机器人处于安全状态，机器人控制柜处于通电状态。单手握住示教器，等示教器启动后，将 TP 开关置为 ON，如图 1-18 所示。手持示教器，保持示教器背部的 DEADMAN 开关按下，如图 1-19 所示，点击示教器操作面板上的 RESET 键，以清除报警。

步骤 2　按下示教器操作面板上的 MENU 键，如图 1-20 所示。

步骤 3　进入菜单程序管理界面后，移动光标，选择图 1-21 中的 I/O，点击操作面板上的 ENTER 键进入信号设置界面。

步骤 4　点击 F2 CONFIG（分配）键，进入数据显示画面，进行 DI/DO 分配，点击 F2 MONITOR（一览）键，如图 1-59 所示。

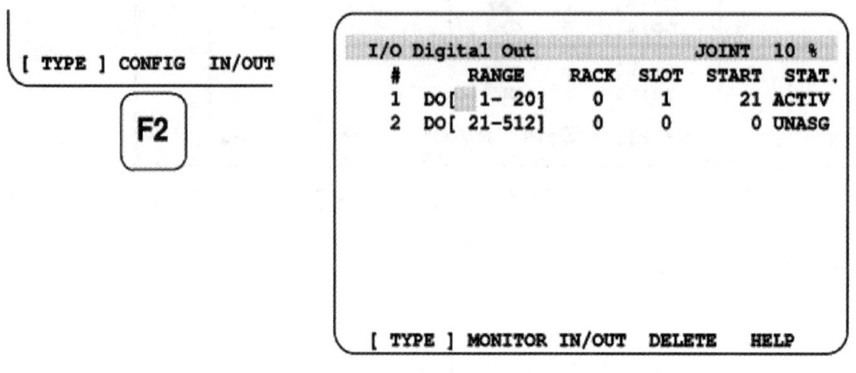

图 1-59　数字信号分配

步骤 5　进行 DI/DO 信号分配操作。

（1）移动光标，选择 RANGE（范围），输入进行分配的信号范围。

（2）根据所输入的信号范围，自动分配行。

（3）移动光标，分别选择 RACK、SLOT、START，输入适当的值。设定值的状态可见 STAT. 显示内容。

相关链接

STAT. 显示内容的含义

- ACTIV：当前正使用该分配。
- PEND：设定值正确（重新通电时变为 ACTIV）。
- INVAL：设定值有误。
- UNASG：尚未被分配。

（4）若要删除相关行，移动光标，选中行内容，点击 F4 DELETE 键即可。

步骤 6　点击 F2 MONITOR 键，返回一览画面，如图 1-60 所示。

步骤 7　点击 NEXT（下一页）键，再点击 F4 DETAIL 键，进行 DI/DO 信号属性设定，如图 1-61 所示。若要返回一览画面，则点击 PREV 键。

```
I/O Digital Out                    JOINT  30 %
        #    SIM STATUS
    DO[    1]  U    OFF   [DT SIGNAL 1 ]
    DO[    2]  U    OFF   [DT SIGNAL 2 ]
    DO[    3]  U    OFF   [DT SIGNAL 3 ]
    DO[    4]  U    OFF   [DT SIGNAL 4 ]
  [ TYPE ] MONITOR IN/OUT  DETAIL    HELP >
```

图 1-60　DI/DO 信号被分配

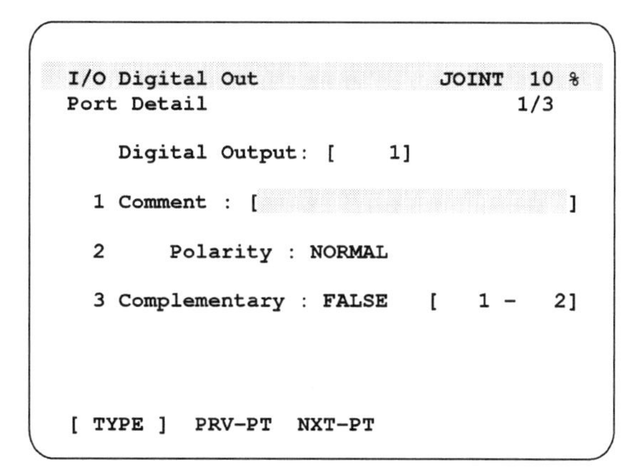

图 1-61　DI/DO 信号属性设定

步骤 8　输入注释。

（1）移动光标到 Comment（注释）行，点击 ENTER 键。

（2）选择系统中固定的单词、英文字母输入注释。

（3）注释输入完后，点击 ENTER 键，操作完成，如图 1-62 所示。

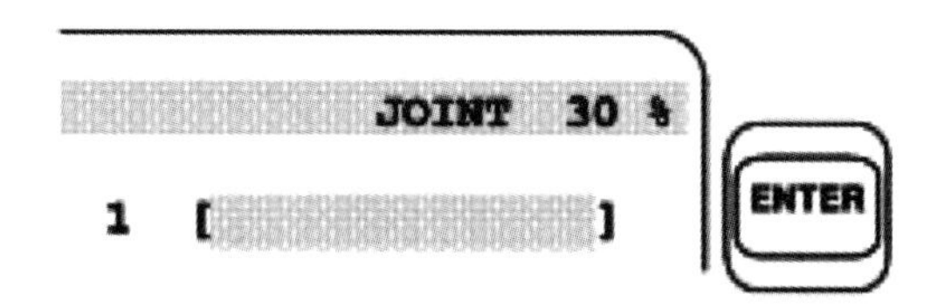

图 1-62　注释输入完成

步骤 9　移动光标，指向设定栏，选择功能键。点击 F3 NEXT 键，如图 1-63 所示，可进行下一个数字 I/O 组的设定。

步骤 10　设定结束后，点击 PREV 键，返回一览画面，设定完成画面如图 1-64 所示。

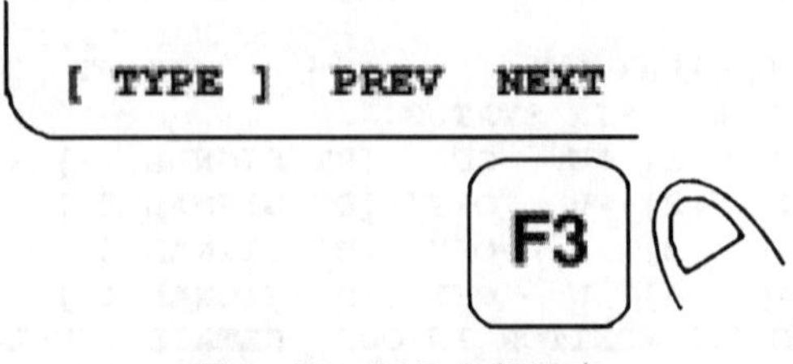

图 1-63　DI/DO 组设定

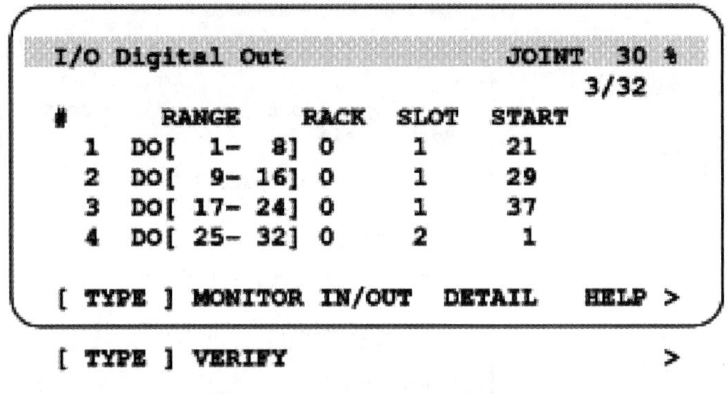
I/O Digital Out　JOINT 30 %
3/32

#	RANGE	RACK	SLOT	START
1	DO[1- 8]	0	1	21
2	DO[9- 16]	0	1	29
3	DO[17- 24]	0	1	37
4	DO[25- 32]	0	2	1

[TYPE] MONITOR IN/OUT DETAIL HELP >

[TYPE] VERIFY >

图 1-64　DI/DO 组设定完成

步骤 11　给工业机器人重新通电，信号设定开始有效。

FANUC 机器人信号屏蔽设置

操作要求

能熟练掌握机器人信号屏蔽设置。

操作准备

序号	名称	规格型号	数量
1	机器人	FANUC M-10iA	1 个
2	控制柜	R-30iB Mate	1 个
3	示教器	iPendant	1 个

操作步骤

步骤1 确认工业机器人处于安全状态，机器人控制柜处于通电状态。单手握住示教器，等示教器启动后，将TP开关置为ON，如图1-18所示。手持示教器，保持示教器背部的DEADMAN开关按下，如图1-19所示，点击示教器操作面板上的RESET键，以清除报警。

步骤2 按下示教器操作面板上的MENU键，如图1-20所示。

步骤3 进入菜单程序管理界面后，移动光标，选择图1-21中的I/O，点击操作面板上的ENTER键进入信号设置界面。

步骤4 点击F1 TYPE键，显示细节菜单，移动光标，选择Digital，如图1-55所示。

步骤5 出现数字I/O信号画面时，点击F3 IN/OUT键，切换到DI信号画面。

步骤6 移动光标，选择信号目标行。

步骤7 点击NEXT键，再点击F3 DETAIL键。

步骤8 在DI信号详细画面上，移动光标，选中Skip when simulated（跳过仿真信号）。

步骤9 点击F4 TRUE（有效）键，信号屏蔽设置完成。

当信号屏蔽功能处在有效状态时，在启动程序之前，系统会自动显示如图1-65所示的提示信息，提示“启用了‘仿真输入跳过’功能！等待指令可能会自动超时”，点击ENTER键。

```
The Simulated Input Skip
feature is enabled !
WAIT instructions may time
out automatically.

                [OK]
```

图1-65 启动程序前的提示信息

第 2 章　工业机器人操作编程

学习单元 1　工业机器人程序管理

学习目标

1. 掌握工业机器人程序创建
2. 掌握工业机器人程序选择
3. 掌握工业机器人程序删除
4. 掌握工业机器人程序复制
5. 掌握工业机器人程序属性查看和设置
6. 掌握工业机器人程序执行

知识要求

一、工业机器人程序创建

在创建工业机器人程序前，用户需根据程序创建流程（见图 2–1）提前设计程序，把机器人执行预期作业的最优方法考虑在内。程序设计完成后，即可使用机器人指令来创建程序。

工业机器人程序创建一般通过示教器来进行。先通过示教器进行手动操作，控制机器人运动至目标点位置，再根据期望的运动类型进行程序指令记录，从而完成运动指令创建。创建程序后，可通过示教器进行程序修改、测试等操作。

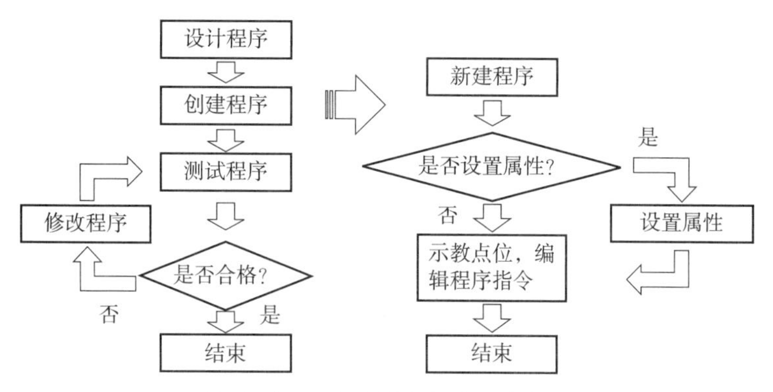

图 2-1　工业机器人程序创建流程

创建程序前要给程序命名。在给程序命名时，需注意以下事项：

- 不能以空格、符号、数字作为程序名的开始字符；
- 可以使用英文字母、数字、下划线；
- 外部启动的主程序名格式为：RSR+ 四位数，PNS+ 四位数。RSR 为机器人服务请求程序，PNS 为程序号选择程序。

二、工业机器人程序选择

工业机器人的单个程序是由多行指令组成的，在程序编辑的过程中，可对单行或多行指令进行选择，从而进行示教、修改、测试等操作。

三、工业机器人程序删除

在创建或修改工业机器人程序的过程中，如果需要对单个程序内的一行、多行指令，或单个、多个程序进行删除，需按照程序删除流程操作，如图 2–2 所示。

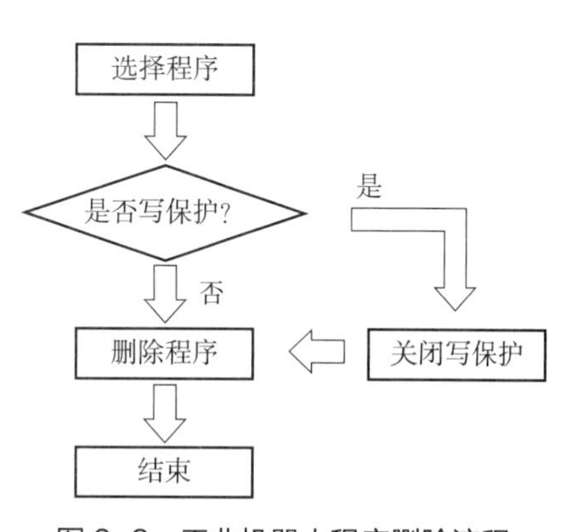

图 2–2　工业机器人程序删除流程

四、工业机器人程序复制

在创建或修改工业机器人程序的过程中，可根据程序设计的具体情况，对单个程序内的一行、多行指令，或单个、多个程序进行复制操作，从而节约程序编辑时间，提高指令的准确度，提高程序编辑效率。

五、工业机器人程序属性查看和设置

在创建或修改工业机器人程序的过程中，可对程序属性进行查看和设置。程序属性信息见表 2–1。

表 2–1　　程序属性信息

Creation Date	创建日期
Modification Date	修改日期
Copy Source	复制源的文件名
Positions	位置数据
Size	程序数据容量
Program Name	程序名。程序最好以能够表现其目的和功能的方式命名。例如，对第一种工件进行点焊的程序可以命名为“SPOT_1”
Sub Type	子类型 ● NONE：无 ● JB：工作程序 ● PR：处理程序 ● MR：宏程序
Comment	程序注释
Group Mask	运动组，定义程序中有哪几个组受控制。只有在该界面中的位置数据（Positions）项状态为“无”时才可以修改此项
Write Protection	写保护，指定程序是否可以被改变 ● ON：程序被写保护 ● OFF：程序未被写保护
Ignore Pause	中断忽略。对于没有动作组的程序，当设定为 ON 时，表示该程序在执行时不会被报警严重程度在 SERVO 及以下级别的报警、急停、暂停中断
Stack Size	堆栈大小

六、工业机器人程序执行

工业机器人运行包括 ON 和 OFF 两种模式。ON 模式包含低速手动运行模式（T1）和全速手动运行模式（T2），OFF 模式为自动运行模式（AUTO），三种模式可通过控制柜操作面板上的运行模式钥匙开关来进行选择切换。程序执行的启动方式如图 2–3 所示。

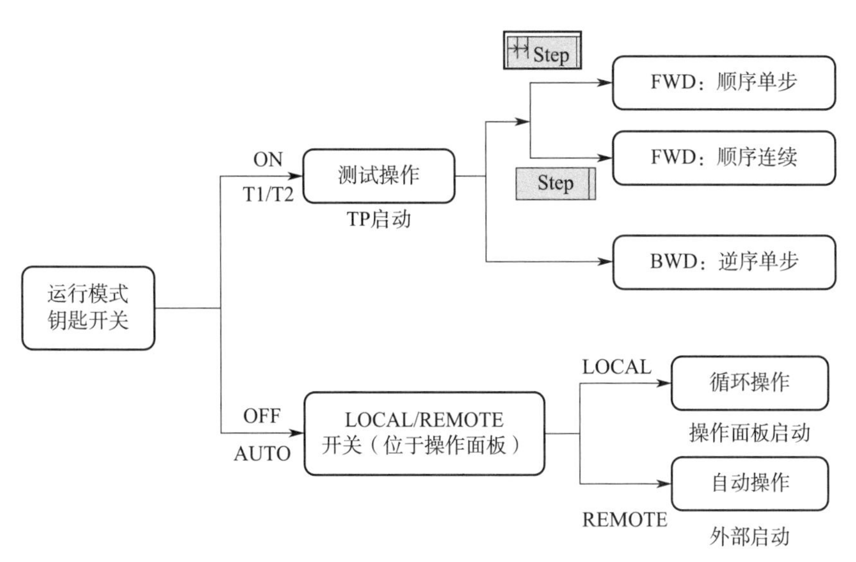

图 2-3　程序执行的启动方式

技能要求

FANUC 机器人程序创建

操作要求

能熟练掌握机器人程序创建。

操作准备

序号	名称	规格型号	数量
1	机器人	FANUC M-10iA	1 个
2	控制柜	R-30iB Mate	1 个
3	示教器	iPendant	1 个

操作步骤

步骤 1 确认工业机器人处于安全状态，机器人控制柜处于通电状态。单手握住示教器，等示教器启动后，将 TP 开关置为 ON，如图 1–18 所示。手持示教器，保持示教器背部的 DEADMAN 开关按下，如图 1–19 所示，点击示教器操作面板上的 RESET 键，以清除报警。

步骤 2 按下示教器操作面板上的 SELECT（选择）键，如图 2–4 所示，显示程序选择管理键，如图 2–5 所示。

图 2–4 按下 SELECT 键

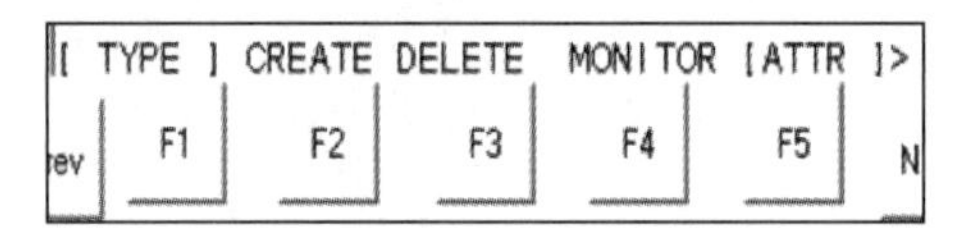

图 2–5 程序选择管理键

步骤 3 按下 F2 CREATE（新建）键，如图 2–6 所示。

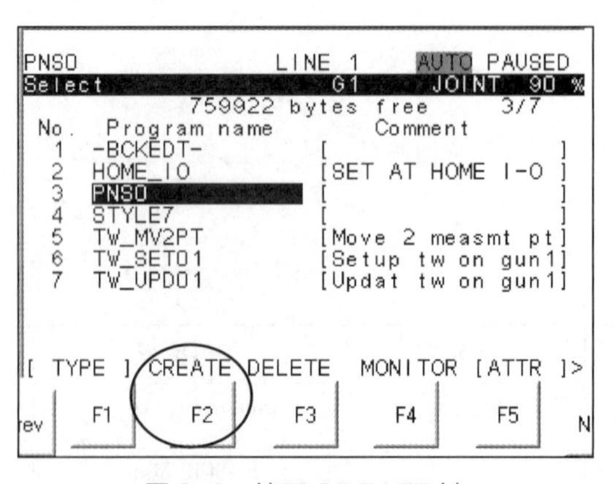

图 2–6 按下 CREATE 键

步骤 4 移动光标，选择程序命名方式，如图 2–7 所示。

步骤 5 按下示教器操作面板上的 ENTER 键确认，程序创建完成。

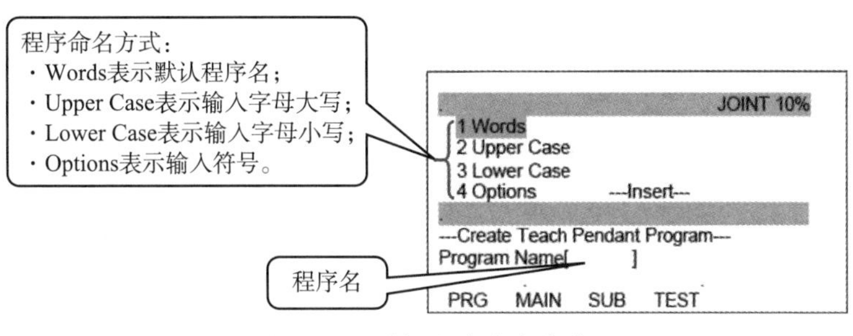

图 2-7　选择程序命名方式

步骤 6　按下 F3 EDIT（编辑）键进入程序编辑界面，如图 2-8 所示，进行程序编辑操作。

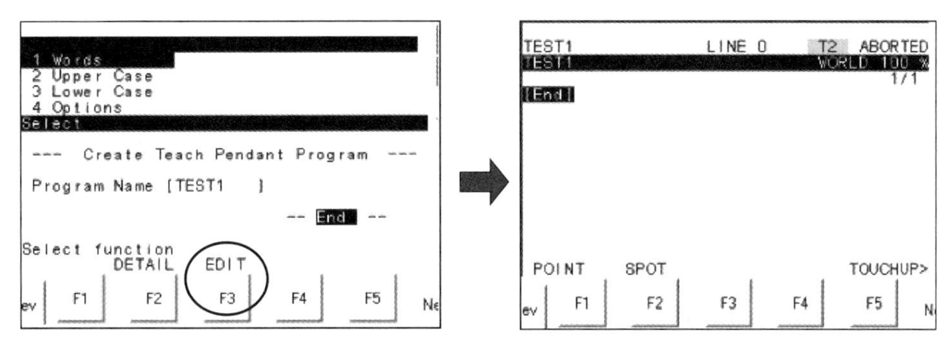

图 2-8　进入程序编辑界面

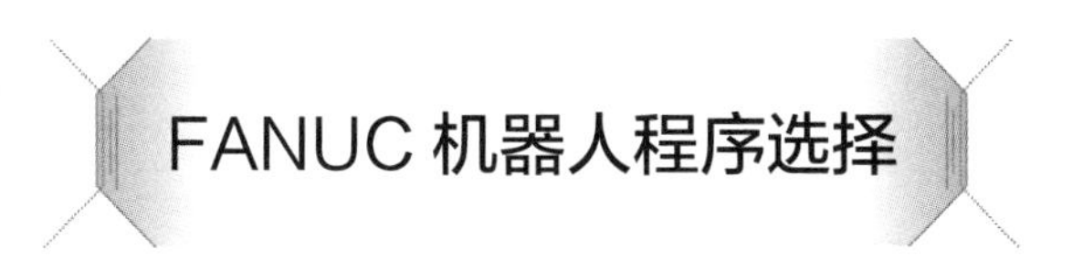

操作要求

能熟练掌握机器人程序选择。

操作准备

序号	名称	规格型号	数量
1	机器人	FANUC M-10iA	1 个
2	控制柜	R-30iB Mate	1 个
3	示教器	iPendant	1 个

操作步骤

步骤 1 确认工业机器人处于安全状态，机器人控制柜处于通电状态。单手握住示教器，等示教器启动后，将 TP 开关置为 ON，如图 1–18 所示。手持示教器，保持示教器背部的 DEADMAN 开关按下，如图 1–19 所示，点击示教器操作面板上的 RESET 键，以清除报警。

步骤 2 按下示教器操作面板上的 SELECT 键，如图 2–4 所示，显示程序选择管理键，如图 2–5 所示。

步骤 3 移动光标，选中需要选择的程序（如 SAMPLE2），如图 2–9 所示。

步骤 4 按下 ENTER 键，进入程序编辑界面，如图 2–10 所示，程序选择完成。

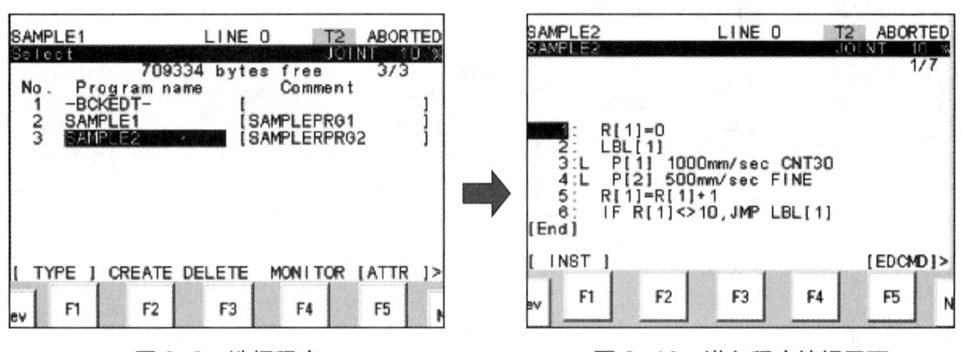

图 2–9 选择程序　　　图 2–10 进入程序编辑界面

FANUC 机器人程序删除

操作要求

能熟练掌握机器人程序删除。

操作准备

序号	名称	规格型号	数量
1	机器人	FANUC M-10iA	1 个
2	控制柜	R-30iB Mate	1 个
3	示教器	iPendant	1 个

操作步骤

步骤 1　确认工业机器人处于安全状态，机器人控制柜处于通电状态。单手握住示教器，等示教器启动后，将 TP 开关置为 ON，如图 1-18 所示。手持示教器，保持示教器背部的 DEADMAN 开关按下，如图 1-19 所示，点击示教器操作面板上的 RESET 键，以清除报警。

步骤 2　按下示教器操作面板上的 SELECT 键，如图 2-4 所示，显示程序选择管理键，如图 2-5 所示。

步骤 3　移动光标，选中需要删除的程序（如 TEST3），如图 2-11 所示。

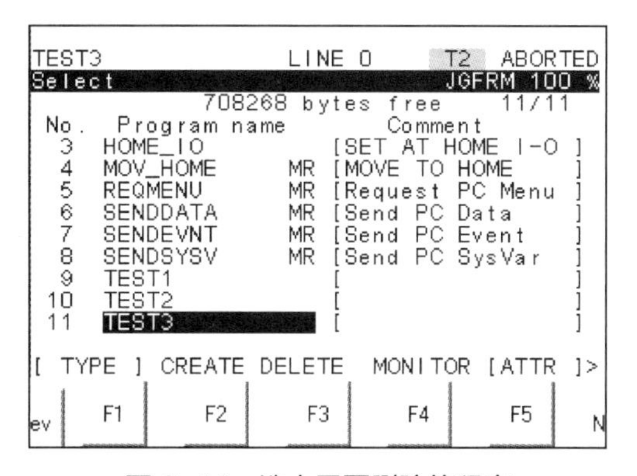

图 2-11　选中需要删除的程序

步骤 4　按下 F3 DELETE 键，出现“Delete OK?”（是否删除?），如图 2-12 所示。

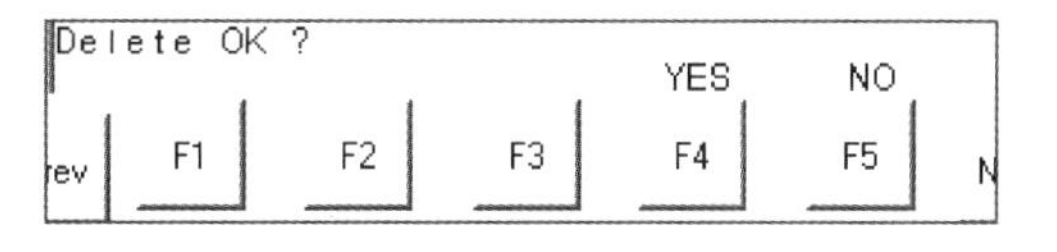

图 2-12　程序删除确认

步骤 5 按下 F4 YES（是）键，即可删除所选程序。

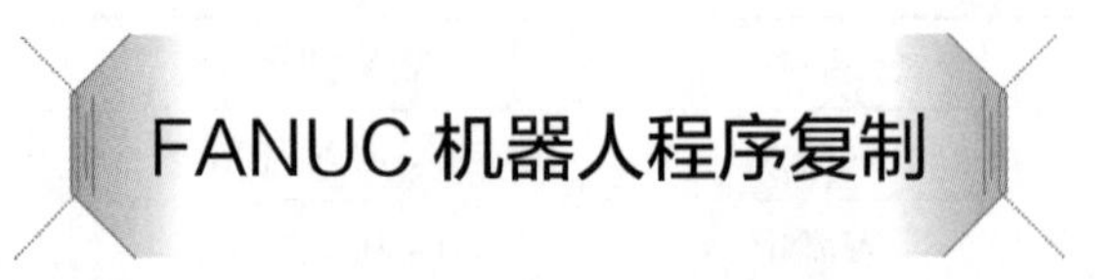

FANUC 机器人程序复制

操作要求

能熟练掌握机器人程序复制。

操作准备

序号	名称	规格型号	数量
1	机器人	FANUC M–10iA	1 个
2	控制柜	R–30iB Mate	1 个
3	示教器	iPendant	1 个

操作步骤

步骤 1 确认工业机器人处于安全状态，机器人控制柜处于通电状态。单手握住示教器，等示教器启动后，将 TP 开关置为 ON，如图 1–18 所示。手持示教器，保持示教器背部的 DEADMAN 开关按下，如图 1–19 所示，点击示教器操作面板上的 RESET 键，以清除报警。

步骤 2 按下示教器操作面板上的 SELECT 键，如图 2–4 所示，显示程序选择管理键，如图 2–5 所示。

步骤 3 移动光标，选中需要复制的程序（如 TEST3），如图 2–13 所示。

步骤 4 按下 F1 COPY（复制）键，显示将选择的程序复制为新程序需要对新程序进行命名，如图 2–14 所示。若功能键（F1 ~ F5）对应屏幕显示栏中无 COPY，按下示教器操作面板上的 NEXT 键切换功能键的对应内容。

步骤 5 移动光标，选择程序命名方式，再使用示教器操作面板上的功能键（F1 ~ F5）输入程序名。

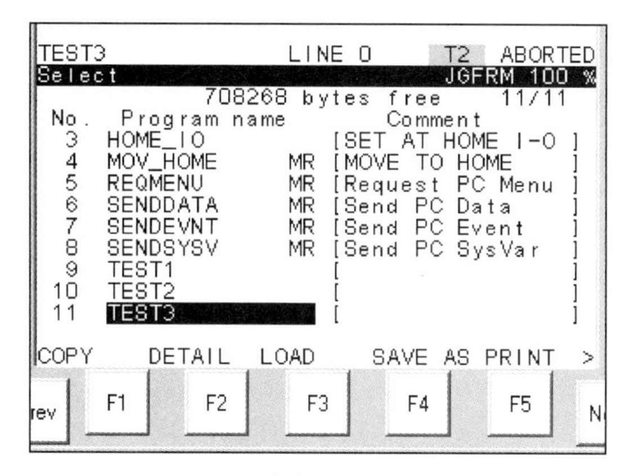

图 2-13　选中需要复制的程序

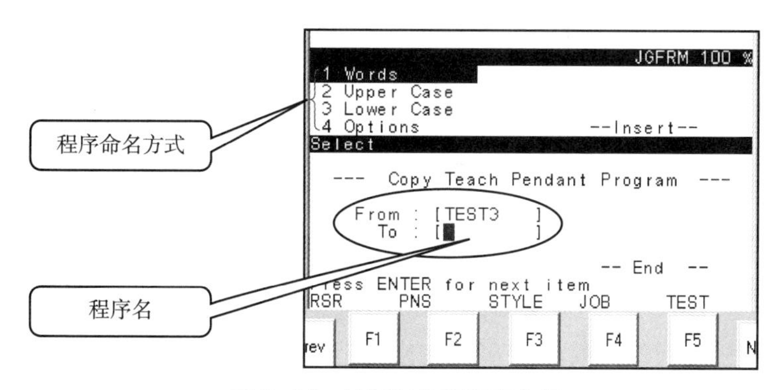

图 2-14　给复制的新程序命名

步骤 6　新程序名输入完毕，按下 ENTER 键确认，显示“Copy OK?”（是否复制?），如图 2-15 所示。

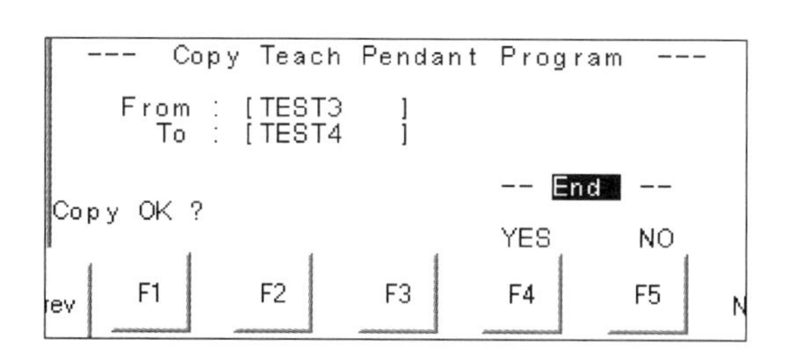

图 2-15　程序复制确认

步骤 7　按下 F4 YES 键，程序复制完成。

FANUC 机器人程序属性查看和设置

操作要求

能熟练掌握机器人程序属性查看和设置。

操作准备

序号	名称	规格型号	数量
1	机器人	FANUC M-10iA	1个
2	控制柜	R-30iB Mate	1个
3	示教器	iPendant	1个

操作步骤

步骤1 确认工业机器人处于安全状态，机器人控制柜处于通电状态。单手握住示教器，等示教器启动后，将TP开关置为ON，如图1-18所示。手持示教器，保持示教器背部的DEADMAN开关按下，如图1-19所示，点击示教器操作面板上的RESET键，以清除报警。

步骤2 按下示教器操作面板上的SELECT键，如图2-4所示，显示程序选择管理键，如图2-5所示。

步骤3 移动光标，选中需要查看属性的程序（如TEST3），如图2-16所示。

步骤4 按下F2 DETAIL键，进入程序细节显示界面，如图2-17所示。若功能键（F1～F5）对应屏幕显示栏中无DETAIL，按下示教器操作面板上的NEXT键切换功能键的对应内容。

步骤5 移动光标，选择需要修改的项目（只有第1～7项可以修改），按ENTER键或F4 CHOICE（选择）键进行修改。

步骤6 修改完毕，按下F1 END（结束）键，回到程序选择管理界面，程序属性查看和设置完成。

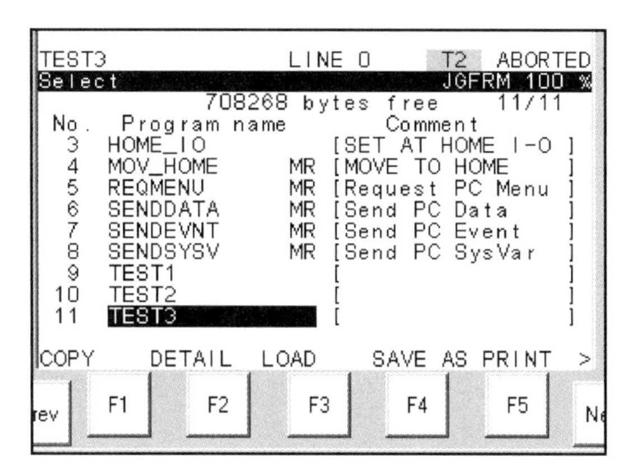

图 2-16 选中需要查看属性的程序

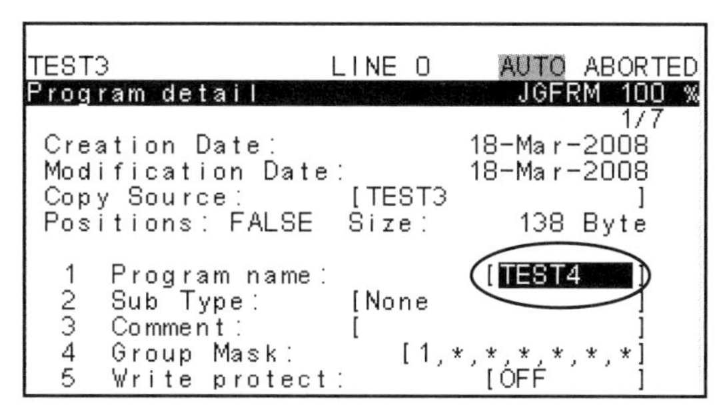

图 2-17 程序细节显示界面

FANUC 机器人程序执行

操作要求

能熟练掌握机器人程序执行。

操作准备

序号	名称	规格型号	数量
1	机器人	FANUC M-10iA	1 个
2	控制柜	R-30iB Mate	1 个
3	示教器	iPendant	1 个

操作步骤

步骤 1 确认工业机器人处于安全状态，机器人控制柜处于通电状态。单手握住示教器，等示教器启动后，将 TP 开关置为 ON，如图 1–18 所示。手持示教器，保持示教器背部的 DEADMAN 开关按下，如图 1–19 所示，点击示教器操作面板上的 RESET 键，以清除报警。

步骤 2 按下示教器操作面板上的 SELECT 键，如图 2–4 所示，显示程序选择管理键，如图 2–5 所示。

步骤 3 移动光标，选中需要执行的程序，点击进入程序显示界面，移动光标，选择开始执行的指令行前端序号，如图 2–18 所示。

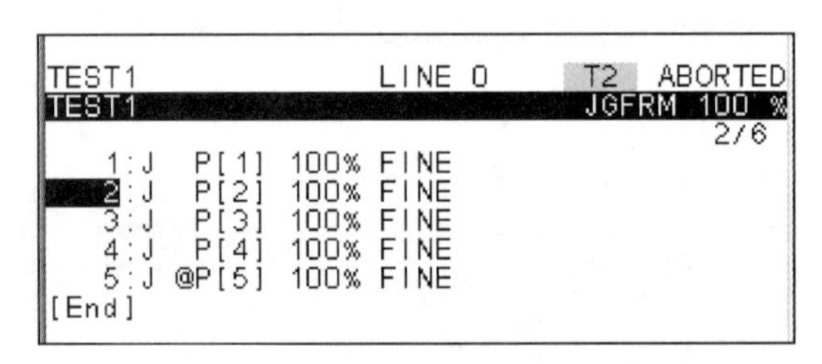

图 2–18 选择开始执行的指令行前端序号

TP 启动方式一：顺序单步执行

步骤 4 按下示教器操作面板上的 STEP（单步）键，确认示教器显示屏幕上的 STEP 指示灯亮，如图 2–19 所示。

步骤 5 按住示教器操作面板上的 SHIFT 键，同时每按一下 FWD 键执行一行指令。程序运行完成后，机器人停止运动。

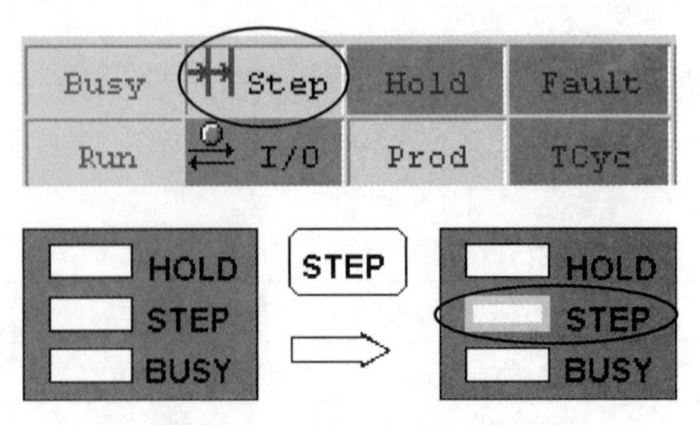

图 2–19 确认 STEP 指示灯亮

TP 启动方式二：顺序连续执行

步骤 4　确认示教器显示屏幕上的 STEP 指示灯为不亮状态，如图 2-20 所示。若 STEP 指示灯亮，按下示教器操作面板上的 STEP 键，切换指示灯状态。

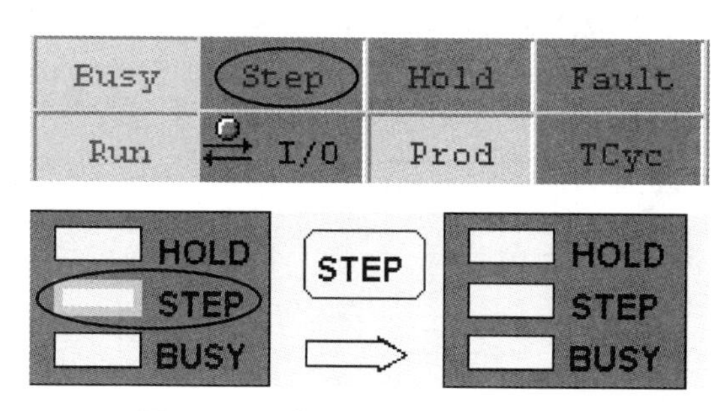

图 2-20　确认 STEP 指示灯不亮

步骤 5　按住示教器操作面板上的 SHIFT 键，同时按一下 FWD 键开始执行程序。程序运行完成后，机器人停止运动。

TP 启动方式三：逆序单步执行

步骤 4　按住示教器操作面板上的 SHIFT 键，同时每按一下 BWD 键执行一行指令。程序运行完成后，机器人停止运动。

学习单元 2　工业机器人运动指令编辑

学习目标

掌握工业机器人运动指令编辑

知识要求

一、程序显示界面

程序编辑界面显示程序的具体信息，如图 2-21 所示。

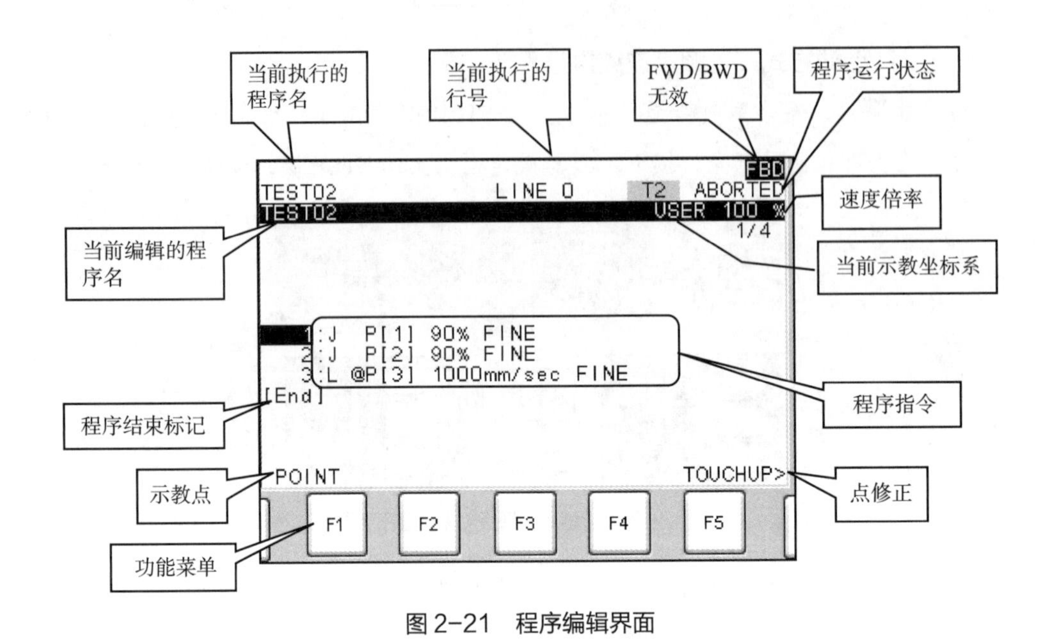

图 2-21　程序编辑界面

示教器状态显示界面也可以显示程序，如图 2-22 所示。其中，状态窗口位于示教器状态显示界面的最上方。

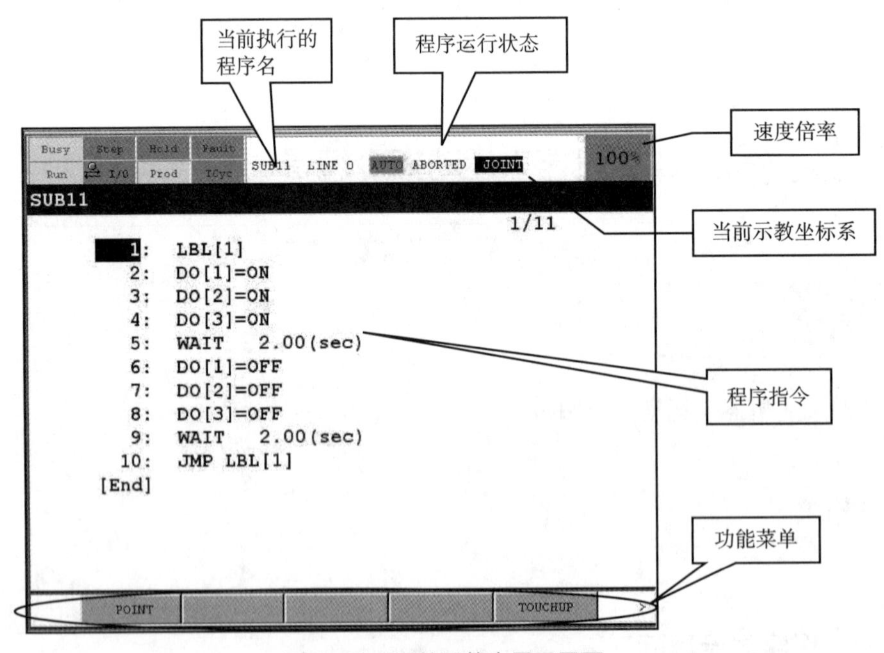

图 2-22　示教器状态显示界面

二、运动指令

1. 运动指令简介

运动指令是以指定的运动速度和运动方法使工业机器人向作业空间内的指定位置移动的指令，其组成如图 2-23 所示。

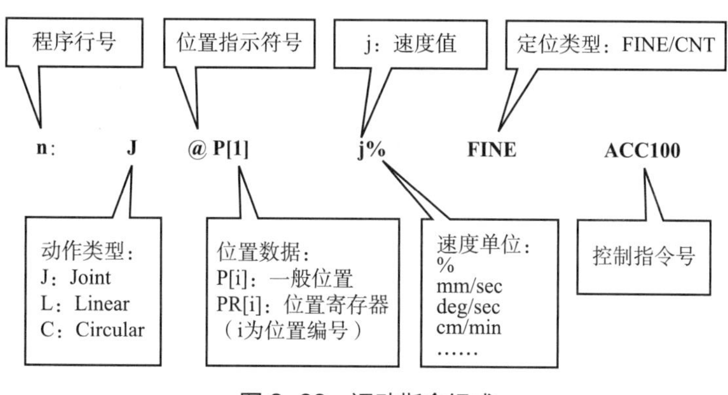

图 2-23　运动指令组成

运动指令有以下五要素。

- 动作类型：指定向指定位置运动的轨迹控制方式。
- 位置数据：指定机器人运动的目的点信息。
- 速度值：指定机器人的运动速度。
- 速度单位：指定机器人运动速度的单位。
- 定位类型：指定是否在指定位置定位。

（1）动作类型

1）关节动作。关节动作（J：Joint）是指工具在两个指定的点之间任意运动，不进行轨迹控制和姿势控制，如图 2-24 所示。

2）直线动作。直线动作（L：Linear）是指工具在两个指定的点之间沿直线运动，是以线性方式对从动作开始点到目标点的 TCP 移动轨迹进行控制的一种移动方法，如图 2-25 所示。

用直线动作还能完成旋转动作。旋转动作是指用直线动作使工具从开始点到目标点以 TCP 为基准点旋转的一种移动方法，移动速度以 deg/sec 予以指定，如图 2-26 所示。

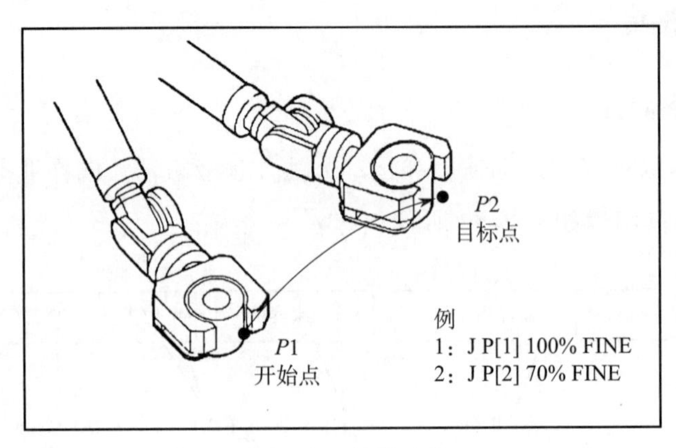

图 2-24　关节动作

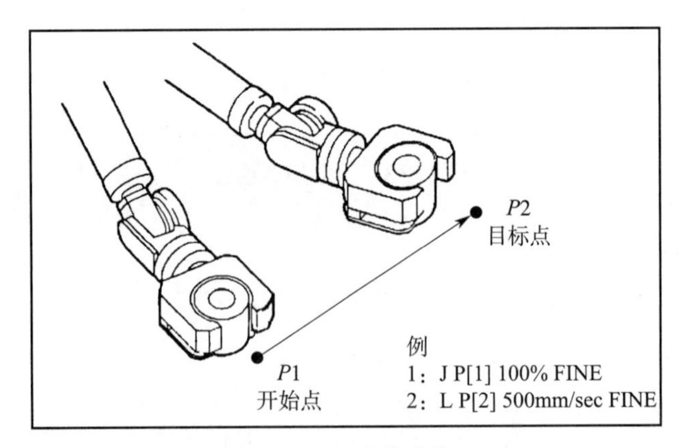

图 2-25　直线动作

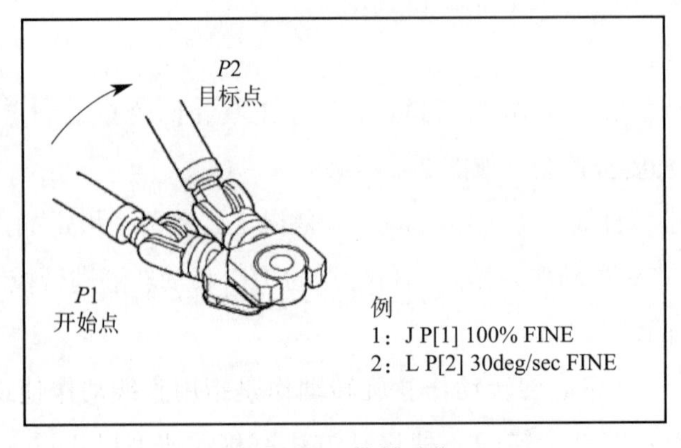

图 2-26　旋转动作

3）圆弧动作。圆弧动作（C：Circular）是指工具在三个指定的点之间沿圆弧运动，是从动作开始点通过经由点到达目标点，以圆弧方式对 TCP 移动轨迹进行控制的一种移动方法，如图 2–27 所示。

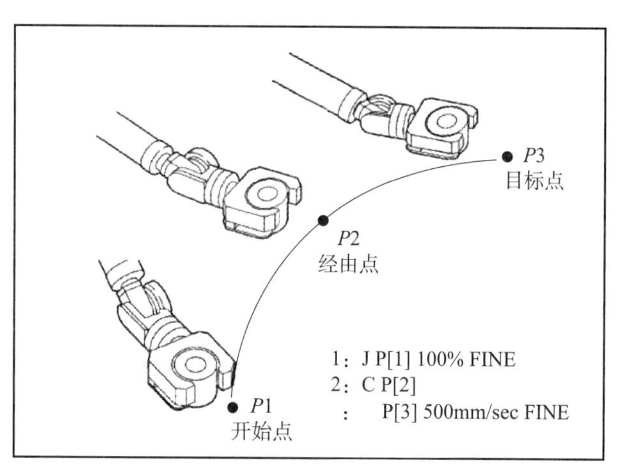

图 2–27　圆弧动作

这里需要注意圆弧第三点的记录方法。在记录完 P[2] 后会出现指令，如图 2–28 所示。此时，将光标移至 P[3] 行前程序序号空白处，并示教工业机器人至目标位置，同时按下 SHIFT 键和 F3 TOUCHUP 键记录圆弧第三点。

```
1：J P[1] 100% FINE
2：C P[2]
 ：   P[3] 500mm/sec FINE
```

图 2–28　圆弧动作显示 P[3] 指令

（2）位置数据

1）一般位置。P[i] 用于表示一般位置，i 值范围为 1 ~ 1 500。

【例】J P[1] 100% FINE

这个运动指令表示：精确地以 100% 关节动作速度从现在的位置（或上个动作指令的结束位置）移动到 P[1] 位置。

2）位置寄存器。PR[i] 用于表示位置寄存器，i 值范围为 1 ~ 100。

【例】J PR[1] 100% FINE

这个运动指令表示：精确地以 100% 关节动作速度从现在的位置（或上个动作指令的结束位置）移动到位置 1。

（3）**速度值。**速度值表示当前机器人运动速度的大小，常用速度值的范围为1%～100%、1～2 000 mm/sec、1～12 000 cm/min、0.1～4 724.4 inch/min、1～272 deg/sec、1～3 200 sec、1～3 200 msec。

（4）**速度单位。**动作类型不同，速度单位也不同。

1）当动作类型为J时，速度单位包括：%、sec（秒）、msec（毫秒）。

2）当动作类型为L或C时，速度单位包括：mm/sec（毫米/分钟）、cm/min（厘米/分钟）、inch/min（英尺/分钟）、deg/sec（度/秒）、sec、msec。

【例】L P[2] 500mm/sec FINE

这个运动指令表示：精确地以直线动作、500 mm/sec的速度从前一个位置移动到P[2]位置。

（5）**定位类型**

1）精确。精确（FINE）指此运动指令会使机器人精确停顿在此示教位置上。

2）连续。连续（CNT）指此运动指令会以连续动作为优先使机器人停顿在此示教位置上。CNT值可为0～100内的整数。

【例】C P[3] 2000mm/sec CNT100

这个运动指令表示：优先考虑100%连续性地以圆弧动作、2 000 mm/sec的速度从前一个位置移动到P[3]位置。

①当运动速度一定时，CNT值不同情况下的运动路径如图2-29所示。

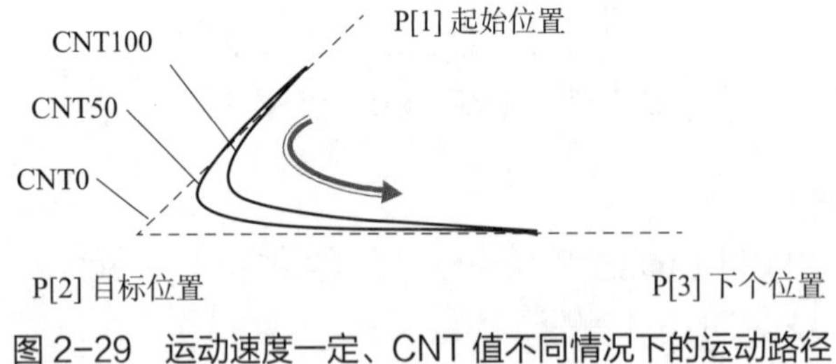

图2-29 运动速度一定、CNT值不同情况下的运动路径

运动指令分别为：

- L P[2] 500mm/sec CNT0，表示以直线动作、500 mm/sec的速度从P[1]位置连续运动到P[3]位置，但在P[2]位置不会停顿；
- L P[2] 500mm/sec CNT50，表示以直线动作、500 mm/sec的速度从P[1]位置连续运动到P[3]位置，但是远离P[2]位置、介于CNT0和CNT100路径之间；

● L P[2] 500mm/sec CNT100，表示以直线动作、500 mm/sec 的速度从 P[1] 位置连续运动到 P[3] 位置，但是最远离 P[2] 位置。

②当 CNT 值一定时，运动速度不同情况下的运动路径如图 2-30 所示。

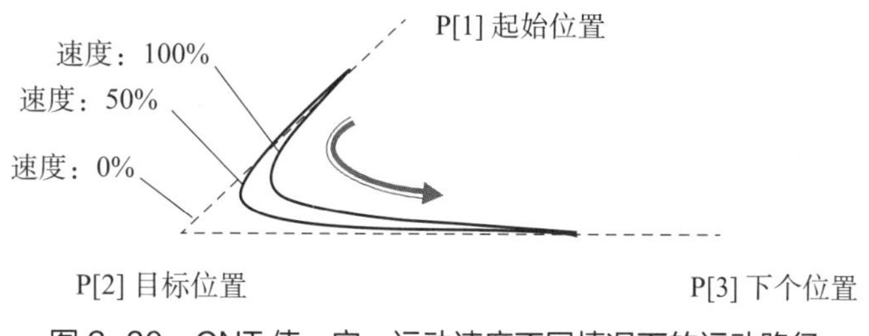

图 2-30　CNT 值一定、运动速度不同情况下的运动路径

运动指令分别为：

● J P[3] 0% CNT50，表示以关节动作、0% 运行速度从 P[1] 位置移动到 P[3] 位置；

● J P[3] 50% CNT50，表示以关节动作、50% 运行速度从 P[1] 位置移动到 P[3] 位置；

● J P[3] 100% CNT50，表示以关节动作、100% 运行速度从 P[1] 位置移动到 P[3] 位置。

2. 修改运动指令五要素

（1）修改动作类型。例如，将动作类型从直线动作更改为关节动作时，用光标移动键选中直线动作 L 指令所在位置，按下 F4 CHOICE 键，移动光标，选择 Joint 项，将其切换为关节动作 J 指令，则完成动作类型的修改，如图 2-31 和图 2-32 所示。

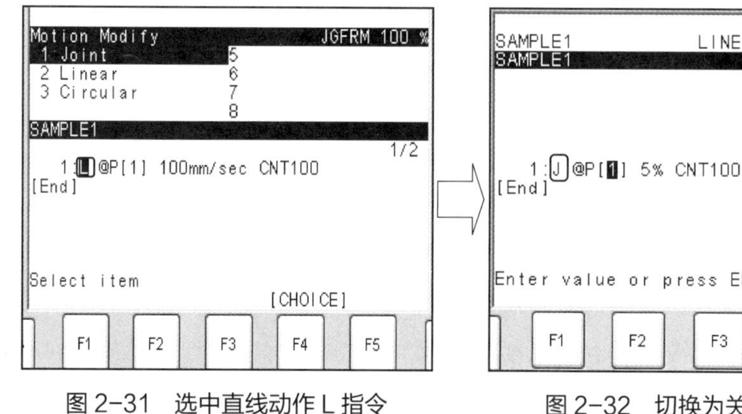

图 2-31　选中直线动作 L 指令　　图 2-32　切换为关节动作 J 指令

（2）**修改位置数据类型。**用光标移动键选中 P[ ] 指令所在位置，按下 F4 CHOICE 键，移动光标，选择 PR[ ] 项，将其切换为 PR[ ] 指令，则完成位置数据类型的修改，如图 2–33 和图 2–34 所示。

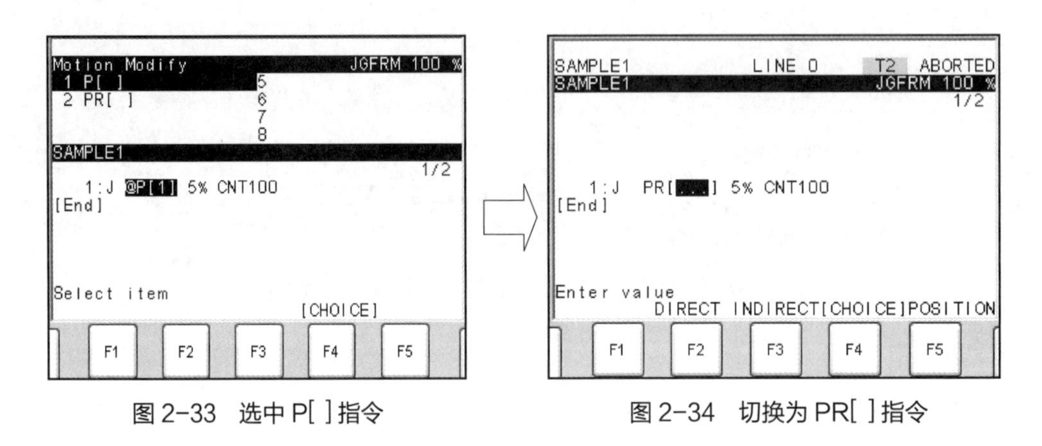

图 2–33　选中 P[ ] 指令　　　　图 2–34　切换为 PR[ ] 指令

（3）**修改速度值。**用光标移动键选中速度值所在位置，直接用数字键输入速度值，则完成速度值的修改，如图 2–35 所示。

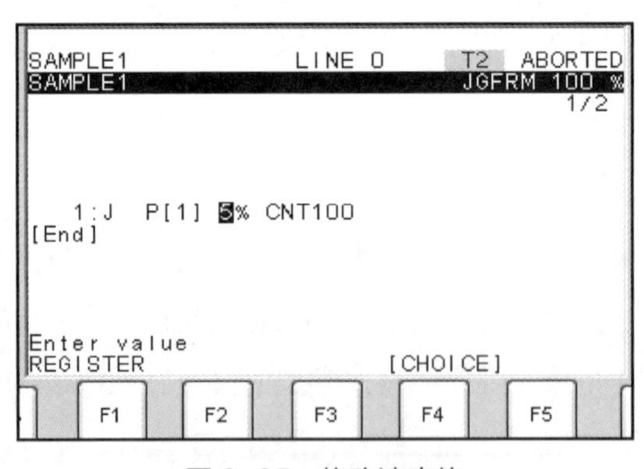

图 2–35　修改速度值

（4）**修改速度单位。**对于动作类型为关节动作的运动指令，用光标移动键选中速度单位所在位置，按下 F4 CHOICE 键，移动光标，选择相应的速度单位进行切换，则完成速度单位的修改，如图 2–36 所示。

对于动作类型为直线动作的运动指令，用光标移动键选中速度单位所在位置，按下 F4 CHOICE 键，移动光标，选择相应的速度单位进行切换，则完成速度单位的修改，如图 2–37 所示。对于动作类型为圆弧动作的运动指令，修改其速度单位的方法与直线运动指令的相同。

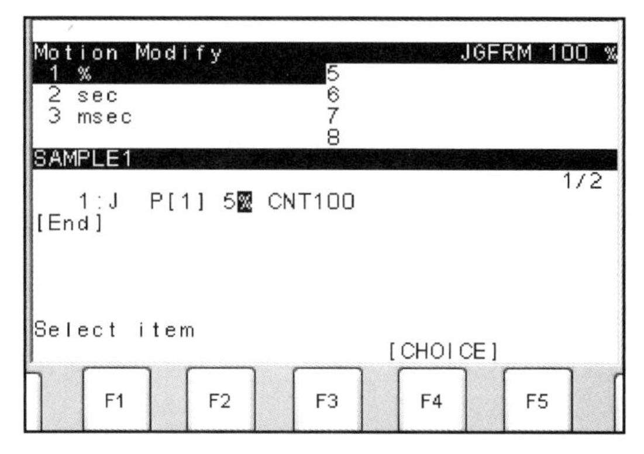

图 2-36　修改关节运动指令中的速度单位

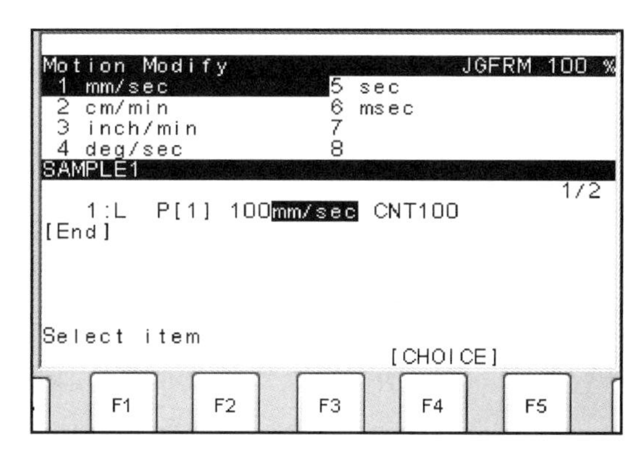

图 2-37　修改直线运动指令中的速度单位

（5）修改定位类型。用光标移动键选中定位类型所在位置，按下 F4 CHOICE 键，移动光标，选择相应的定位类型进行切换，则完成定位类型的修改，如图 2-38 所示。

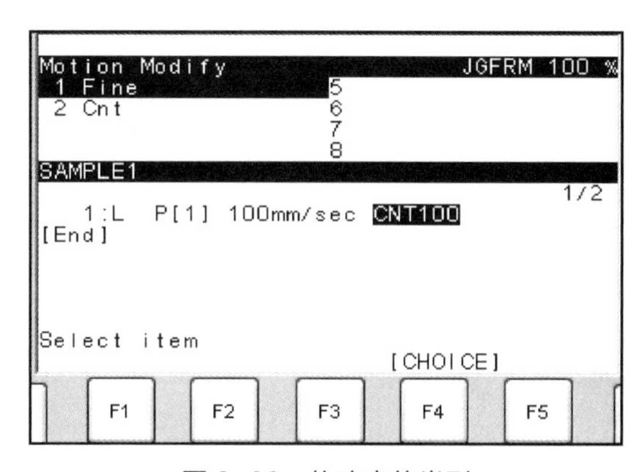

图 2-38　修改定位类型

3. 运动指令注意事项

（1）运动的连贯性。绕过工件的运动使用 CNT 作为定位类型，可以使工业机器人的运动看上去更连贯。

当工业机器人手部的姿态突变时，会浪费一些运行时间；当工业机器人手部的姿态逐渐变化时，机器人可以运动得更快。

因此，应注意以下事项：

1）用一个合适的姿态示教开始点；

2）用一个和示教开始点差不多的姿态示教最后一点；

3）在开始点和最后一点之间示教机器人，观察其手部的姿态是否逐渐变化；

4）不断调整，尽可能使机器人手部的姿态不要突变。

（2）奇异点。奇异点报警信息“MOTN-023 STOP In Singularity”表示工业机器人 J5 轴在 0° 位置或接近 0° 位置。

当工业机器人在示教过程中产生该奇异点报警信息时，可以在关节坐标系下移动 J5 轴离开 0° 的位置，按 RESET 键消除该报警；也可以在关节坐标系下修改机器人的位姿，以避开奇异点；还可以使用附加运动指令（即手腕关节运动指令 WJNT，全名为 Wrist Joint）操作机器人，使其关节移动，离开奇异点，从而解除奇异点报警。

技能要求

FANUC 机器人运动指令生成

操作要求

能熟练掌握机器人运动指令生成。

操作准备

序号	名称	规格型号	数量
1	机器人	FANUC M-10iA	1 个
2	控制柜	R-30iB Mate	1 个
3	示教器	iPendant	1 个

操作步骤

步骤 1　确认工业机器人处于安全状态，机器人控制柜处于通电状态。单手握住示教器，等示教器启动后，将 TP 开关置为 ON，如图 1–18 所示。手持示教器，保持示教器背部的 DEADMAN 开关按下，如图 1–19 所示，点击示教器操作面板上的 RESET 键，以清除报警。

步骤 2　按下示教器操作面板上的 SELECT 键，如图 2–4 所示，显示程序选择管理键，如图 2–5 所示。

步骤 3　移动光标，选择需设置的程序，点击 ENTER 键进入该程序编辑界面。

步骤 4　将机器人操作模式切换为手动操作，移动机器人到指定位置。

方法一

步骤 5　同时点击 SHIFT 键和 F1 POINT（示教点）键记录位置，如图 2–39 所示。程序编辑界面将自动生成运动指令，如图 2–40 所示。

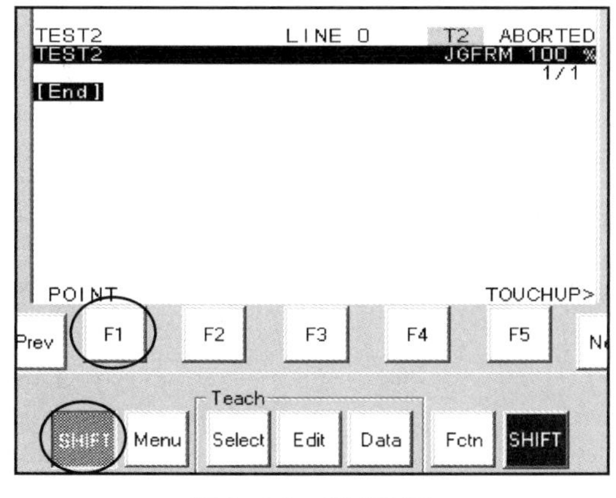

图 2–39　记录位置

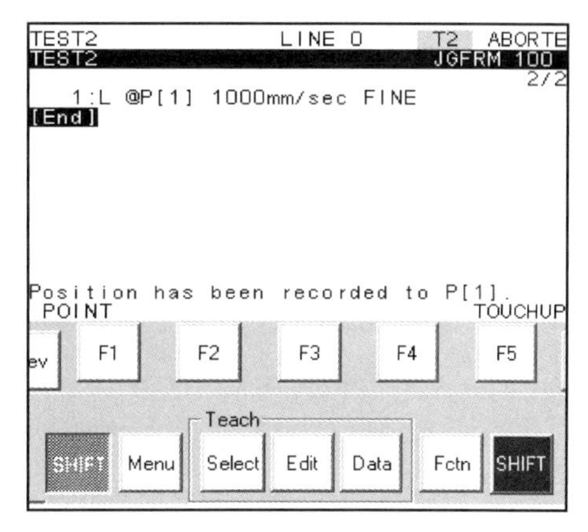

图 2–40　运动指令生成

方法二

步骤 5 点击 F1 POINT 键，移动光标，选择合适的运动指令格式，如图 2–41 所示。

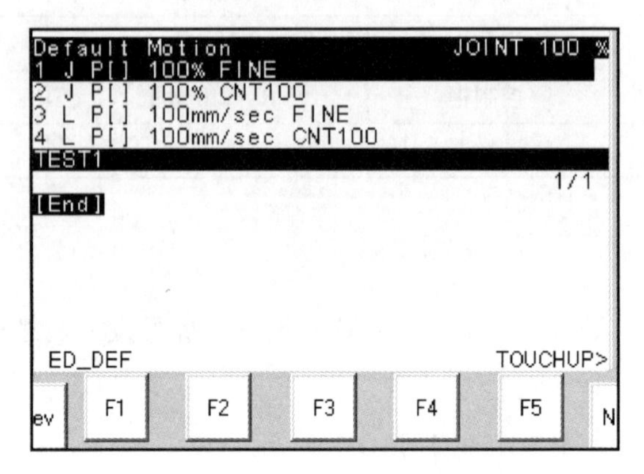

图 2–41 选择合适的运动指令格式

步骤 6 点击 ENTER 键确认，生成运动指令，记录当前机器人的位置，如图 2–42 所示。

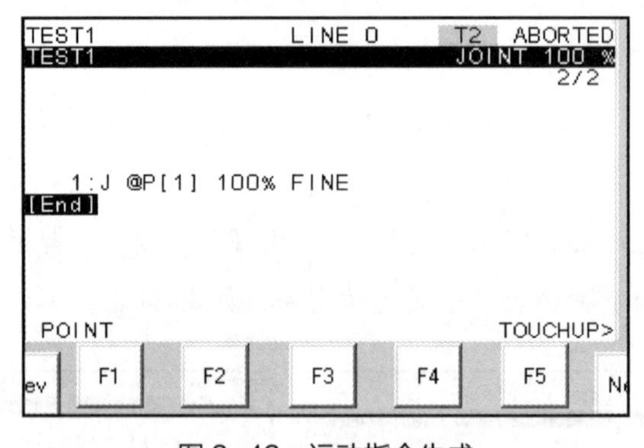

图 2–42 运动指令生成

注意事项

通过同时点击 SHIFT 键和 F1 POINT 键生成的运动指令将使用当前的默认格式，直到选择其他格式为默认格式为止。

FANUC 机器人运动指令修改

操作要求

能熟练掌握机器人运动指令修改。

操作准备

序号	名称	规格型号	数量
1	机器人	FANUC M-10iA	1个
2	控制柜	R-30iB Mate	1个
3	示教器	iPendant	1个

操作步骤

步骤1　确认工业机器人处于安全状态，机器人控制柜处于通电状态。单手握住示教器，等示教器启动后，将TP开关置为ON，如图1-18所示。手持示教器，保持示教器背部的DEADMAN开关按下，如图1-19所示，点击示教器操作面板上的RESET键，以清除报警。

步骤2　按下示教器操作面板上的SELECT键，如图2-4所示，显示程序选择管理键，如图2-5所示。

步骤3　移动光标，选择需修改的程序，点击ENTER键进入该程序编辑界面。

步骤4　根据运动指令五要素，移动光标，选择需修改的对象。

将圆弧动作更改为直线动作

步骤5　移动光标，选择目标圆弧运动指令的动作类型，如图2-43所示。

步骤6　点击F4 CHOICE键，显示指令要素的Motion Modify（动作修改）选择项，选择Linear（直线动作），如图2-44所示。

步骤7　点击ENTER键进行确认，完成动作类型更改，如图2-45所示。

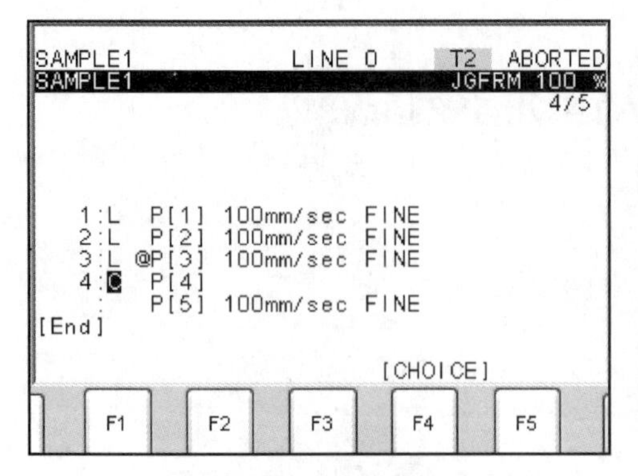

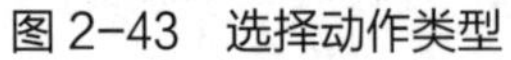
图 2-43 选择动作类型

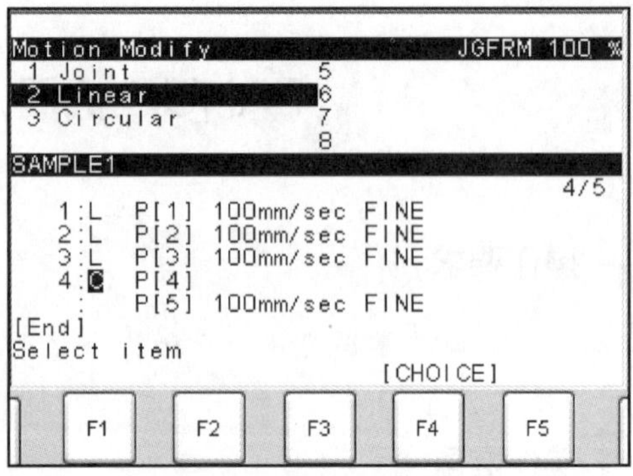

图 2-44 选择直线动作

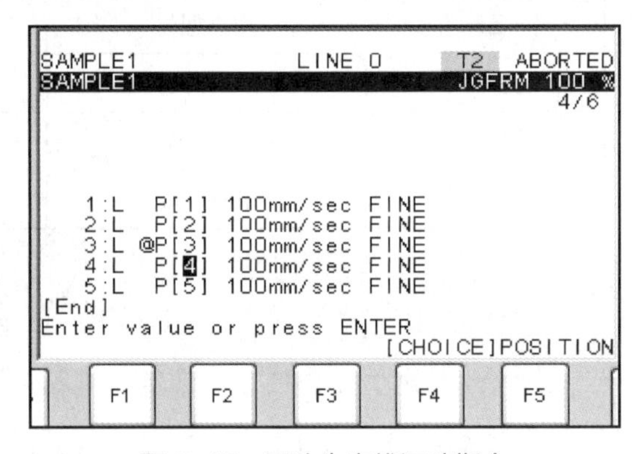

图 2-45 更改为直线运动指令

注意：当圆弧运动指令被更改为关节运动指令或直线运动指令时，将生成以圆弧的经由点及终点作为各自目标点的两个动作语句。

将直线动作更改为圆弧动作

步骤 5 移动光标，选择目标直线运动指令的动作类型，如图 2-46 所示。

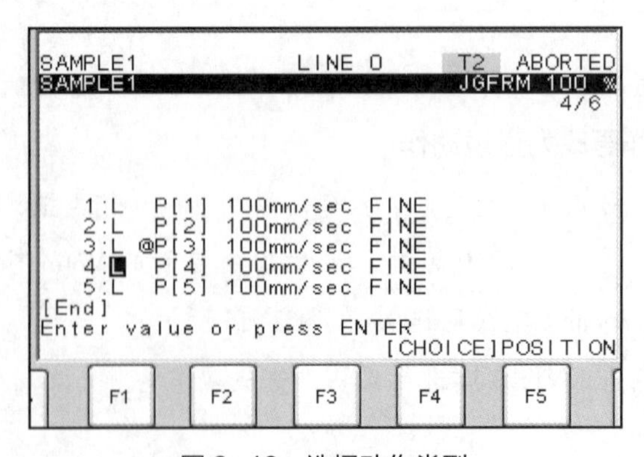

图 2-46 选择动作类型

步骤 6　点击 F4 CHOICE 键，显示指令要素的 Motion Modify 选择项，选择 Circular（圆弧动作），如图 2–47 所示。

步骤 7　点击 ENTER 键进行确认，完成动作类型更改，如图 2–48 所示。

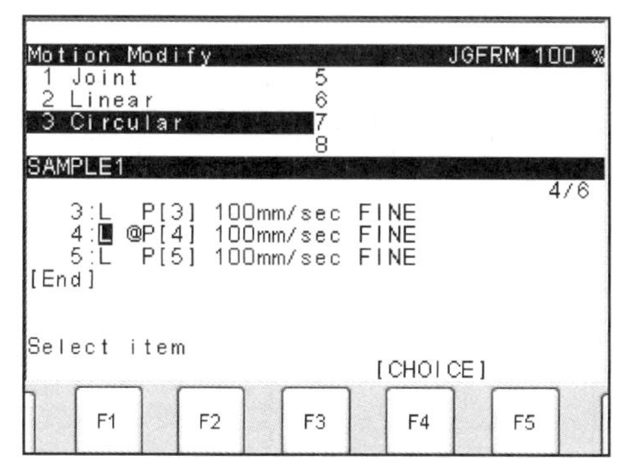

图 2–47　选择圆弧动作

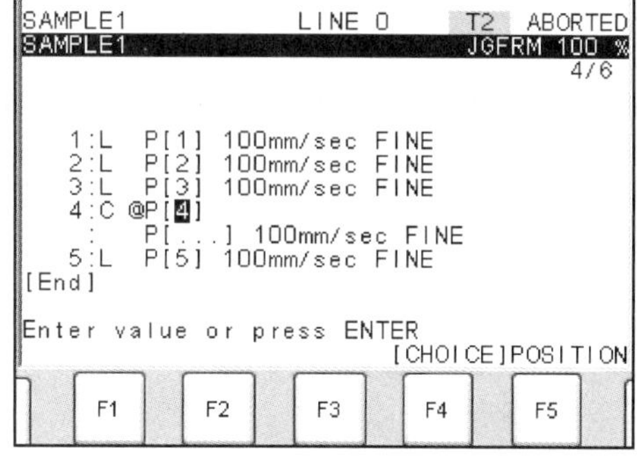

图 2–48　更改为圆弧运动指令

注意：当直线运动指令或关节运动指令被更改为圆弧运动指令时，圆弧终点的示教数据为空。

示教修改位置数据

步骤 5　移动光标，选中需要修改的程序行号，通过示教器使机器人运动到指定的位置，点击 SHIFT 键，再点击 F5 TOUCHUP 键，当该行出现 @ 符号时，表示位置信息已更新，如图 2–49 所示。

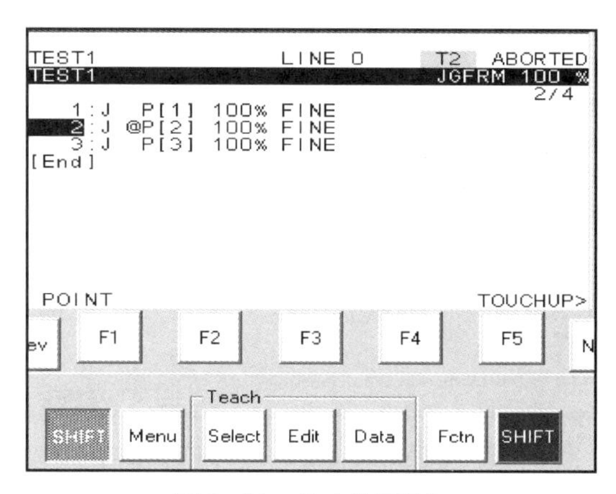

图 2–49　修改位置数据

注意：有些版本的软件在更新以上位置信息时，出现 @ 符号的同时，屏幕下方还会出现“Position has been recorded to P[2]”（现在的位置已经被 P[2] 记忆完成）。

直接写入修改位置数据

步骤 5 移动光标，选中需要修改的位置编号，如图 2-50 所示。点击 F5 POSITION（位置）键，显示位置数据子菜单，如图 2-51 所示。

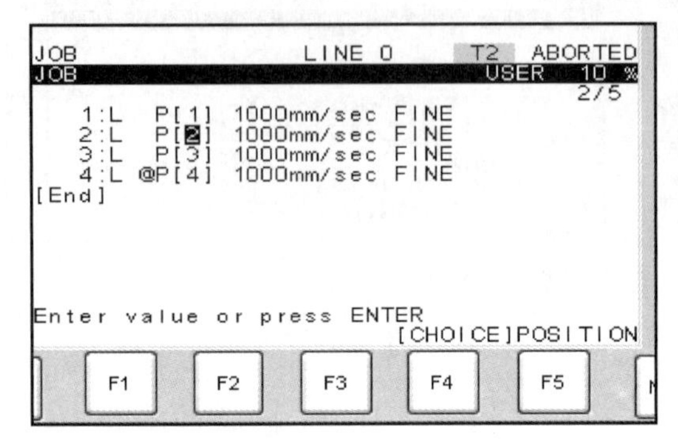

图 2-50 选中位置编号

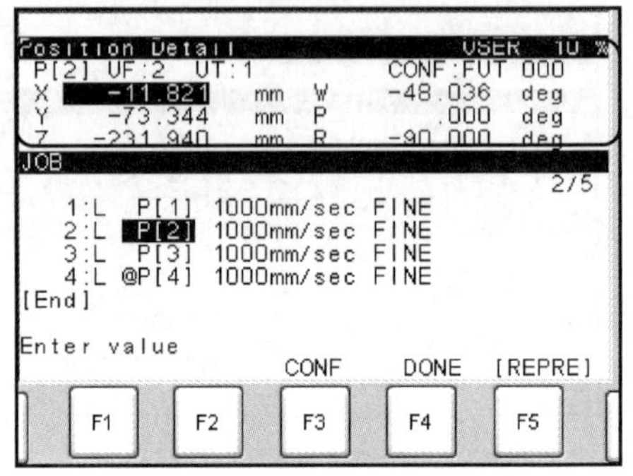

图 2-51 显示位置数据子菜单

步骤 6 点击图 2-51 中的 F5 REPRE（形式）键，显示位置的数据类型选择框，如图 2-52 所示，移动光标切换位置的数据类型（Cartesian 代表直角坐标系，Joint 代表关节坐标系）。若选择 Joint 项，则关节类型位置数据信息会自动显示，如图 2-53 所示。

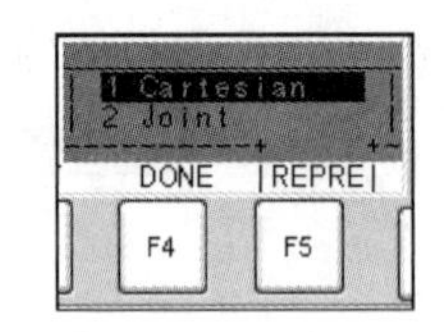

图 2-52 切换位置的数据类型

```
Position Detail                    USER   10 %
 P[2] UF:2  UT:1
 J1        -2.175 deg    J4       2.231 deg
 J2         7.994 deg    J5      62.951 deg
 J3       -38.917 deg    J6      -1.900 deg
JOB
                                          2/5
     1:L   P[1]  1000mm/sec  FINE
     2:L   P[2]  1000mm/sec  FINE
     3:L   P[3]  1000mm/sec  FINE
     4:L  @P[4]  1000mm/sec  FINE
[End]
Enter value
                              DONE   [REPRE]
```

图 2-53 切换为关节坐标系后的位置数据信息

步骤 7 修改数据完毕后，点击 F4 DONE（完成）键退出该画面。

步骤 8 同时点击 SHIFT 键和 COORD 键可以查询或设置当前有效的用户坐标系号、工具坐标系号信息，如图 2-54 所示。

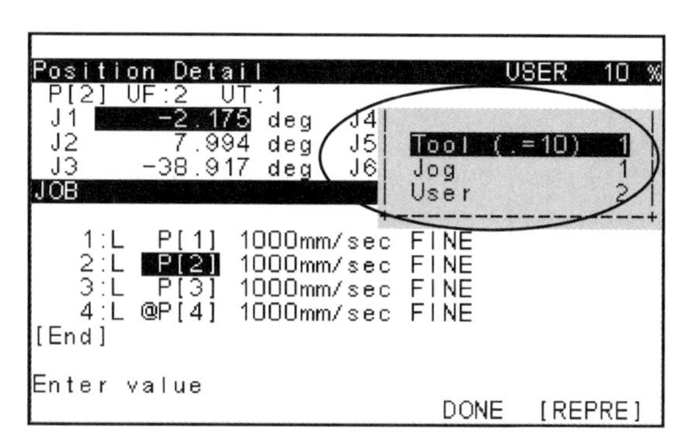

图 2–54　当前有效的坐标系号信息

注意事项

设置坐标系号信息时，在执行程序语句之前，需要确认当前信息窗口中工具坐标系号和用户坐标系号与位置点所记录的坐标系号一致。

图 2–54 中，Position Detail（位置细节）信息框中显示 P[2] UF:2 UT:1（UF 代表用户坐标系，UT 代表工具坐标系），代表 P[2] 的用户坐标系号为 2，工具坐标系号为 1。右侧查询或设置 P[2] 坐标系号的信息框中显示：工具坐标系号为 1，用户坐标系号为 2。两者显示坐标系号一致。

学习单元 3　工业机器人程序指令编辑

学习目标

掌握工业机器人程序指令编辑

知识要求

工业机器人程序创建完成后，可对程序内的指令进行编辑操作。对于工业机器人示教器或连接的外部存储器内已存在的程序，也可以进行程序内指令的编辑操作。

一、插入空白行

插入空白行（Insert）指令可将指定数量的空白行插入到现有的程序语句之间。插入空白行后，将重新赋予行号。

二、删除指令行

删除指令行（Delete）指令可将指定的某行或多行程序语句从程序中删除。删除指令行后，将重新赋予行号。

三、复制 / 粘贴

复制 / 粘贴（Copy/Paste）指令可将复制的一连串程序语句粘贴插入到程序中的其他位置上。复制程序语句时，选择复制程序语句范围，执行复制指令，系统将其自动粘贴至存储器中。程序语句一旦被复制，就可以多次插入到其他位置上。

四、查找

查找（Find）指令可查找或检索指定的程序指令要素。

五、替换

替换（Replace）指令可替换指定的程序指令要素，例如，更改影响程序的设置数据等。

六、重新编号

重新编号（Renumber）指令可对程序重新赋予程序行号，程序行号一般采用升序排列方式。程序行号在每次对运动指令进行示教时自动累加生成。经过反复执行插入空白行和删除指令行操作，程序行号会变得无序，此时通过重新编号指令，可使程序行号有序排列。

七、注释

注释（Comment）指令可用于在程序编辑界面内显示 / 隐藏相关指令的注释，但不能用于对注释进行编辑。可显示 / 隐藏注释的指令有 I/O 指令和寄存器指令。

I/O 指令包括：DI 指令、DO 指令，RI 指令、RO 指令，GI 指令、GO 指令，AI 指令、AO 指令，UI 指令、UO 指令，SI 指令、SO 指令。

寄存器指令包括：位置寄存器指令、码垛寄存器指令、运动指令中的寄存器速度指令。

八、撤销

撤销（Undo）指令可用于撤销指令的更改、行插入、行删除等编辑操作。若在编辑程序的某一行时执行撤销操作，则该行之前执行的所有操作全部都会被撤销。此外，对于行插入和行删除，撤销指令可用于撤销所有已插入的行和已删除的行。

通过撤销操作，可全部还原当前光标所在行之前的编辑内容。由于撤销操作会导致自动改写程序，结果可能与预想的有差别，因此在执行完撤销操作再执行程序时，应先充分确认程序的内容。执行撤销操作需注意以下三种情况。

1. 撤销操作有效

执行下列操作后，撤销操作有效：

（1）指令更改；

（2）行插入；

（3）行删除；

（4）程序语句复制；

（5）程序语句粘贴；

（6）程序指令替换；

（7）重新编号。

2. 撤销操作无效

执行下列操作后，撤销操作无效：

（1）电源切断；

（2）选择其他程序。

3. 不能执行撤销操作的状态

不能执行撤销操作的状态包括：

（1）示教器处于无效状态；

（2）程序处于写保护状态；

（3）程序存储器的可用空间不足。

九、备注

程序指令较多时，备注（Remark）指令可用于进行指令注解化或解除注解化，避免指令混淆。

技能要求

FANUC 机器人程序指令插入

操作要求

能熟练掌握机器人程序指令插入。

操作准备

序号	名称	规格型号	数量
1	机器人	FANUC M-10iA	1 个
2	控制柜	R-30iB Mate	1 个
3	示教器	iPendant	1 个

操作步骤

步骤 1 确认工业机器人处于安全状态，机器人控制柜处于通电状态。单手握住示教器，等示教器启动后，将 TP 开关置为 ON，如图 1-18 所示。手持示教器，保持示教器背部的 DEADMAN 开关按下，如图 1-19 所示，点击示教器操作面板上的 RESET 键，以清除报警。

步骤 2 按下示教器操作面板上的 SELECT 键，如图 2-4 所示，显示程序选择管理键，如图 2-5 所示。

步骤3　移动光标，选择需编辑的程序，并按下ENTER键进入该程序编辑界面。

步骤4　移动光标至需要插入空白行的位置（空白行插在光标行之前），如图2–55所示。

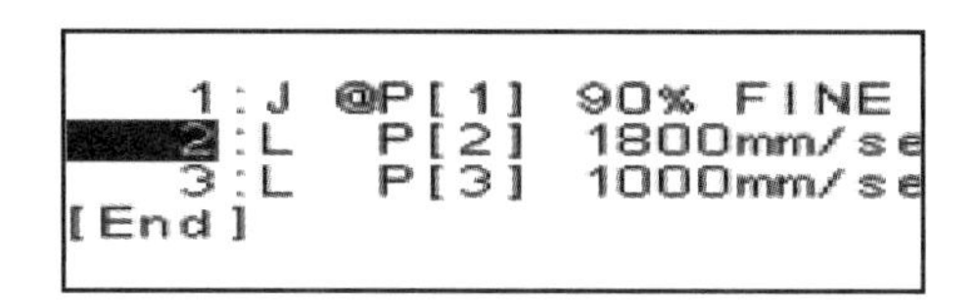

图2–55　移动光标至需插入空白行位置

步骤5　按下示教器操作面板上的NEXT键，显示下一页功能键，如图2–56所示。

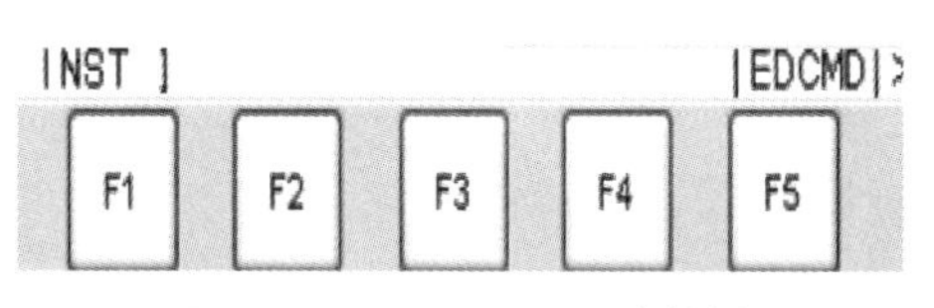

图2–56　显示下一页功能键

步骤6　按下F5 EDCMD（编辑命令）键，移动光标，选择Insert（插入）项，如图2–57所示，并按ENTER键确认。

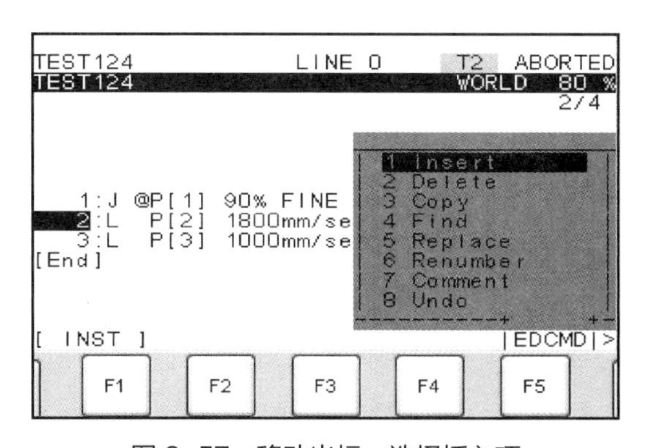

图2–57　移动光标，选择插入项

步骤7　屏幕下方会出现“How many line to insert?”（要插入几行?），用数字键输入所需要插入的行数（如插入2行），并按ENTER键确认，如图2–58所示，指令插入操作完成。

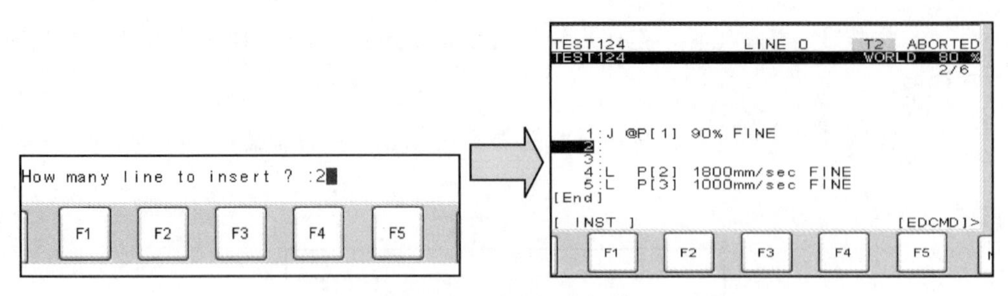

图 2-58　确定插入行数

FANUC 机器人程序指令删除

操作要求

能熟练掌握机器人程序指令删除。

操作准备

序号	名称	规格型号	数量
1	机器人	FANUC M-10iA	1 个
2	控制柜	R-30iB Mate	1 个
3	示教器	iPendant	1 个

操作步骤

步骤 1　确认工业机器人处于安全状态，机器人控制柜处于通电状态。单手握住示教器，等示教器启动后，将 TP 开关置为 ON，如图 1-18 所示。手持示教器，保持示教器背部的 DEADMAN 开关按下，如图 1-19 所示，点击示教器操作面板上的 RESET 键，以清除报警。

步骤 2　按下示教器操作面板上的 SELECT 键，如图 2-4 所示，显示程序选择管理键，如图 2-5 所示。

步骤 3　移动光标，选择需编辑的程序，并按下 ENTER 键进入该程序编辑界面。

步骤4 移动光标至需要删除的指令行位置。

步骤5 按下示教器操作面板上的NEXT键，显示下一页功能键，如图2-56所示。

步骤6 按下F5 EDCMD键，移动光标，选择Delete（删除）项，如图2-59所示，并按ENTER键确认。

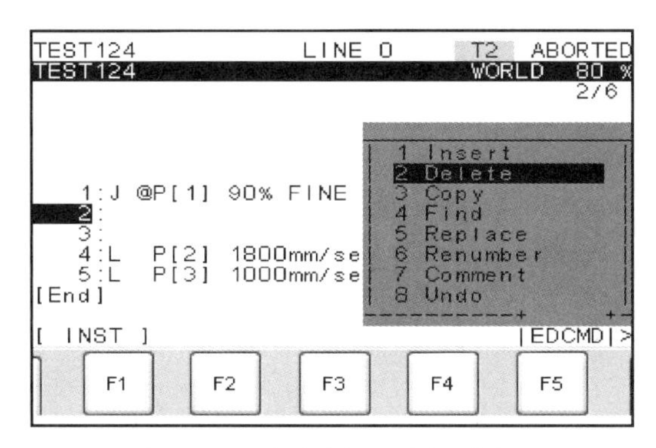

图2-59 移动光标，选择删除项

步骤7 屏幕下方会出现“Delete line（s）?”（是否删除行?），移动光标，选中所需要删除的行（可以是单行，也可以是连续的几行），如图2-60所示。

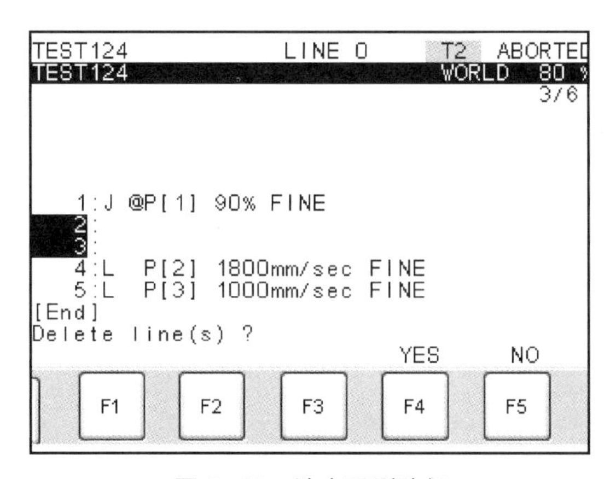

图2-60 选中需删除行

步骤8 按下F4 YES键，即可删除所选指令行，指令删除操作完成。

FANUC 机器人程序指令复制 / 粘贴

操作要求

能熟练掌握机器人程序指令复制 / 粘贴。

操作准备

序号	名称	规格型号	数量
1	机器人	FANUC M-10iA	1 个
2	控制柜	R-30iB Mate	1 个
3	示教器	iPendant	1 个

操作步骤

步骤 1 确认工业机器人处于安全状态，机器人控制柜处于通电状态。单手握住示教器，等示教器启动后，将 TP 开关置为 ON，如图 1–18 所示。手持示教器，保持示教器背部的 DEADMAN 开关按下，如图 1–19 所示，点击示教器操作面板上的 RESET 键，以清除报警。

步骤 2 按下示教器操作面板上的 SELECT 键，如图 2–4 所示，显示程序选择管理键，如图 2–5 所示。

步骤 3 移动光标，选择需编辑的程序，并按下 ENTER 键进入该程序编辑界面。

步骤 4 移动光标，选择需要复制的指令行。

步骤 5 按下示教器操作面板上的 NEXT 键，显示下一页功能键，如图 2–56 所示。

步骤 6 按下 F5 EDCMD 键，移动光标，选择 Copy 项，如图 2–61 所示，并按 ENTER 键确认。

步骤 7 新画面中的功能键信息如图 2–62 所示，按下 F2 COPY 键，屏幕下方会出现“Move cursor to select range”（移动光标以选择范围），如图 2–63 所示。

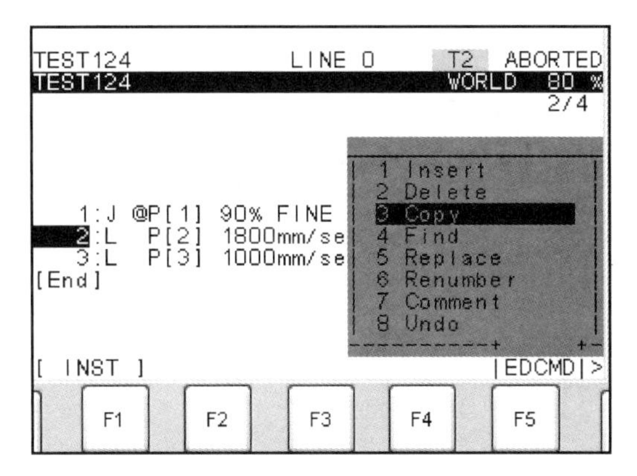

图 2-61　移动光标，选择复制项

图 2-62　按下复制键

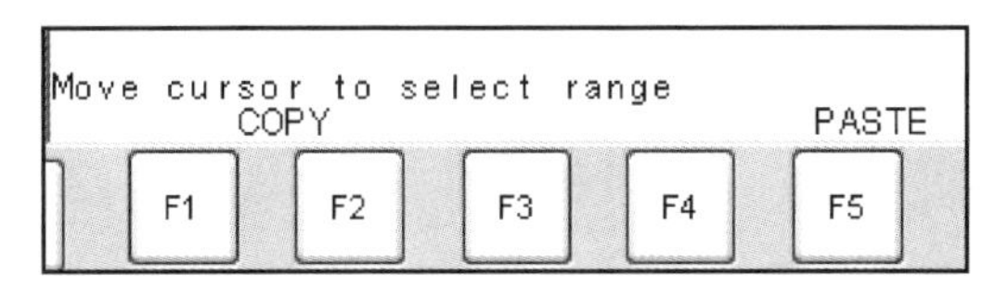

图 2-63　移动光标以选择范围

步骤 8　再次移动光标，选中需要复制的指令行，如图 2-64 所示。

步骤 9　再次按下 F2 COPY 键，如图 2-65 所示，指令复制操作完成，屏幕自动进入程序指令编辑界面。

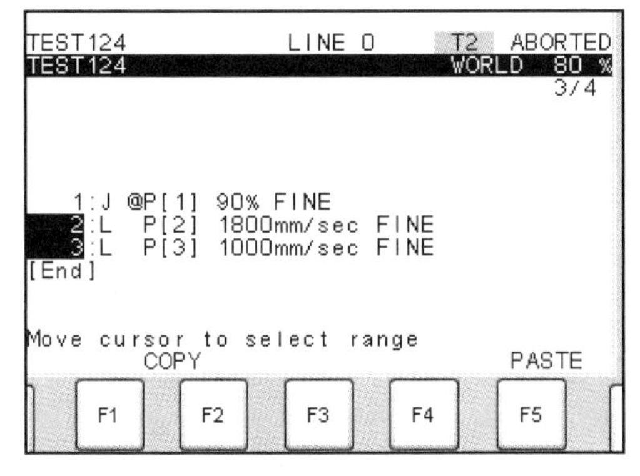

图 2-64　再次选中需要复制的指令行

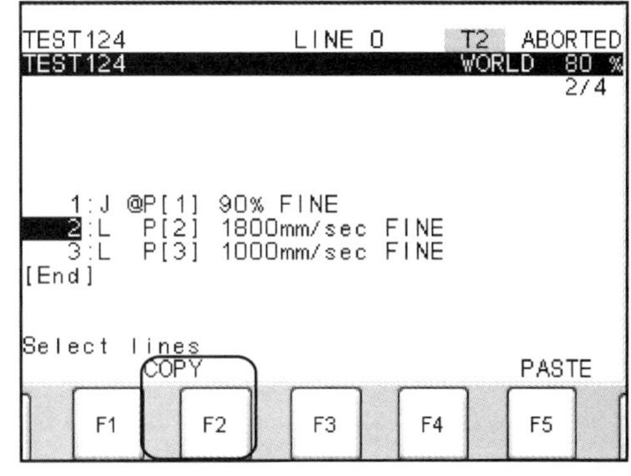

图 2-65　再次按下复制键

步骤 10　移动光标到需要粘贴的行号处（插入式粘贴，不需要先插入空白行）。

步骤 11　按下 F5 PASTE（粘贴）键，屏幕下方出现“Paste before this line?”（粘贴在该行之前？），如图 2-66 所示。

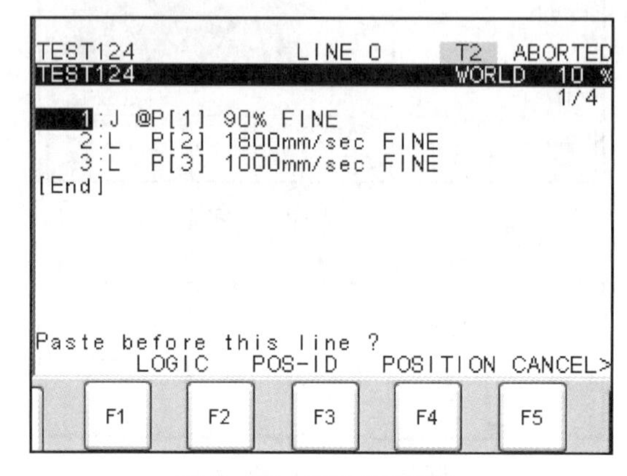

图 2-66　粘贴信息确认

步骤 12　用功能键选择合适的粘贴方式进行粘贴，指令粘贴操作完成。

相关链接

粘贴方式

粘贴功能键（首页显示）如图 2-67 所示。

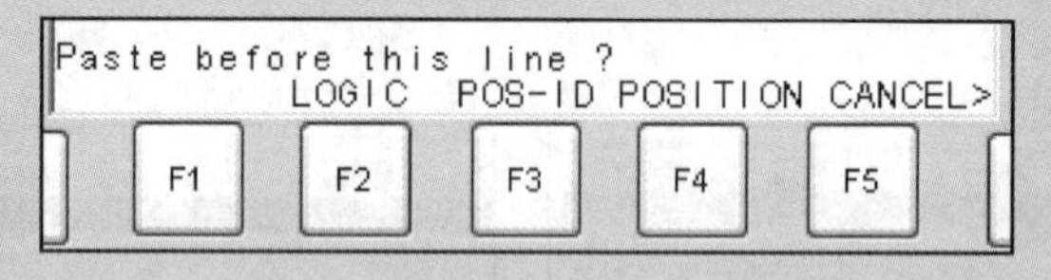

图 2-67　粘贴功能键（首页显示）

首页显示的粘贴功能键介绍如下。

- F2 LOGIC（逻辑）：以只改变位置编号（位置未示教）的形式插入，即不粘贴位置编号信息，粘贴后程序行号自动更新，如图 2-68 所示。
- F3 POS-ID（位置编号）：以不改变运动指令中任何信息的形式插入，即粘贴所有的运动指令信息，粘贴后程序行号自动更新，如图 2-69 所示。

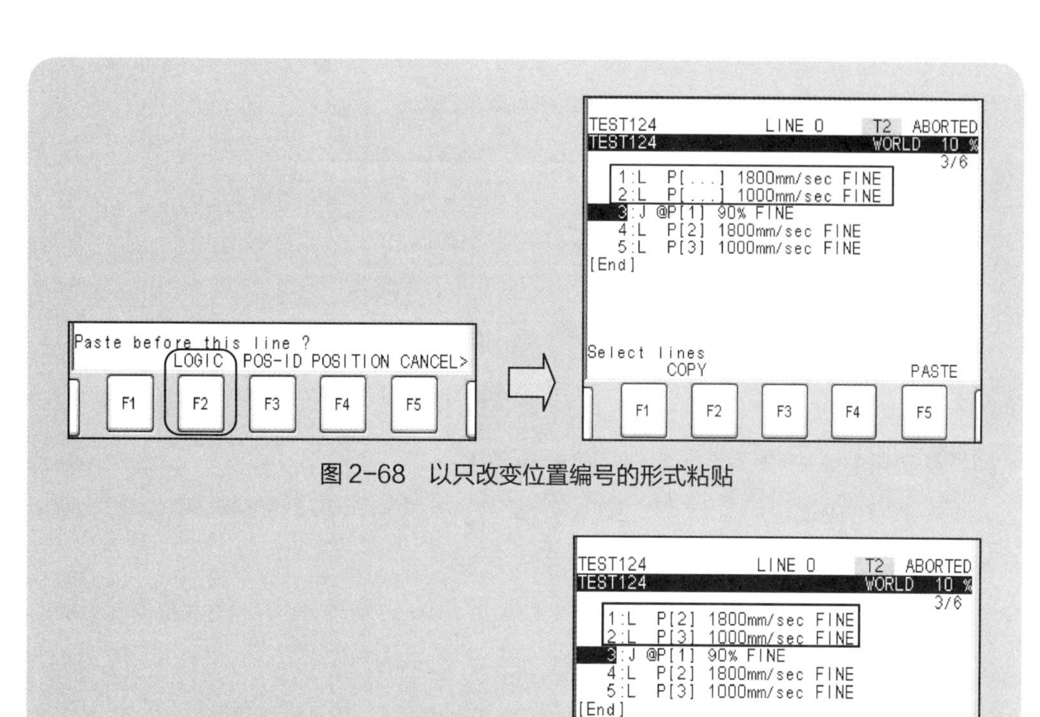

图 2-68　以只改变位置编号的形式粘贴

图 2-69　以运动指令未改变的形式粘贴

● F4 POSITION（位置数据）：以只有位置编号顺序更新的形式插入，即粘贴后的位置信息中生成新的位置编号，粘贴后程序行号自动更新，如图 2-70 所示。

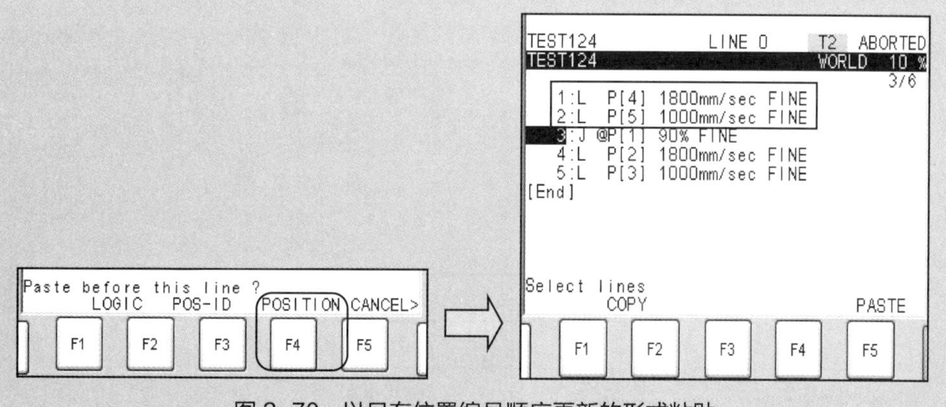

图 2-70　以只有位置编号顺序更新的形式粘贴

按 NEXT 键显示下一页功能键菜单，如图 2-71 所示。

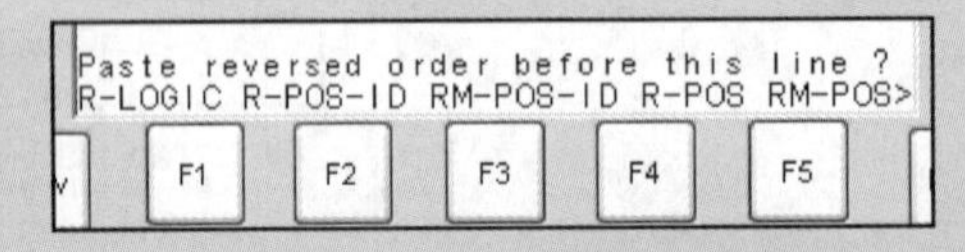

图 2-71　下一页功能键菜单

下一页显示的粘贴功能键介绍如下。

● F1 R-LOGIC（倒序逻辑）：以只改变位置编号（位置未示教）的形式，按照与复制源指令的程序行号相反的顺序插入。

● F2 R-POS-ID（倒序位置编号）：以不改变运动指令中任何信息的形式，按照与复制源指令的程序行号相反的顺序插入。

● F3 RM-POS-ID（倒序动作位置编号）：以与复制源指令的位置编号保持相同的形式，复制源指令中其他信息按照相反的顺序插入。

● F4 R-POS（倒序位置数据）：以只有位置编号顺序更新的形式，按照与复制源指令的程序行号相反的顺序插入。

● F5 RM-POS（倒序动作位置数据）：以只有位置编号顺序更新的形式，复制源指令中其他信息按照相反的顺序插入。

FANUC 机器人程序指令查找

操作要求

能熟练掌握机器人程序指令查找。

操作准备

序号	名称	规格型号	数量
1	机器人	FANUC M-10iA	1 个
2	控制柜	R-30iB Mate	1 个
3	示教器	iPendant	1 个

操作步骤

步骤 1　确认工业机器人处于安全状态，机器人控制柜处于通电状态。单手握住示教器，等示教器启动后，将 TP 开关置为 ON，如图 1–18 所示。手持示教器，保持示教器背部的 DEADMAN 开关按下，如图 1–19 所示，点击示教器操作面板上的 RESET 键，以清除报警。

步骤 2　按下示教器操作面板上的 SELECT 键，如图 2–4 所示，显示程序选择管理键，如图 2–5 所示。

步骤 3　移动光标，选择需编辑的程序，并按下 ENTER 键进入该程序编辑界面。

步骤 4　按下示教器操作面板上的 NEXT 键，显示下一页功能键，如图 2–56 所示。

步骤 5　按下 F5 EDCMD 键，移动光标，选择 Find（查找）项，如图 2–72 所示。

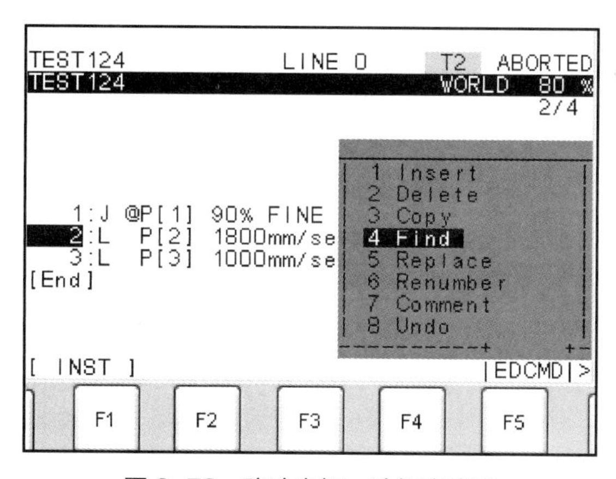

图 2–72　移动光标，选择查找项

步骤 6　按下 ENTER 键，进入指令查找界面，如图 2–73 所示。

步骤 7　移动光标，选择要查找的项目，如 JMP/LBL（跳转 / 标签），并按下 ENTER 键确认，进入 JMP/LBL 查找界面，如图 2–74 所示。

步骤 8　移动光标，选择将要查找的指令要素，如查找 LBL[1] 指令，如图 2–75 所示。

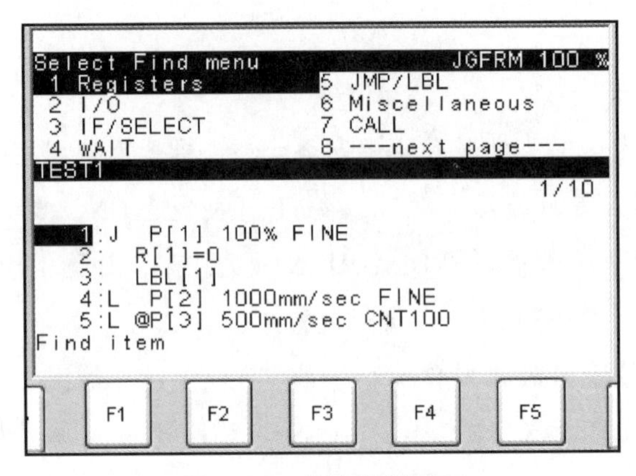

图 2-73 指令查找界面

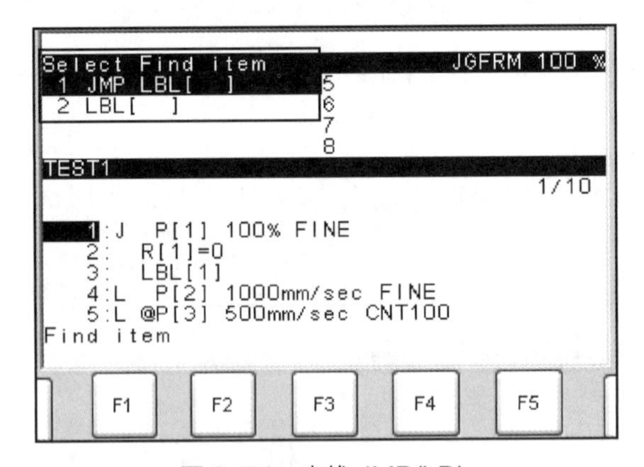

图 2-74 查找 JMP/LBL

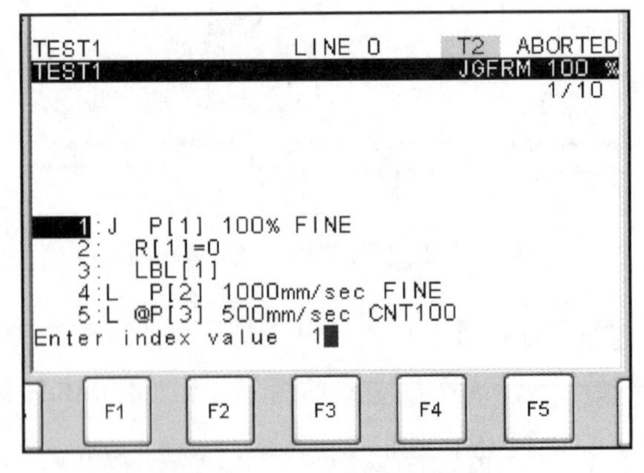

图 2-75 查找 LBL[1] 指令

步骤 9 在查找的指令要素存在定值的情况下，输入该数据；在不存在定值的情况下，则什么也不输入，按下 ENTER 键。

若查找的指令在程序内，则光标停在该指令位置。需进一步查找相同的指令时，按 F4 NEXT 键，如图 2–76 所示。

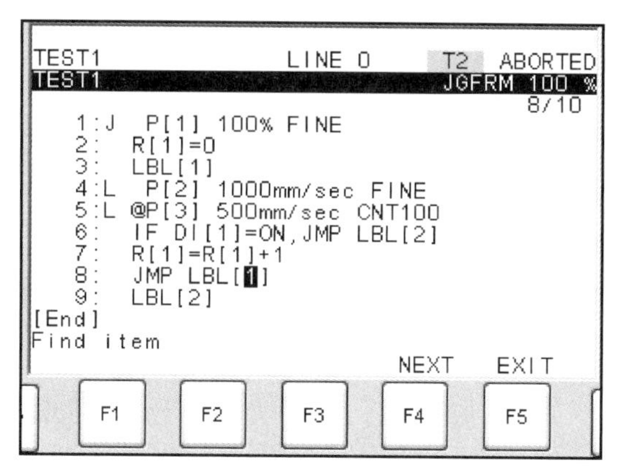

图 2–76　进一步查找指令

步骤 10　结束查找指令时，按下 F5 EXIT（退出）键。

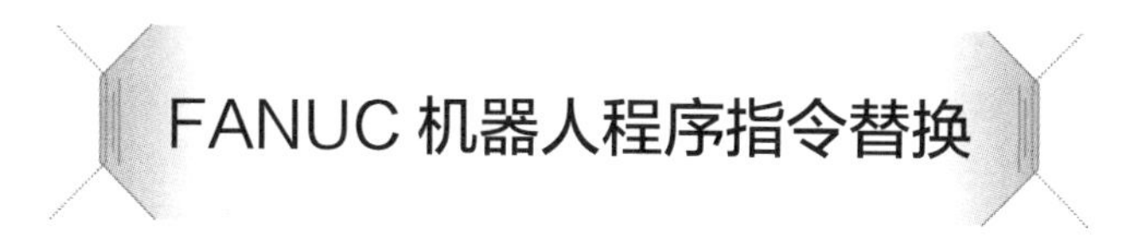

操作要求

能熟练掌握机器人程序指令替换。

操作准备

序号	名称	规格型号	数量
1	机器人	FANUC M–10iA	1 个
2	控制柜	R–30iB Mate	1 个
3	示教器	iPendant	1 个

操作步骤

步骤 1　确认工业机器人处于安全状态，机器人控制柜处于通电状态。单手握住示教器，等示教器启动后，将 TP 开关置为 ON，如图 1–18 所示。手持示教器，保持示教器背部的 DEADMAN 开关按下，如图 1–19 所示，点击示教器操作面板上的 RESET 键，以清除报警。

步骤 2 按下示教器操作面板上的 SELECT 键，如图 2–4 所示，显示程序选择管理键，如图 2–5 所示。

步骤 3 移动光标，选择需编辑的程序，并按下 ENTER 键进入该程序编辑界面。

步骤 4 移动光标，选择需要替换的指令行。

步骤 5 按下示教器操作面板上的 NEXT 键，显示下一页功能键，如图 2–56 所示。

步骤 6 按下 F5 EDCMD 键，移动光标，选择 Replace（替换）项，如图 2–77 所示。

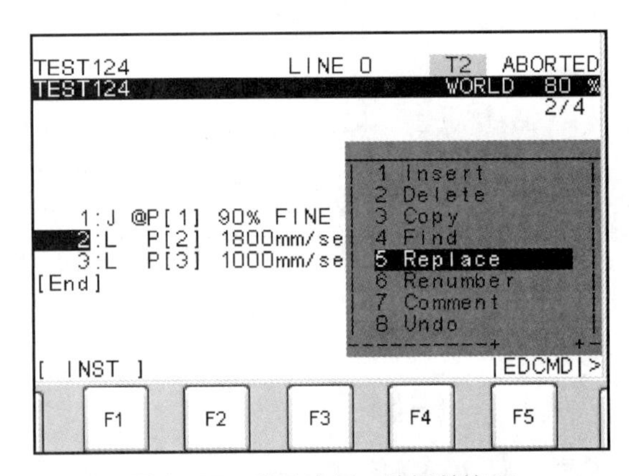

图 2–77 移动光标，选择替换项

步骤 7 按下 ENTER 键确认，进入替换指令界面，如图 2–78 所示。

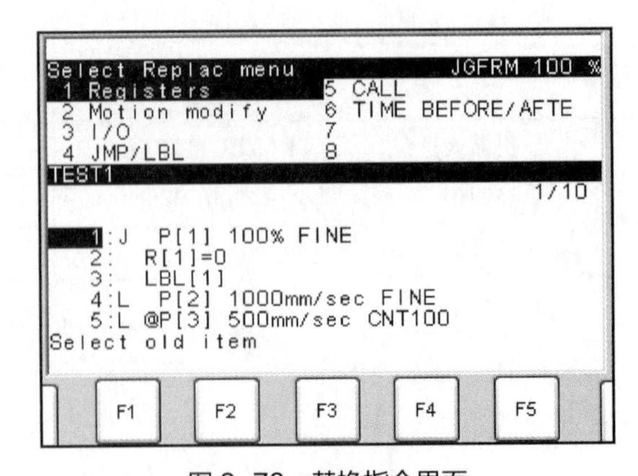

图 2–78 替换指令界面

步骤8　移动光标，选择子选项，如Motion modify，如图2-79表示，按下ENTER键确认。

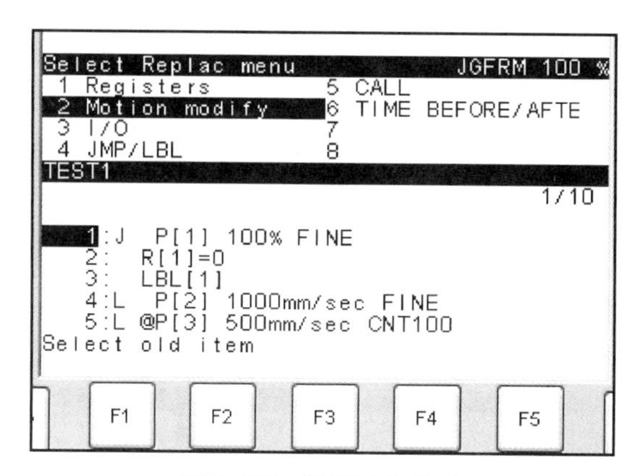

图2-79　选择动作修改

步骤9　移动光标，选择运动指令替换种类，如Replace speed，如图2-80所示。

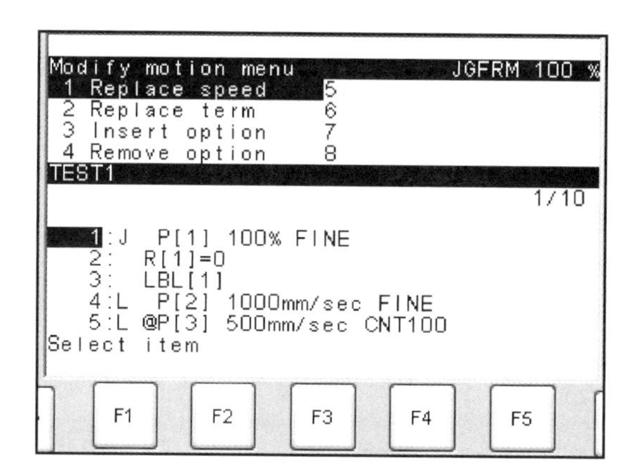

图2-80　选择替换运动指令速度类型

相关链接

运动指令替换种类

- Replace speed（替换速度类型）：将速度类型进行替换。
- Replace term（替换定位类型）：将定位类型进行替换。

- Insert option（插入选项）：插入动作控制指令。
- Remove option（删除选项）：删除动作控制指令。

步骤 10　按下 ENTER 键确认，进入替换运动指令速度类型界面，如图 2-81 所示。

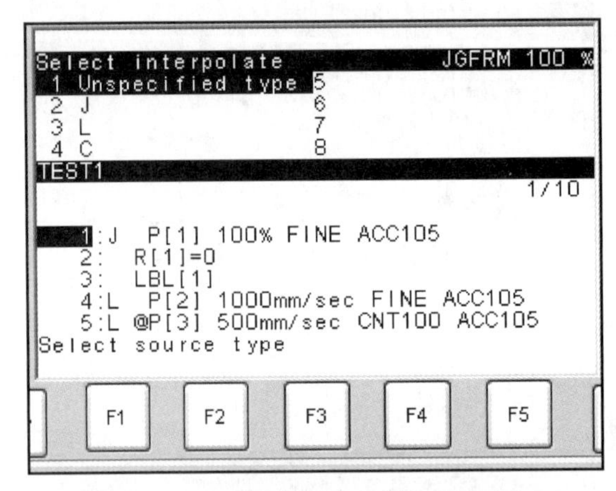

图 2-81　替换运动指令速度类型界面

相关链接

替换运动指令速度类型

- Unspecified type（所有类型）：替换所有运动指令中的速度类型。
- J（关节动作）：只替换动作类型为关节动作的运动指令中的速度类型。
- L（直线动作）：只替换动作类型为直线动作的运动指令中的速度类型。
- C（圆弧动作）：只替换动作类型为圆弧动作的运动指令中的速度类型。

步骤 11　移动光标，选择替换相应动作类型的运动指令中的速度类型，如 Unspecified type，并按下 ENTER 键确认，进入替换运动指令的源速度类型选择界面，如图 2-82 所示。

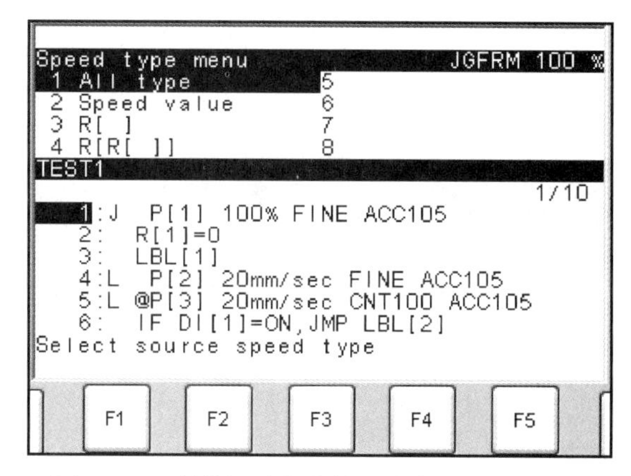

图 2-82　替换运动指令的源速度类型选择界面

相关链接

替换运动指令的源速度类型

- All type（所有类型）：对源速度类型不予指定。
- Speed value（速度值）：源速度类型为数值指定类型。
- R[ ]（寄存器 [ ]）：源速度类型为寄存器直接赋值指定类型。
- R[R[ ]]（寄存器 [寄存器 [ ]]）：源速度类型为寄存器间接赋值指定类型。

步骤 12　移动光标，选择替换相应的源速度类型，如 All type，按下 ENTER 键确认，进入替换速度单位类型选择界面，如图 2-83 所示。

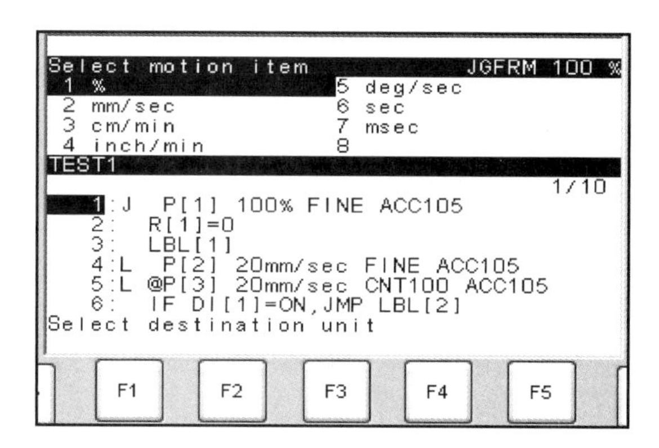

图 2-83　替换速度单位类型选择界面

步骤 13 移动光标，选择替换相应的速度单位类型，如 %，按下 ENTER 键确认，进入替换速度目标值类型选择界面，如图 2-84 所示。

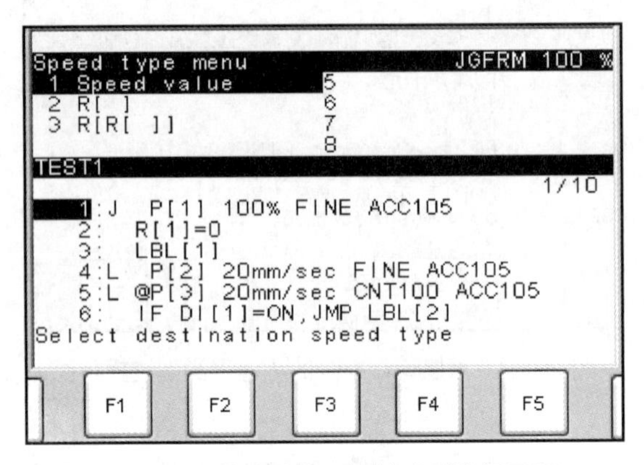

图 2-84 替换速度目标值类型选择界面

相关链接

替换速度目标值类型

- Speed value（速度值）：速度目标值类型为数值指定类型。
- R[ ]（寄存器 [ ]）：速度目标值类型为寄存器直接赋值指定类型。
- R[R[ ]]（寄存器 [寄存器 [ ]]）：速度目标值类型为寄存器间接赋值指定类型。

步骤 14 移动光标，选择替换相应的速度目标值类型，如 Speed value，按下 ENTER 键确认，进入速度目标值输入界面，如图 2-85 所示。

步骤 15 移动光标至“Enter speed value:”（输入速度值：），通过示教器操作面板输入相应的值，按下 ENTER 键确认，进入替换确认界面，如图 2-86 所示。

步骤 16 屏幕下方显示“Modify OK?”（是否修改？），按下相应的功能键，选择替换方法，指令替换操作完成。若无操作，按下 F5 EXIT 键。

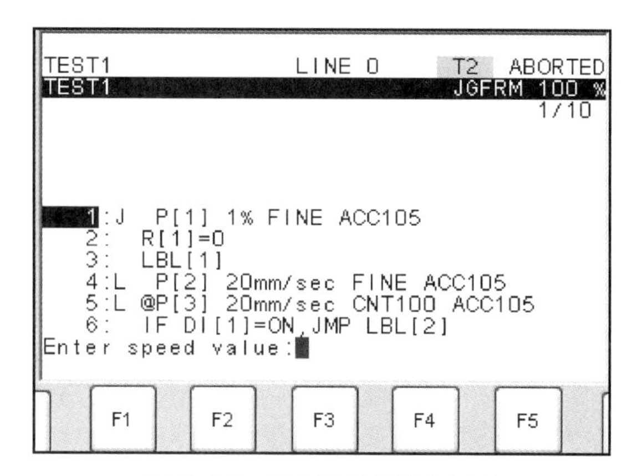

TEST1 LINE 0 T2 ABORTED
TEST1 JGFRM 100 %
1/10
1:J P[1] 1% FINE ACC105
2: R[1]=0
3: LBL[1]
4:L P[2] 20mm/sec FINE ACC105
5:L @P[3] 20mm/sec CNT100 ACC105
6: IF DI[1]=ON,JMP LBL[2]
Enter speed value:
F1
F2
F3
F4
F5
图 2-85　速度目标值输入界面

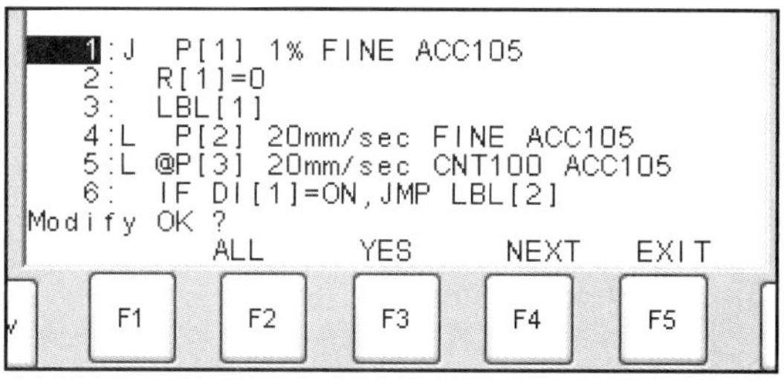

1:J P[1] 1% FINE ACC105
2: R[1]=0
3: LBL[1]
4:L P[2] 20mm/sec FINE ACC105
5:L @P[3] 20mm/sec CNT100 ACC105
6: IF DI[1]=ON,JMP LBL[2]
Modify OK ?
ALL
YES
NEXT
EXIT
F1
F2
F3
F4
F5
图 2-86　替换确认界面

相关链接

替换方法

- F2 ALL（全部）：替换当前光标所在行以后的全部该要素。
- F3 YES（确定）：替换光标所在位置的该要素，查找下一个该候选要素。
- F4 NEXT（下一个）：查找下一个该候选要素。

FANUC 机器人程序指令重新编号

操作要求

能熟练掌握机器人程序指令重新编号。

操作准备

序号	名称	规格型号	数量
1	机器人	FANUC M-10iA	1个
2	控制柜	R-30iB Mate	1个
3	示教器	iPendant	1个

操作步骤

步骤1 确认工业机器人处于安全状态，机器人控制柜处于通电状态。单手握住示教器，等示教器启动后，将TP开关置为ON，如图1-18所示。手持示教器，保持示教器背部的DEADMAN开关按下，如图1-19所示，点击示教器操作面板上的RESET键，以清除报警。

步骤2 按下示教器操作面板上的SELECT键，如图2-4所示，显示程序选择管理键，如图2-5所示。

步骤3 移动光标，选择需编辑的程序，并按下ENTER键进入该程序编辑界面。

步骤4 移动光标，选择需要重新编号的指令。

步骤5 按下示教器操作面板上的NEXT键，显示下一页功能键，如图2-56所示。

步骤6 按下F5 EDCMD键，移动光标，选择Renumber（重新编号）项，如图2-87所示。

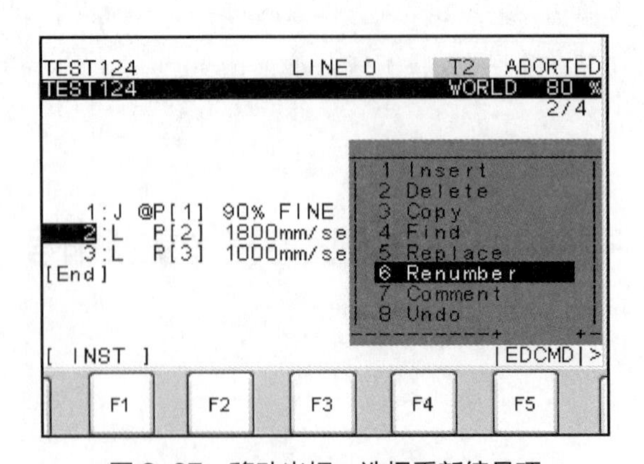

图2-87 移动光标，选择重新编号项

步骤7 按下ENTER键确认，进入重新编号界面，如图2-88所示。

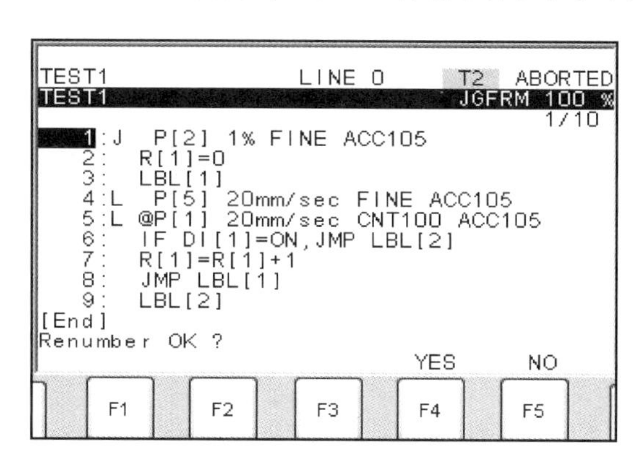

图2-88 重新编号界面

步骤8 屏幕下面显示“Renumber OK?”（是否重新编号?）。按下F4 YES键，进行重新编号操作；按下F5 NO（否）键，取消重新编号操作。

FANUC机器人程序指令注释显示/隐藏

操作要求

能熟练掌握机器人程序指令注释显示/隐藏。

操作准备

序号	名称	规格型号	数量
1	机器人	FANUC M-10iA	1个
2	控制柜	R-30iB Mate	1个
3	示教器	iPendant	1个

操作步骤

步骤1 确认工业机器人处于安全状态，机器人控制柜处于通电状态。单手握住示教器，等示教器启动后，将TP开关置为ON，如图1-18所示。手持示教器，保持示教器背部的DEADMAN开关按下，如图1-19所示，点击示教器操作面板上的 RESET 键，以清除报警。

步骤 2 按下示教器操作面板上的 SELECT 键，如图 2-4 所示，显示程序选择管理键，如图 2-5 所示。

步骤 3 移动光标，选择需编辑的程序，并按下 ENTER 键进入该程序编辑界面。

步骤 4 移动光标，选择需要显示 / 隐藏注释的指令。

步骤 5 按下示教器操作面板上的 NEXT 键，显示下一页功能键，如图 2-56 所示。

步骤 6 按下 F5 EDCMD 键，移动光标，选择 Comment（注释）项，如图 2-89 所示。

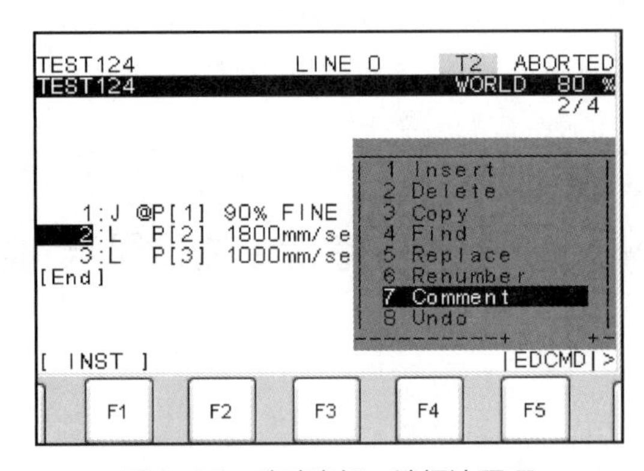

图 2-89 移动光标，选择注释项

步骤 7 按下 ENTER 键确认，进入指令注释界面，如图 2-90 所示，可对相应的注释进行显示 / 隐藏切换。

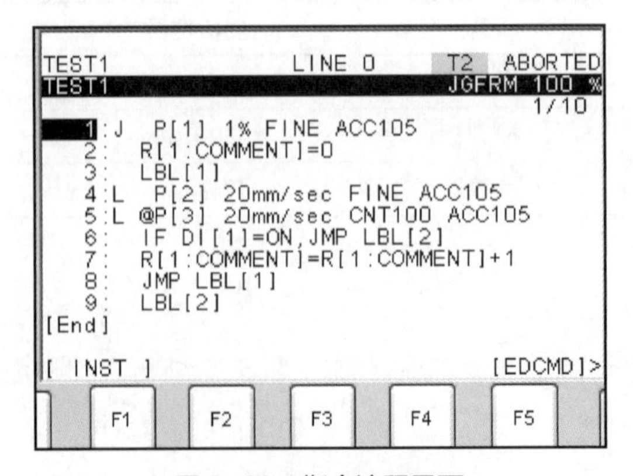

图 2-90 指令注释界面

FANUC机器人程序指令撤销

操作要求

能熟练掌握机器人程序指令撤销。

操作准备

序号	名称	规格型号	数量
1	机器人	FANUC M–10iA	1个
2	控制柜	R–30iB Mate	1个
3	示教器	iPendant	1个

操作步骤

步骤1 确认工业机器人处于安全状态，机器人控制柜处于通电状态。单手握住示教器，等示教器启动后，将TP开关置为ON，如图1–18所示。手持示教器，保持示教器背部的DEADMAN开关按下，如图1–19所示，点击示教器操作面板上的RESET键，以清除报警。

步骤2 按下示教器操作面板上的SELECT键，如图2–4所示，显示程序选择管理键，如图2–5所示。

步骤3 移动光标，选择需编辑的程序，并按下ENTER键进入该程序编辑界面。

步骤4 移动光标，选择需要撤销的指令。注意执行撤销指令的前提是已经执行某一编辑指令。

步骤5 按下示教器操作面板上的NEXT键，显示下一页功能键，如图2–56所示。

步骤6 按下F5 EDCMD键，移动光标，选择Undo（撤销）项，如图2–91所示。

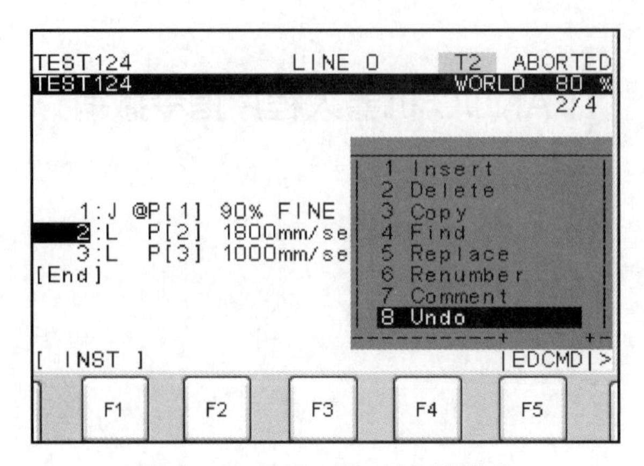

图 2-91　移动光标，选择撤销项

步骤 7　按下 ENTER 键确认，进入撤销指令界面，如图 2-92 所示。

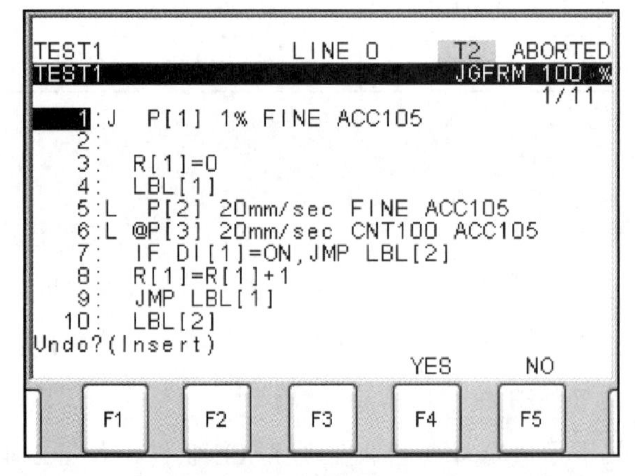

图 2-92　撤销指令界面

步骤 8　屏幕下方显示“Undo?”（是否撤销?）。按下 F4 YES 键，进行撤销操作；按下 F5 NO 键，取消撤销操作。

步骤 9　继续执行一次 Undo 操作，可取消刚才执行的撤销操作，还原到之前的状态。

学习单元 4　工业机器人非运动指令

学习目标

掌握工业机器人非运动指令

知识要求

工业机器人的非运动指令也称控制指令，一般用于编辑工业机器人的程序结构。

一、条件比较指令 IF

条件比较指令 IF 能在条件满足时，使程序执行所指定的跳跃指令或子程序调用指令；在条件不满足时，执行下一条指令。条件比较指令 IF 格式如图 2–93 所示。

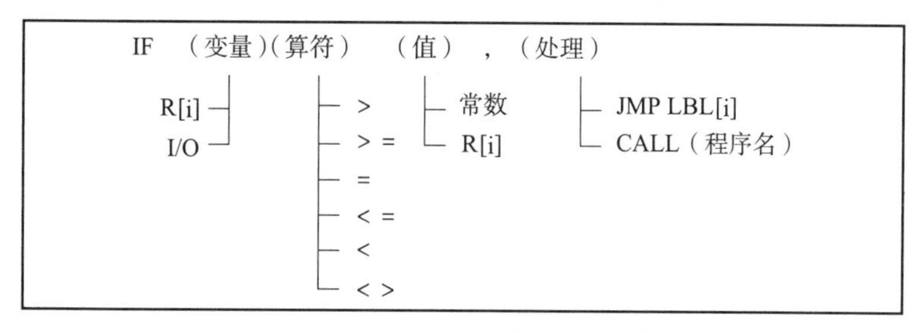

图 2–93　条件比较指令 IF 格式

使用条件比较指令 IF 时，可以通过逻辑运算符“or”（或）和“and”（与）将多个条件组合在一起，但是“or”和“and”不能在同一行中使用，即：

IF〈条件 1〉and（条件 2〉and〈条件 3〉是正确的；

IF〈条件 1〉and〈条件 2〉or〈条件 3〉是错误的。

【例 1】IF R[1]<3，JMP LBL[1]

说明：如果满足 R[1] 的值小于 3 的条件，则跳转到标签 1 处。

【例 2】IF DI[1]=ON，CALL TEST

说明：如果满足 DI[1] 处于 ON 状态的条件，则调用程序 TEST。

【例 3】IF R[1]<=3 AND DI[1]<>ON，JMP LBL[2]

说明：如果满足 R[1] 的值小于等于 3 及 DI[1] 不处于 ON 状态的条件，则跳转到标签 2 处。

【例 4】IF R[1]>=3 OR DI[1]=ON，CALL TEST2

说明：如果满足 R[1] 的值大于等于 3 或 DI[1] 处于 ON 状态的条件，则调用程序 TEST2。

二、条件选择指令 SELECT

条件选择指令 SELECT 能根据寄存器的值，使程序转移到所指定的跳跃指令或子程序调用指令。

格式：SELECT R[i] =（Value）(Processing）
=（Value）(Processing）
=（Value）(Processing）
…
ELSE（Processing ）

注意：

1. Value（值）为 R[ ] 或 Constant（常数）。
2. Processing（行为）为 JMP LBL[ ] 或 Call（program）。
3. 只能用寄存器计算指令进行条件选择。

【例】SELECT R[1]=1，CALL TEST1
R[1]=2，JMP LBL[1]
ELSE，JMP LBL[2]

说明：满足条件 R[1]=1，调用程序 TEST1；
满足条件 R[1]=2，跳转到标签 1 处；
否则，跳转到标签 2 处。

三、待命指令 WAIT

待命指令 WAIT 可以在所指定的时间或在条件得到满足之前使程序执行待命。

待命指令 WAIT 格式如图 2–94 所示。

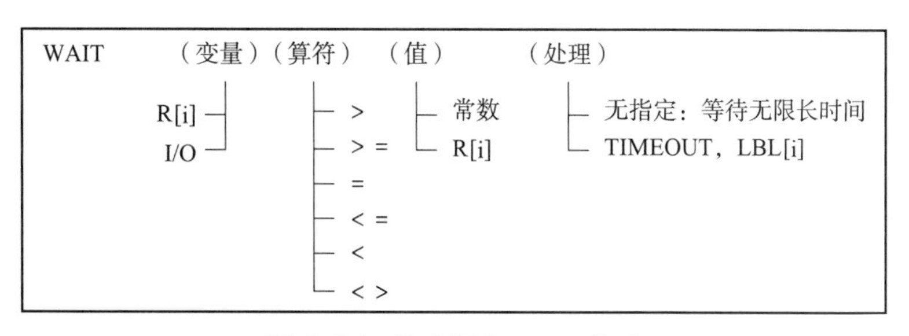

图 2–94　待命指令 WAIT 格式

【例 1】WAIT 2sec

说明：等待两秒。

【例 2】WAIT DI[1]=ON

说明：等待 DI[1] 为 ON 状态。

【例 3】WAIT R[1]>3

说明：等待 R[1] 的值大于 3。

【例 4】WAIT DI[1]=ON AND DI[2]=ON

说明：等待 DI[1] 为 ON 状态且 DI[2] 为 ON 状态。

【例 5】WAIT R[1]=3 OR R[2]=4

说明：等待 R[1] 的值为 3 或 R[2] 的值为 4。

使用待命指令 WAIT 时，可以通过逻辑运算符“or”和“and”将多个条件组合在一起，但是“or”和“and”不能在同一行中使用。

程序在运行中遇到不满足条件的等待语句时会一直处于等待状态，如需人工干预，可以按下 FCTN（功能）键，移动光标，选择 RELEASE WAIT（解除等待）跳过等待语句，如图 2–95 所示，程序将在下个语句处等待。

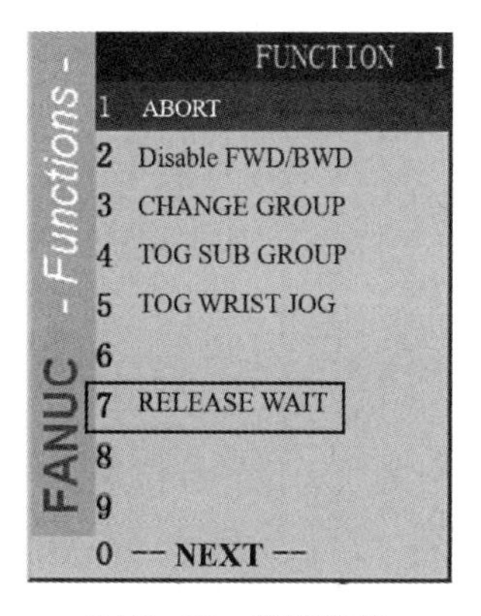

图 2–95　解除等待

四、标签指令 LBL/ 跳跃指令 JMP

1. 标签指令 LBL

标签指令 LBL 是用来表示程序转移目的地的指令。

格式：LBL[i：Comment]

其中，i 选择的范围是 1 ~ 32 766；Comment 为注释，最多为 16 个字符。

2. 跳跃指令 JMP

跳跃指令 JMP 是用来使程序转移到所指定的标签的指令。

格式：JMP LBL[i]（跳转到标签 i 处）

其中，i 选择的范围是 1 ~ 32 766。

五、程序调用指令 CALL

程序调用指令 CALL 能使程序的执行转移到其他程序（子程序）的第 1 行并执行该程序。

格式：Call（Program）

其中，Program 代表程序名。

注意：

被调用的程序执行结束时，程序执行会返回到主程序调用指令后的指令。

六、偏移条件指令 OFFSET

偏移条件指令 OFFSET 可以将原有的点偏移，偏移量由位置寄存器决定。

1. 位置补偿条件指令

格式：OFFSET CONDITION PR[i]（PR[i] 为偏移条件）。

注意：

位置补偿条件指令一直有效到程序运行结束或者下一个位置补偿条件指令被执行为止。位置补偿条件指令只对包含有控制指令 OFFSET 的动作语句有效。

2. 偏移指令

格式：OFFSET，PR[i]（偏移，PR[i]）。该指令仅对其所在行的语句有效。

【例 1】某程序指令如下：

1：OFFSET CONDITION PR[10]

2：L P[1] 1 000 mm/sec FINE

3：L P[2] 1 000 mm/sec FINE，OFFSET

4：L P[3] 1 000 mm/sec FINE，OFFSET，PR[20]

其中，PR[10] 和 PR[20] 信息如图 2-96 所示。

PR[10] UF:F UT:F		PR[20] UF:F UT:F	
X:20	W:0	X:0	W:0
Y:0	P:0	Y:-30	P:0
Z:0	R:0	Z:0	R:0

图 2-96　PR[10] 和 PR[20] 信息

偏移条件指令运行结果如图 2-97 所示。

【例 2】某程序 1 指令如下，程序 1 运行点如图 2-98 所示。

程序 1：

1：J P[1] 100% FINE

2：L P[2] 500mm/sec FINE

3：L P[3] 500mm/sec FINE

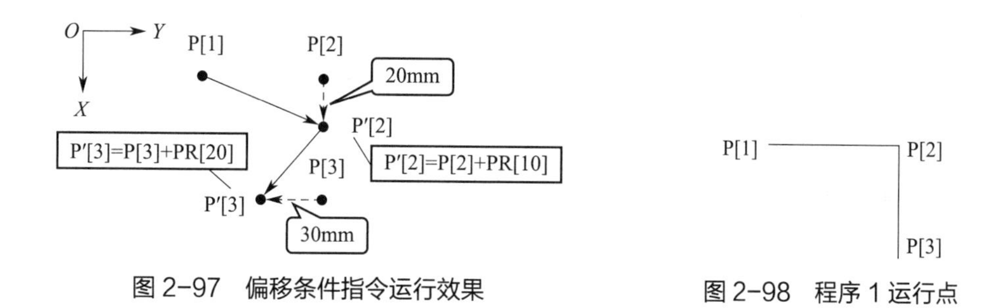

图 2-97　偏移条件指令运行效果

图 2-98　程序 1 运行点

使用 OFFSET CONDITION 指令如下，程序 2 运行点如图 2-99 所示。

程序 2：

1：OFFSET CONDITION PR[1]

2：J P[1] 100% FINE

3：L P[2] 500mm/sec FINE，OFFSET

4：L P[3] 500mm/sec FINE

使用 OFFSET 指令如下，程序 3 运行点如图 2-100 所示。

程序 3：

1：J P[1] 100% FINE

2：L P[2] 500mm/sec FINE，OFFSET，PR[1]

3：L P[3] 500mm/sec FINE

P'[2]=P[2]+PR[1]，即 P'[2] 的位置是在 P[2] 位置的基础上，向 *X* 轴正方向偏移 100 mm 得到的。

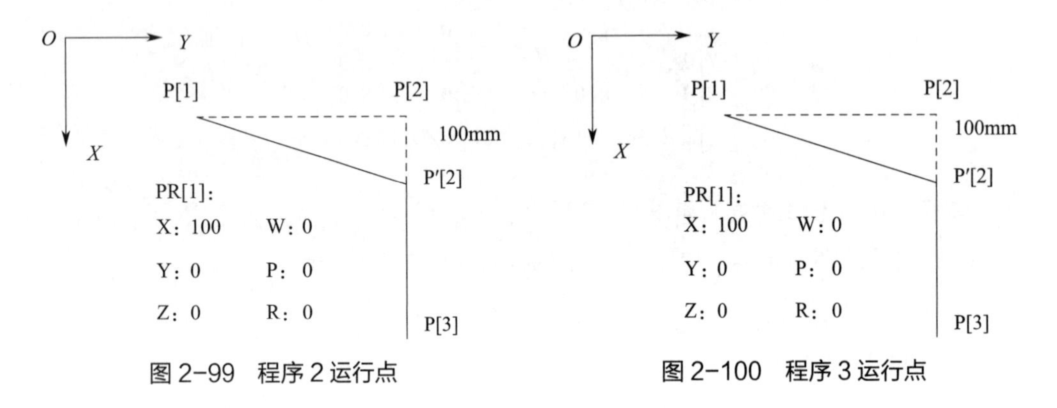

图 2-99　程序 2 运行点　　　　图 2-100　程序 3 运行点

由此可知，程序 2 和程序 3 的指令效果相同。

七、工具坐标系调用指令 UTOOL_NUM

工具坐标系调用指令 UTOOL_NUM 用于改变当前所选的工具坐标系号。

八、用户坐标系调用指令 UFRAME_NUM

用户坐标系调用指令 UFRAME_NUM 用于改变当前所选的用户坐标系号。

九、其他指令 Miscellaneous

用户报警指令：UALM[i]。当程序中执行该指令时，机器人会报警并显示报警消息。要使用该指令，首先要设置用户报警。

计时器指令：TIMER[i]。

倍率指令：OVERRIDE=（value）%。其中，value 范围为 1 ~ 100。

备注指令：!（Remark）。备注内容最多可以有 32 个字符。

消息指令：Message[message]。消息内容最多可以有 24 个字符。

技能要求

FANUC 机器人 IF/SELECT 指令操作

操作要求

1. 熟悉机器人 IF/SELECT 指令的生成。
2. 熟悉机器人 IF/SELECT 指令的应用。

操作准备

序号	名称	规格型号	数量
1	机器人	FANUC M-10iA	1个
2	控制柜	R-30iB Mate	1个
3	示教器	iPendant	1个

操作步骤

步骤1　确认工业机器人处于安全状态，机器人控制柜处于通电状态。单手握住示教器，等示教器启动后，将TP开关置为ON，如图1-18所示。手持示教器，保持示教器背部的DEADMAN开关按下，如图1-19所示，点击示教器操作面板上的RESET键，以清除报警。

步骤2　按下示教器操作面板上的SELECT键，如图2-4所示，显示程序选择管理键，如图2-5所示。

步骤3　移动光标，选择相应的程序，如TEST1。

步骤4　按下ENTER键，进入程序编辑界面。

步骤5　按F1 INST（指令）键，显示控制指令一览，如图2-101所示。

步骤6　移动光标，选择IF/SELECT项，按ENTER键确认，显示IF指令界面；移动光标，选择 next page（下一页），进入 SELECT 指令界面，如图 2-102 所示。

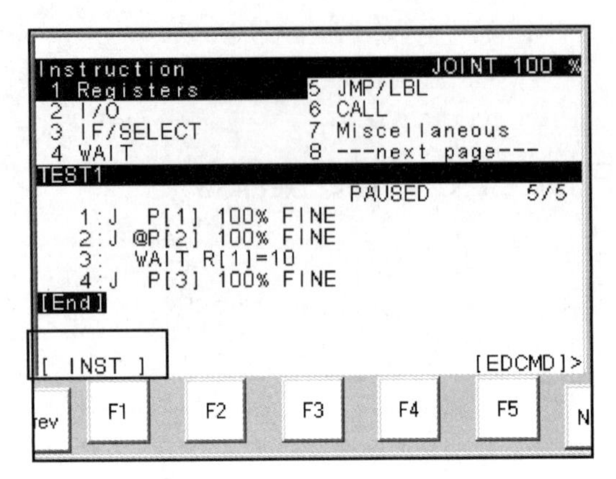

图 2-101 控制指令一览

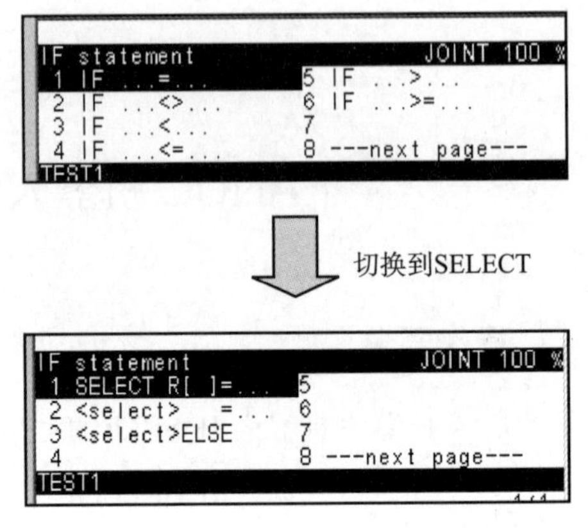

图 2-102 选择 IF/SELECT 指令

步骤 7 移动光标，选择所需要的选项，按下 ENTER 键确认。

步骤 8 根据光标位置选择相应的项，输入值，操作完成。

FANUC 机器人 WAIT 指令操作

操作要求

1. 熟悉机器人 WAIT 指令的生成。
2. 熟悉机器人 WAIT 指令的应用。

操作准备

序号	名称	规格型号	数量
1	机器人	FANUC M-10iA	1 个
2	控制柜	R-30iB Mate	1 个
3	示教器	iPendant	1 个

操作步骤

步骤 1　确认工业机器人处于安全状态，机器人控制柜处于通电状态。单手握住示教器，等示教器启动后，将 TP 开关置为 ON，如图 1–18 所示。手持示教器，保持示教器背部的 DEADMAN 开关按下，如图 1–19 所示，点击示教器操作面板上的 RESET 键，以清除报警。

步骤 2　按下示教器操作面板上的 SELECT 键，如图 2–4 所示，显示程序选择管理键，如图 2–5 所示。

步骤 3　移动光标，选择相应的程序，如 TEST1。

步骤 4　按下 ENTER 键，进入程序编辑界面。

步骤 5　按 F1 INST 键，显示控制指令一览。

步骤 6　移动光标，选择 WAIT 项，如图 2–103 所示，按下 ENTER 键确认，显示 WAIT 指令界面，如图 2–104 所示。

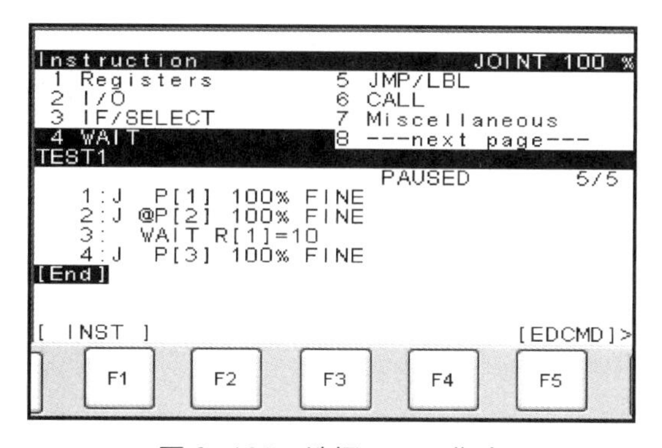

图 2–103　选择 WAIT 指令

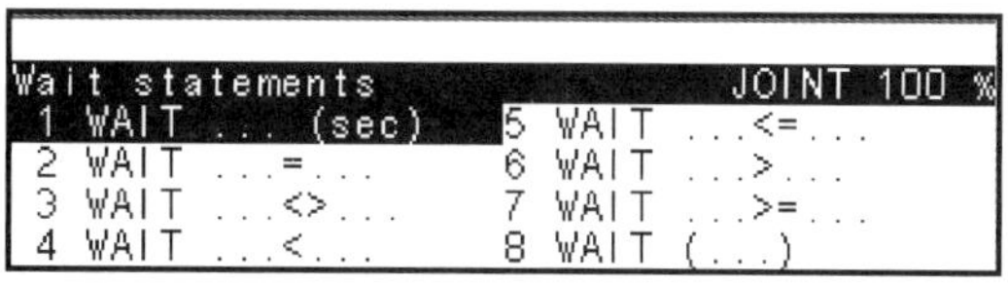

Wait statements　JOINT 100 %
1 WAIT ... (sec)　5 WAIT ...<=...
2 WAIT ...=...　6 WAIT ...>...
3 WAIT ...<>...　7 WAIT ...>=...
4 WAIT ...<...　8 WAIT (...)

图 2–104　WAIT 指令界面

步骤 7　移动光标，选择所需要的项，按下 ENTER 键确认。

步骤 8　根据光标位置选择相应的项，输入值，操作完成。

FANUC 机器人 CALL 指令操作

操作要求

1. 熟悉机器人 CALL 指令的生成。
2. 熟悉机器人 CALL 指令的应用。

操作准备

序号	名称	规格型号	数量
1	机器人	FANUC M-10iA	1个
2	控制柜	R-30iB Mate	1个
3	示教器	iPendant	1个

操作步骤

步骤 1 确认工业机器人处于安全状态，机器人控制柜处于通电状态。单手握住示教器，等示教器启动后，将 TP 开关置为 ON，如图 1-18 所示。手持示教器，保持示教器背部的 DEADMAN 开关按下，如图 1-19 所示，点击示教器操作面板上的 RESET 键，以清除报警。

步骤 2 按下示教器操作面板上的 SELECT 键，如图 2-4 所示，显示程序选择管理键，如图 2-5 所示。

步骤 3 移动光标，选择相应的程序，如 TEST1。

步骤 4 按下 ENTER 键，进入程序编辑界面。

步骤 5 按 F1 INST 键，显示控制指令一览。

步骤 6 移动光标，选择 CALL 项，如图 2-105 所示，按下 ENTER 键确认。

步骤 7 移动光标，选择 CALL program（调用程序），如图 2-106 所示，按下 ENTER 键。

步骤 8 移动光标，选择所调用的程序名，按下 ENTER 键，操作完成。

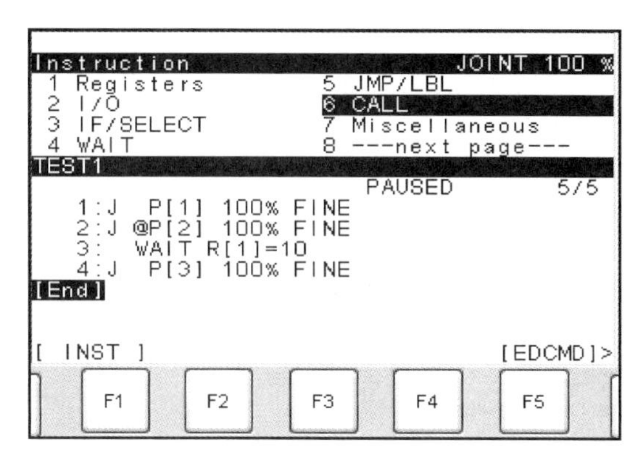

图 2-105　选择 CALL 指令

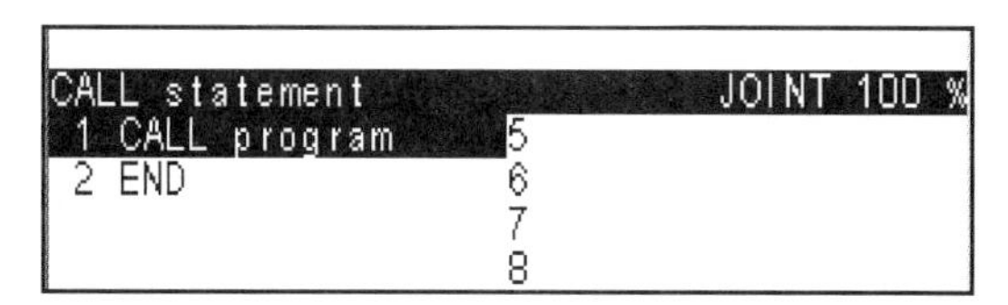

图 2-106　选择 CALL program

FANUC 机器人 OFFSET 指令操作

操作要求

1. 熟悉机器人 OFFSET 指令的生成。
2. 熟悉机器人 OFFSET 指令的应用。

操作准备

序号	名称	规格型号	数量
1	机器人	FANUC M-10iA	1 个
2	控制柜	R-30iB Mate	1 个
3	示教器	iPendant	1 个

操作步骤

步骤 1 确认工业机器人处于安全状态，机器人控制柜处于通电状态。单手握住示教器，等示教器启动后，将 TP 开关置为 ON，如图 1–18 所示。手持示教器，保持示教器背部的 DEADMAN 开关按下，如图 1–19 所示，点击示教器操作面板上的 RESET 键，以清除报警。

步骤 2 按下示教器操作面板上的 SELECT 键，如图 2–4 所示，显示程序选择管理键，如图 2–5 所示。

步骤 3 移动光标，选择相应的程序，如 TEST1。

步骤 4 按下 ENTER 键，进入程序编辑界面。

步骤 5 按 F1 INST 键，显示控制指令一览。移动光标，选择 next page，进入下一页控制指令界面。

步骤 6 移动光标，选择 Offset/Frames 项，如图 2–107 所示，按下 ENTER 键确认。

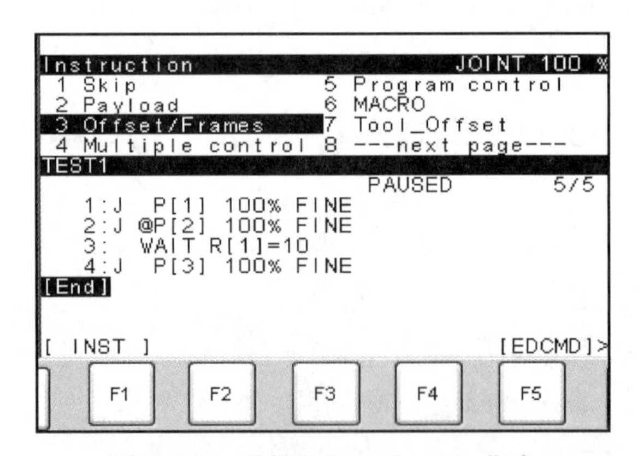

图 2–107 选择 Offset/Frames 指令

步骤 7 移动光标，选择 OFFSET CONDITION 项，如图 2–108 所示，按下 ENTER 键确认。

```
Offset/Frames                         JOINT 100 %
 1 OFFSET CONDITION   5 UTOOL[ ]=...
 2 UFRAME_NUM=...     6
 3 UTOOL_NUM=...      7
 4 UFRAME[ ]=...      8
```

图 2–108 选择 OFFSET CONDITION 项

步骤 8　移动光标，选择 PR[ ] 项，并输入偏移条件编号，如图 2-109 所示。

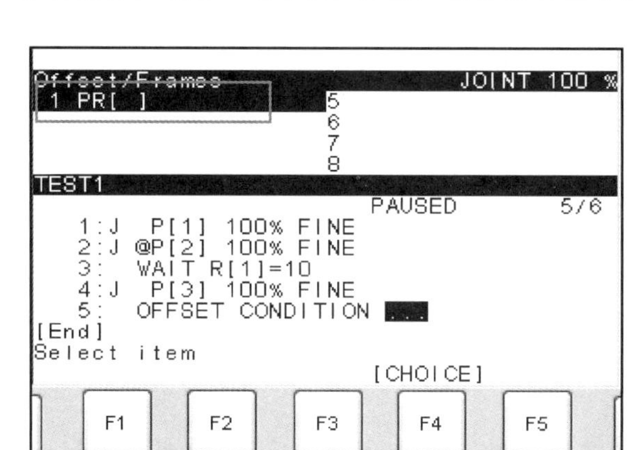

图 2-109　输入偏移条件编号

按下示教器操作面板中的 DATA（数据）键，移动光标，选择 Position Reg（位置寄存器），可设置具体的偏移值，如图 2-110 所示。

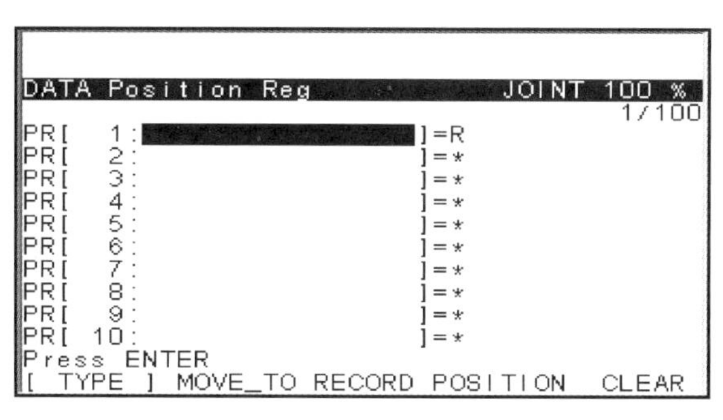

图 2-110　设置偏移值

FANUC 机器人 Miscellaneous 指令操作

操作要求

1. 熟悉机器人 Miscellaneous 指令的生成。
2. 熟悉机器人 Miscellaneous 指令的应用。

操作准备

序号	名称	规格型号	数量
1	机器人	FANUC M-10iA	1个
2	控制柜	R-30iB Mate	1个
3	示教器	iPendant	1个

操作步骤

步骤1 确认工业机器人处于安全状态，机器人控制柜处于通电状态。单手握住示教器，等示教器启动后，将TP开关置为ON，如图1-18所示。手持示教器，保持示教器背部的DEADMAN开关按下，如图1-19所示，点击示教器操作面板上的RESET键，以清除报警。

步骤2 按下示教器操作面板上的SELECT键，如图2-4所示，显示程序选择管理键，如图2-5所示。

步骤3 移动光标，选择相应的程序，如TEST1。

步骤4 按下ENTER键，进入程序编辑界面。

步骤5 按F1 INST键，显示控制指令一览。

步骤6 移动光标，选择Miscellaneous项，如图2-111所示，按下ENTER键确认。

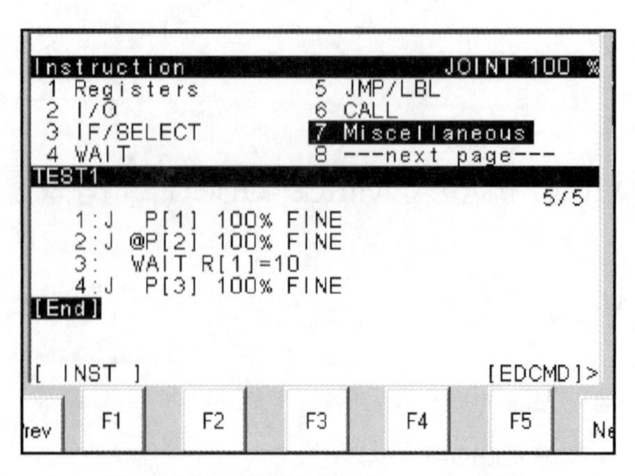

图2-111 选择Miscellaneous指令

步骤 7　移动光标，选择所需要的指令项，如图 2–112 所示，按 ENTER 键确认。

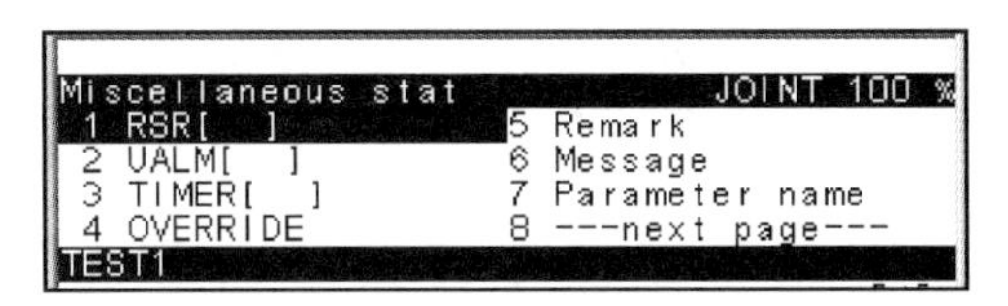

图 2–112　选择指令项

用户报警指令（UALM[ ]）操作

步骤 8　依次按键选择 MENU → SETUP → F1 TYPE → User alarm（用户报警），即可进入用户报警设置界面，如图 2–113 所示。

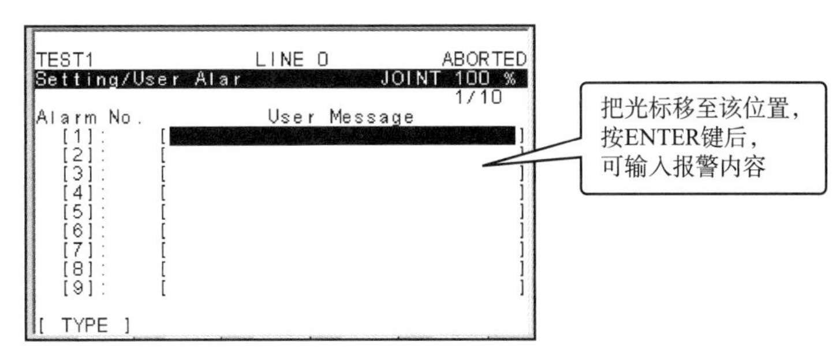

图 2–113　用户报警设置界面

计时器指令（TIMER[ ]）操作

步骤 8　依次按键选择 MENU → NEXT → STATUE（状态）→ F1 TYPE → Prg Timer（程序计时器），即可进入程序计时器一览显示界面，如图 2–114 所示。

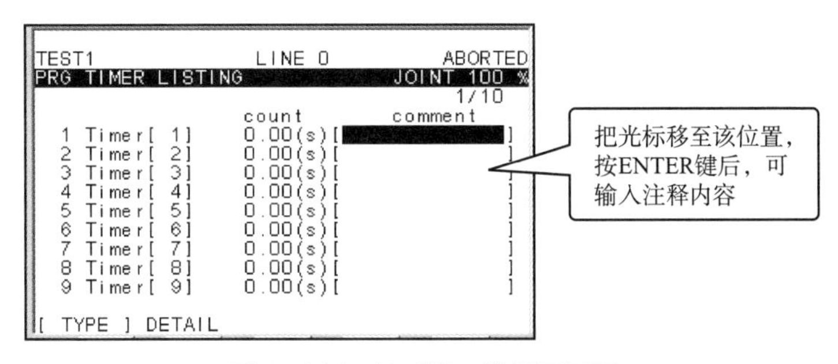

图 2–114　计时器一览显示界面

步骤 9　输入相应的值 / 内容，操作完成。

学习单元 5 工业机器人文件备份 / 加载

学习目标

1. 掌握工业机器人文件备份
2. 掌握工业机器人文件加载

知识要求

一、备份 / 加载的含义

备份是指将机器人控制器内容备份至文件输入 / 输出设备，加载是指将文件输入 / 输出设备内容加载至机器人控制器内，如图 2–115 所示。

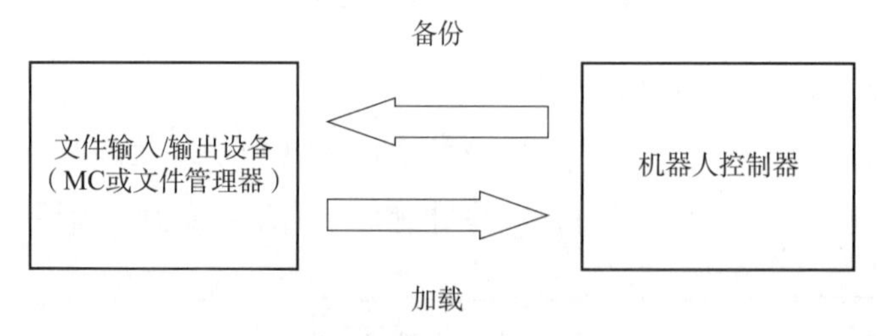

图 2–115　备份 / 加载

二、文件备份 / 加载设备

工业机器人的控制器有很多种，下面以典型的 R–J3iC 控制器为例介绍文件备份 / 加载设备。R–J3iC 控制器可以使用的文件备份 / 加载设备有三类，即 MC（存储卡）、USB（通用串行总线）、PC，如图 2–116 所示。

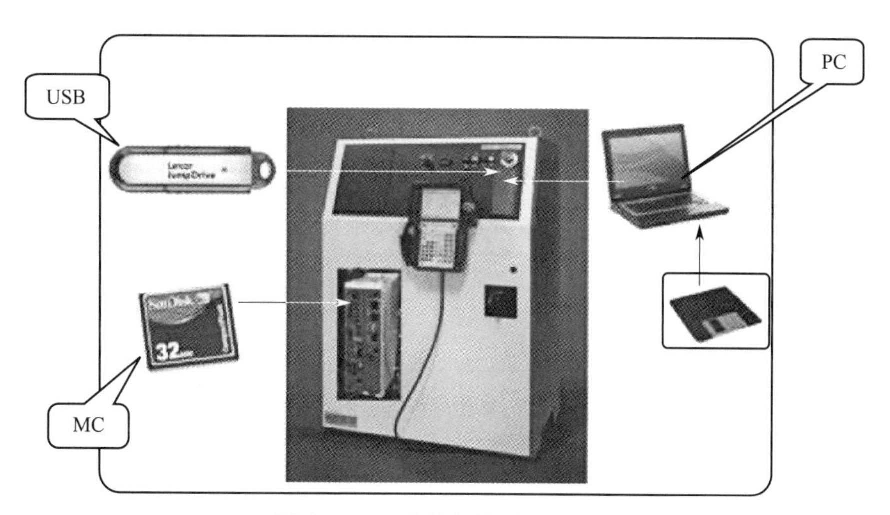

图 2-116　文件备份 / 加载设备

三、文件类型

文件是数据在机器人控制柜存储器内的存储单元。

控制柜主要使用的文件类型有：

- 程序文件（*.TP）；
- 默认逻辑文件（*.DF）；
- 系统文件（*.SV），用来保存系统设置；
- I/O 配置文件（*.I/O），用来保存 I/O 配置；
- 数据文件（*.VR），用来保存数据的文件，如保存寄存器数据的文件。

1. 程序文件

程序文件被自动存储于控制器的 CMOS（SRAM）中，通过按下示教器上的 SELECT 键，移动光标选择程序（如 TEST5），按下 F1 TYPE 键，移动光标选择 TP Program，可以显示该程序文件内容信息，如图 2-117 所示。

2. 默认逻辑文件

默认逻辑文件是指程序编辑界面中各个功能键（F1 ~ F4）所对应的默认逻辑结构的设置文件。

（1）F1 键：DEF_MOTNO.DF。

（2）F2 键：DF_LOGI1.DF。

（3）F3 键：DF_LOGI2.DF。

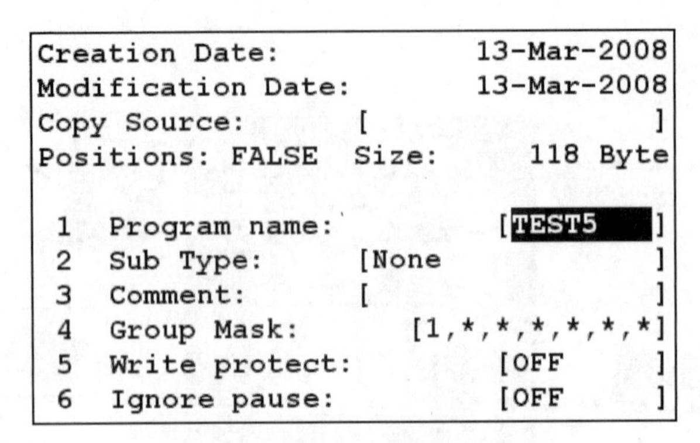
Creation Date: 13-Mar-2008
Modification Date: 13-Mar-2008
Copy Source: [ ]
Positions: FALSE Size: 118 Byte

1 Program name: [TEST5]
2 Sub Type: [None]
3 Comment: [ ]
4 Group Mask: [1,*,*,*,*,*,*]
5 Write protect: [OFF]
6 Ignore pause: [OFF]

图 2-117　程序文件内容信息显示

（4）F4 键：DF_LOGI3.DF。

3. 系统文件

（1）SYSVARS.SV：用来保存坐标、参考点、关节运动范围、抱闸控制等相关变量的设置。

（2）SYSSERVO.SV：用来保存伺服参数。

（3）SYSMAST.SV：用来保存零点标定数据。

（4）SYSMACRO.SV：用来保存宏命令的设置。

（5）FRAMEVAR.SV：用来保存坐标参考点的设置。

（6）SYSFRAME.SV：用来保存用户坐标系和工具坐标系的设置。

4. I/O 配置文件

DIOCFGSV.IO：用来保存 I/O 配置数据。

5. 数据文件

（1）NUNREG.VR：用来保存寄存器数据。

（2）POSREG.VR：用来保存位置寄存器数据。

（3）PALREG.VR：用来保存码垛寄存器数据。

6. 记录文件

（1）ERRALL.LS：用来保存错误履历。

（2）LOGBOOK.LS：用来保存一段时间内的操作记录。

四、备份 / 加载方法的异同点

工业机器人的备份 / 加载方法有三种模式：一般模式、控制启动模式和镜像模式。工业机器人处于正常操作或生产过程中时，可以使用一般模式进行备份 / 加载；工业机器人处于不能动作的状态（非主板电池电量低导致）下时，可以使用控制启动模式进行备份 / 加载；工业机器人由于主板电池电量低而处于不能动作的状态下时，可以使用镜像模式进行备份 / 加载。

需要注意的是：

● 三种模式在执行过程中都必须确保工业机器人处于通电状态，千万不可断电操作；

● 在镜像模式下进行备份 / 加载操作后，需将示教器关机并重新启动后操作才有效。

不同模式下，备份 / 加载方法的异同点见表 2–2。

表 2–2　　备份 / 加载方法的异同点

分类 模式	备份	加载
一般模式	一种类型文件或全部文件备份 镜像（Image）备份 （目前仅 R–J3iC、R–30iA 及以上版本型号支持）	单个文件加载 注意： ● 写保护文件不能被加载 ● 处于编辑状态的文件不能被加载 ● 部分系统文件不能被加载
控制启动模式	一种类型文件或全部文件备份 镜像备份 （目前仅 R–J3iC、R–30iA 及以上版本型号支持）	单个文件加载（load） 一种类型文件或全部文件恢复（Restore） 注意： ● 写保护文件不能被加载 ● 处于编辑状态的文件不能被加载
镜像模式	文件及应用系统镜像备份	文件及应用系统镜像加载

五、备份 / 加载应用

1. 文件备份 / 加载

工业机器人系统中的文件需要定期进行备份 / 加载，文件备份 / 加载至 SRAM，可采取一般模式、控制启动模式和镜像模式进行操作。

2. 镜像备份 / 加载

在工业机器人装机或升级操作系统后，需要对操作系统和系统文件进行镜像备份 / 加载。其中，软件操作系统备份 / 加载至 FROM（只读存储器），系统文件备份 / 加载至 SRAM。目前，仅 R–J3iC、R–30iA 及以上版本型号控制柜支持三种模式下的镜像备份 / 加载操作。

镜像备份 / 加载应用（以 R–J3iC 型号控制框为例）如图 2–118 所示。

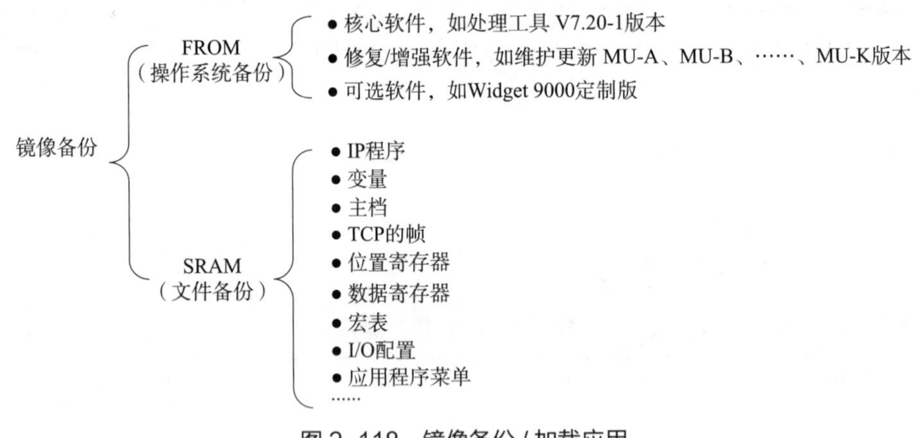

图 2–118　镜像备份 / 加载应用

技能要求

FANUC 机器人文件备份 / 加载设备功能查看与设置

操作要求

1. 熟悉机器人文件备份 / 加载设备功能查看。
2. 熟悉机器人文件备份 / 加载设备功能设置。

操作准备

序号	名称	规格型号	数量
1	机器人	FANUC M-10iA	1 个
2	控制柜	R-30iB Mate	1 个
3	示教器	iPendant	1 个

操作步骤

步骤 1　确认工业机器人处于安全状态，机器人控制柜处于通电状态。单手握住示教器，等示教器启动后，将 TP 开关置为 ON，如图 1-18 所示。手持示教器，保持示教器背部的 DEADMAN 开关按下，如图 1-19 所示，点击示教器操作面板上的 RESET 键，以清除报警。

步骤 2　确认控制器内有可以进行文件备份 / 加载操作的相应设备，以 MC 为例。

步骤 3　按下示教器操作面板上的 MENU 键，移动光标，选择 FILE（文件）项，如图 2-119 所示。

步骤 4　按下 ENTER 键确认，进入文件界面，如图 2-120 所示。

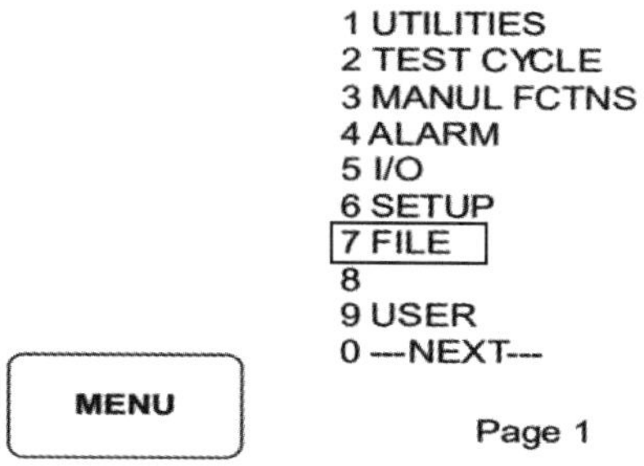

图 2-119　选择文件项

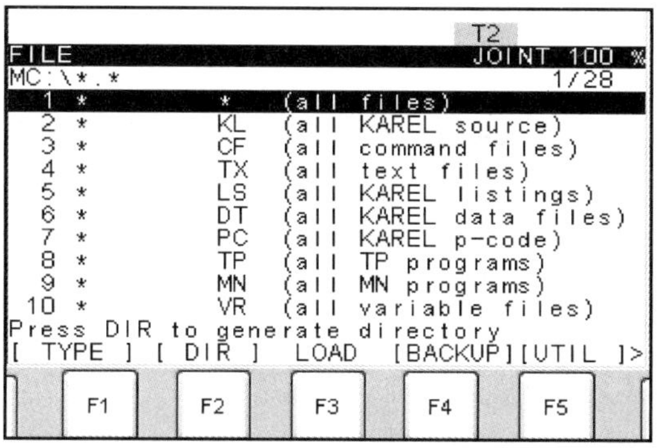

图 2-120　文件界面

步骤 5　按下 F5 UTIL（功能）键，进入文件备份 / 加载设备功能界面，如图 2-121 所示。

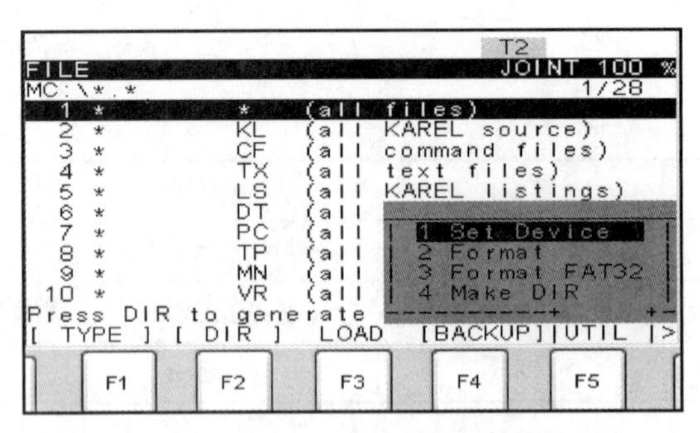

图 2-121　文件备份 / 加载设备功能界面

相关链接

文件备份 / 加载设备功能分类

- Set Device（设置设备）：存储设备设置。
- Format（格式化）：存储设备格式化。
- Format FAT32（FAT32 格式化）：存储设备 FAT32 格式化（支持容量大些）。
- Make DIR（制作目录）：建立文件夹。

存储设备设置

步骤 6　移动光标，选择 Set Device 项，按下 ENTER 键确认，进入存储设备设置界面，如图 2-122 所示。

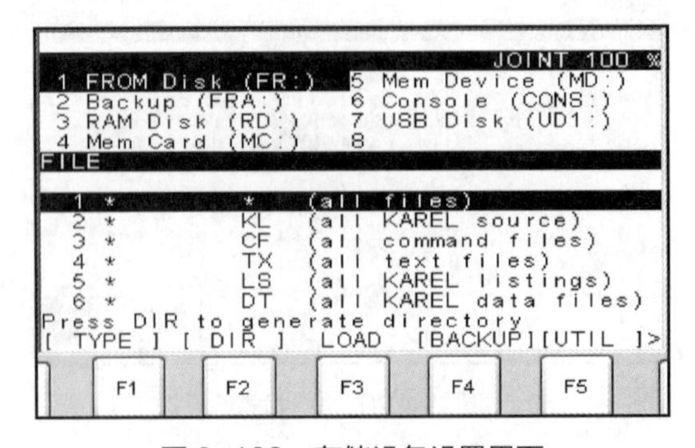

图 2-122　存储设备设置界面

步骤 7　移动光标，选择 Mem Card（MC:）项，按下 ENTER 键确认，文件存储至 MC 的设置操作完成，如图 2-123 所示。

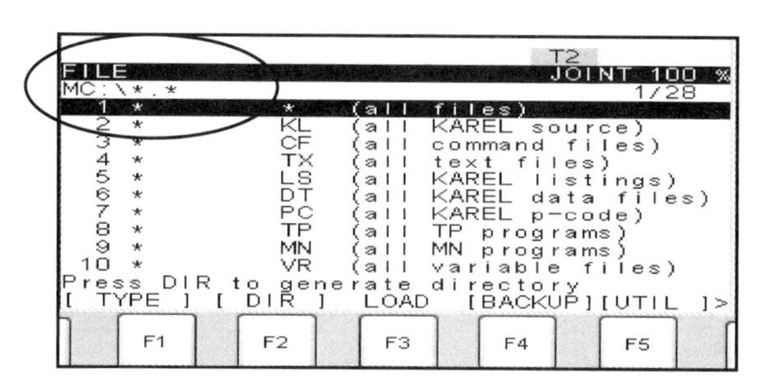

图 2-123　存储设备设置为 MC

存储卡格式化

步骤 6　移动光标，选择 Format 项，如图 2-124 所示，按下 ENTER 键确认，屏幕下方显示“Format disk?”（是否格式化磁盘?），如图 2-125 所示。

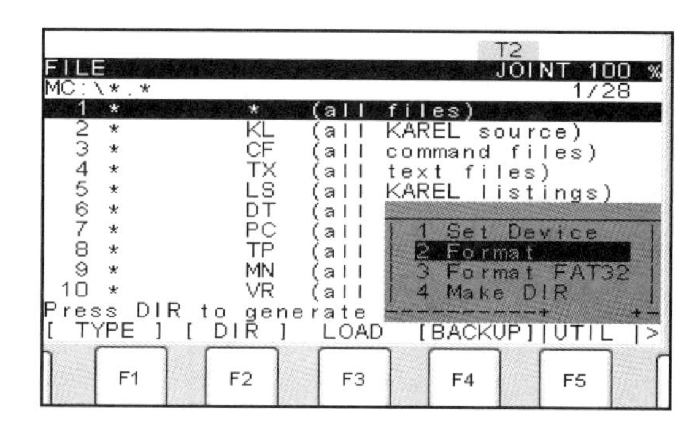

图 2-124　选择格式化项

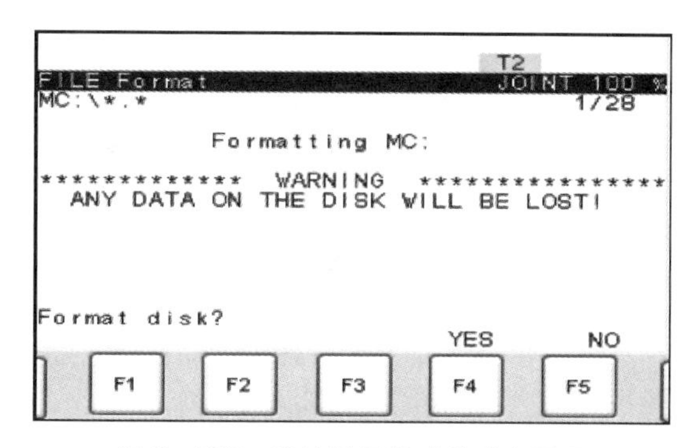

图 2-125　确认是否格式化磁盘界面

步骤 7　按下 F4 YES 键确认格式化，屏幕下方显示“Enter volume label:”（请输入磁盘标签:），如图 2-126 所示。

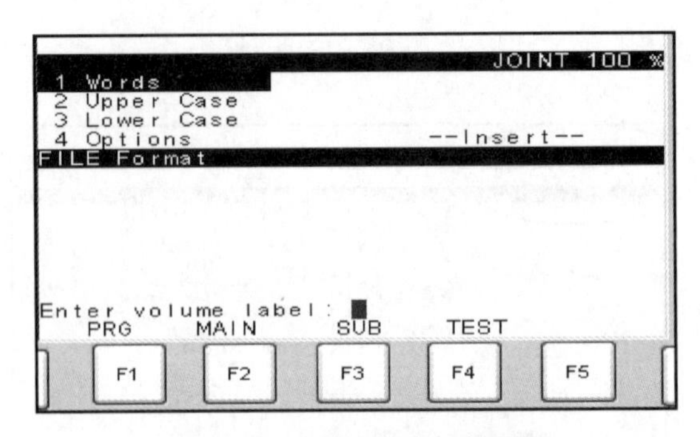

图 2-126 输入磁盘标签界面

步骤 8 移动光标，选择输入类型，通过示教器操作面板上的功能键（F1~F5）或数字键命名磁盘名称，按 ENTER 键确认，操作完成。

建立文件夹

步骤 6 移动光标，选择 Make DIR 项，如图 2-127 所示，按下 ENTER 键确认，屏幕下方显示“Directory name:”（目录名称：），如图 2-128 所示。

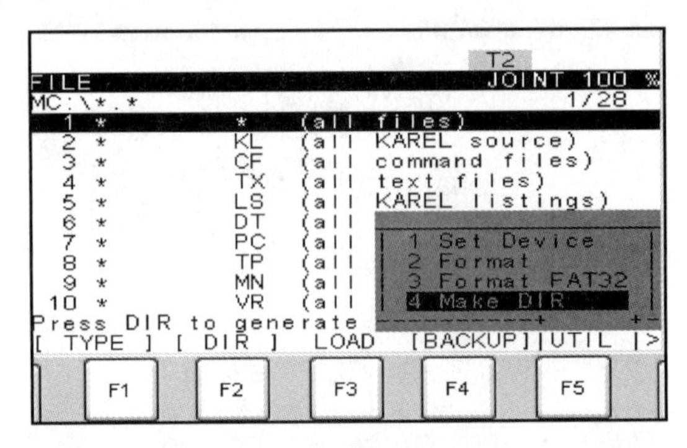

图 2-127 选择制作目录项

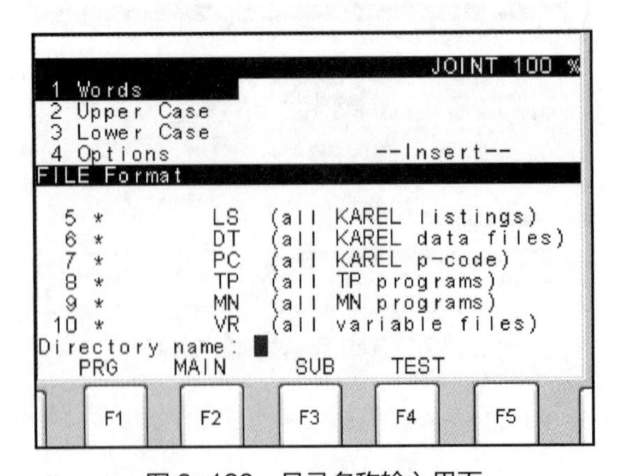

图 2-128 目录名称输入界面

步骤7　移动光标，选择输入类型，用功能键（F1～F5）或数字键命名文件夹名（如TEST1），按ENTER键确认，操作完成，如图2–129所示。

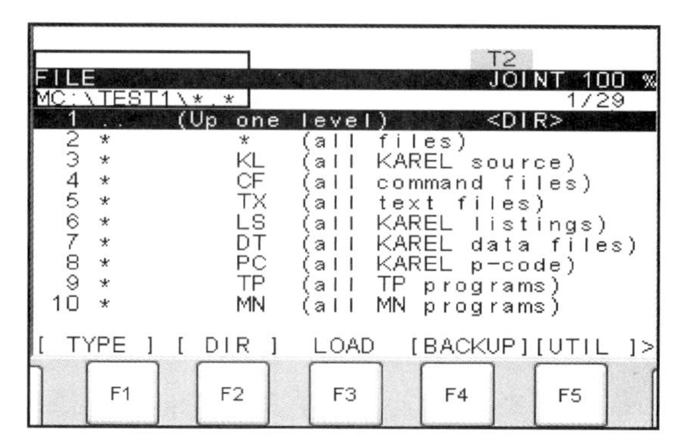

图2–129　确认文件夹名

目前路径为MC:\TEST1\，把光标移至Up one level（返回上一级目录）行，按ENTER键确认，可返回上一级目录，如图2–130所示。

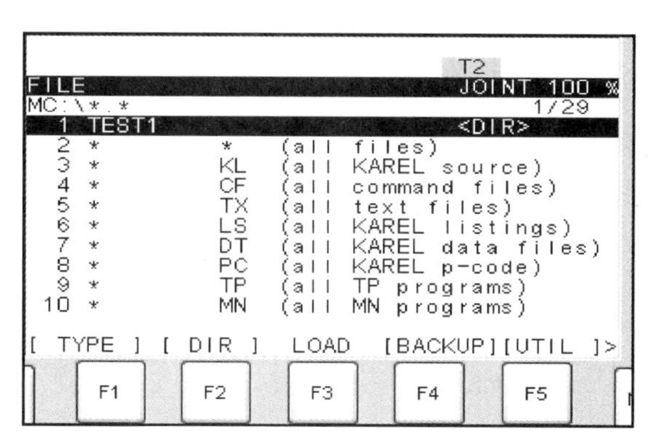

图2–130　返回上一级目录

选择文件夹名，按ENTER键确认，即可进入该文件夹。

FANUC机器人一般模式下的文件备份

操作要求

熟悉机器人一般模式下的文件备份。

操作准备

序号	名称	规格型号	数量
1	机器人	FANUC M-10iA	1个
2	控制柜	R-30iB Mate	1个
3	示教器	iPendant	1个

操作步骤

步骤1 确认工业机器人处于安全状态，机器人控制柜处于通电状态。单手握住示教器，等示教器启动后，将TP开关置为ON，如图1-18所示。手持示教器，保持示教器背部的DEADMAN开关按下，如图1-19所示，点击示教器操作面板上的RESET键，以清除报警。

步骤2 确认控制器内有可以进行文件备份/加载操作的相应设备，以MC为例。

步骤3 按下示教器操作面板上的MENU键，移动光标，选择FILE项，如图2-119所示，按下ENTER键确认。

步骤4 按下F5 UTIL键，如图2-121所示。

步骤5 移动光标，选择Set Device项，按下ENTER键确认，选择存储设备类型Mem Card（MC:），按下ENTER键确认，如图2-123所示。

步骤6 按下F4 BACKUP（备份）键，如图2-131所示，出现备份功能界面，如图2-132所示。

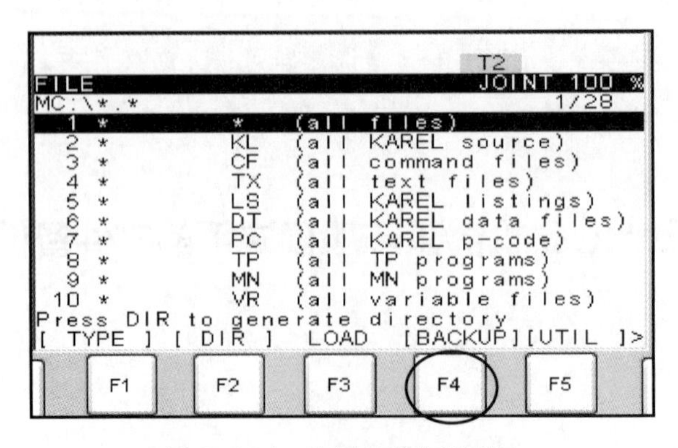

图2-131 选择备份存储设备

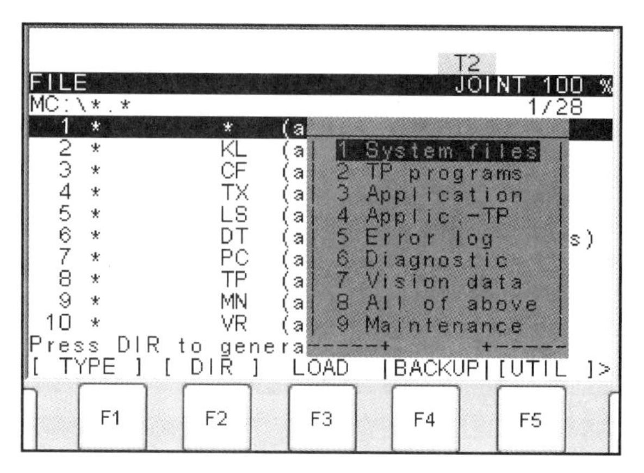

图 2-132　备份功能界面

相关链接

备份功能分类

- System files：系统文件备份。
- TP programs：TP 程序备份。
- Application：应用文件备份。
- Applic.-TP：TP 应用文件备份。
- Error log：报警日志备份。
- Diagnostic：诊断文件备份。
- Vision data：视觉数据文件备份。
- All of above：全部文件备份。
- Maintenance：文件修复。
- Image backup：镜像备份（仅 R-30iA、R-J3iC 及以上版本型号控制柜支持此项功能）。

步骤 7　移动光标，选择所需要的备份功能。

TP 程序备份

步骤 8 移动光标，选择 TP programs，按 ENTER 键确认，移动光标，选择子文件（如 -BCKED8-.TP），按 ENTER 键确认，画面下方出现是否保存文件的提示，如图 2-133 所示，通过功能键选择 F2 EXIT、F3 ALL、F4 YES、F5 NO 进行处理。

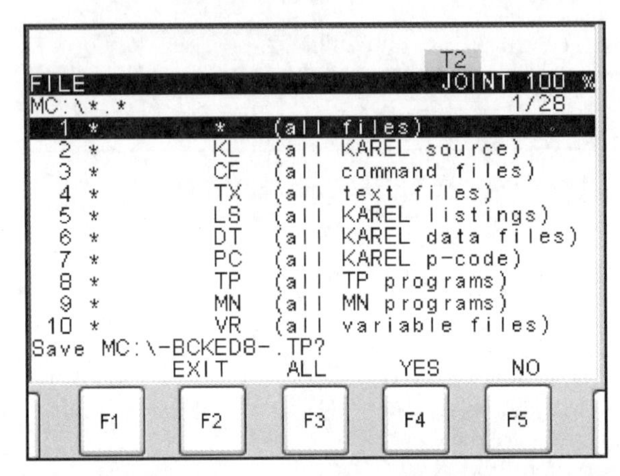

图 2-133　TP 程序备份确认界面

步骤 9 如果 MC 中有同名文件存在，根据需要选择 F3 OVERWRITE（覆盖）、F4 SKIP（跳过）、F5 CANCEL（取消）进行处理，如图 2-134 所示。

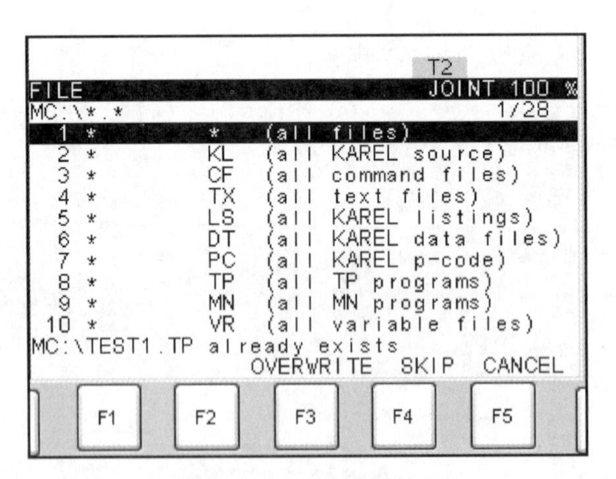

图 2-134　同名文件处理

步骤 10 备份完成，自动返回 MC:\ 文件目录界面，如图 2-135 所示。

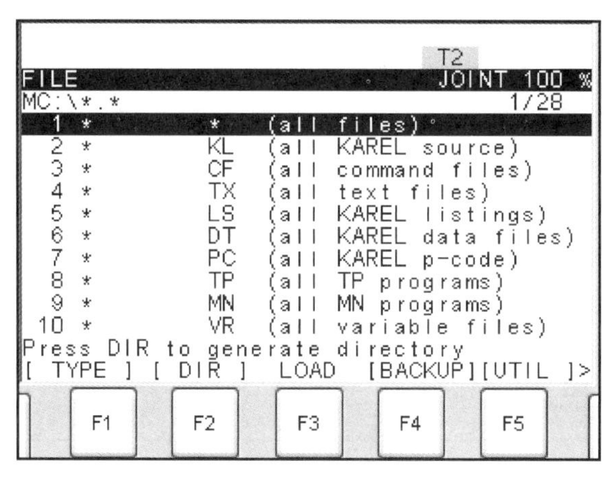

图 2-135　备份完成

全部文件备份

步骤 8　移动光标，选择 All of above 项，按 ENTER 键确认，屏幕中出现 "Delete MC:\ before backup files?（在备份文件前删除 MC:\ 吗？)，如图 2-136 所示。按下 F4 YES 键，确认删除操作；按下 F5 NO 键，取消删除操作。

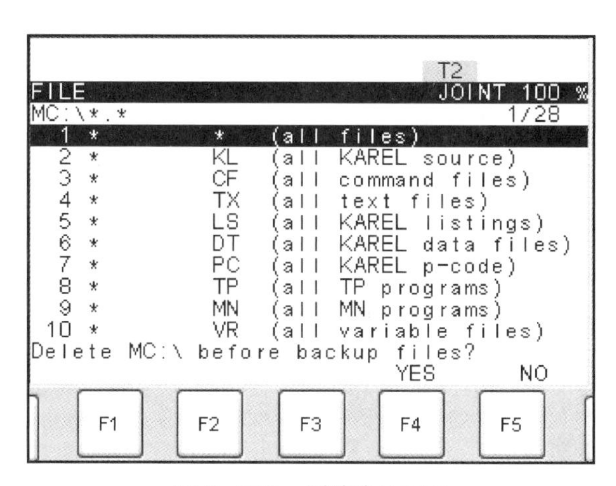

图 2-136　删除确认界面

步骤 9　按下 F4 YES 键，屏幕中出现 "Delete MC:\ and backup all files?"（删除 MC:\ 并备份所有文件吗？)，如图 2-137 所示。按下 F4 YES 键，确认删除并备份操作；按下 F5 NO 键，取消删除并备份操作。

步骤 10　按下 F4 YES 键，开始删除 MC:\ 下的文件，并备份所有文件，如图 2-138 所示。

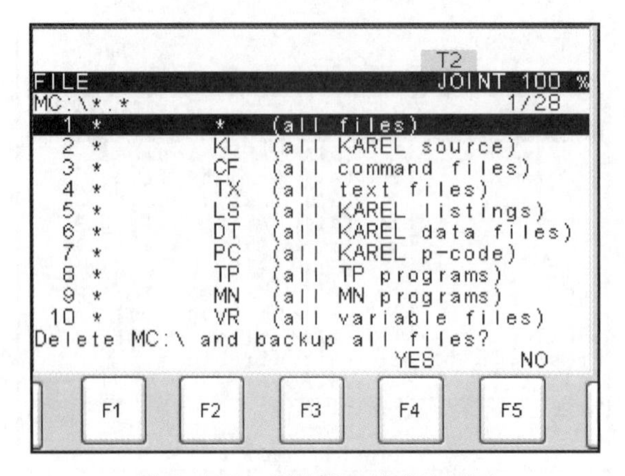

图 2-137　删除并备份确认界面

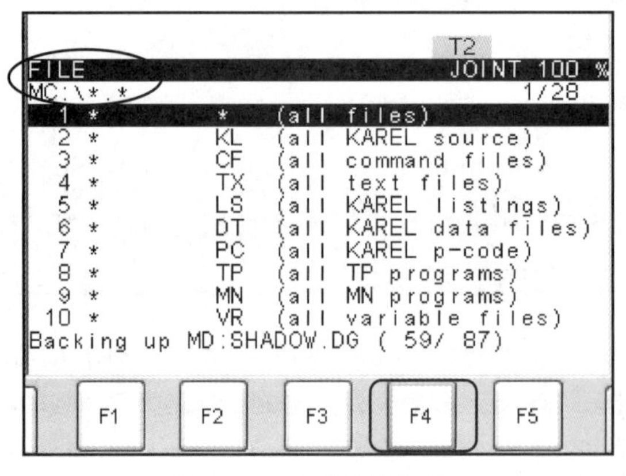

图 2-138　删除并备份

镜像备份

步骤 8　移动光标，选择 Image backup 项，按 ENTER 键确认，镜像备份操作完成。需注意目前仅 R-J3iC、R-30iA 及以上版本型号控制柜能在一般模式下进行镜像备份操作。

FANUC 机器人一般模式下的文件加载

操作要求

熟悉机器人一般模式下的文件加载。

操作准备

序号	名称	规格型号	数量
1	机器人	FANUC M-10iA	1 个
2	控制柜	R-30iB Mate	1 个
3	示教器	iPendant	1 个

操作步骤

步骤 1　确认工业机器人处于安全状态，机器人控制柜处于通电状态。单手握住示教器，等示教器启动后，将 TP 开关置为 ON，如图 1-18 所示。手持示教器，保持示教器背部的 DEADMAN 开关按下，如图 1-19 所示，点击示教器操作面板上的 RESET 键，以清除报警。

步骤 2　选择控制器内相应设备，以 MC 为例。

步骤 3　按下示教器操作面板上的 MENU 键，移动光标，选择 FILE 项，如图 2-119 所示。

步骤 4　按下 ENTER 键确认，并注意确认当前的外部存储路径为 MC:*.*，如图 2-139 所示。

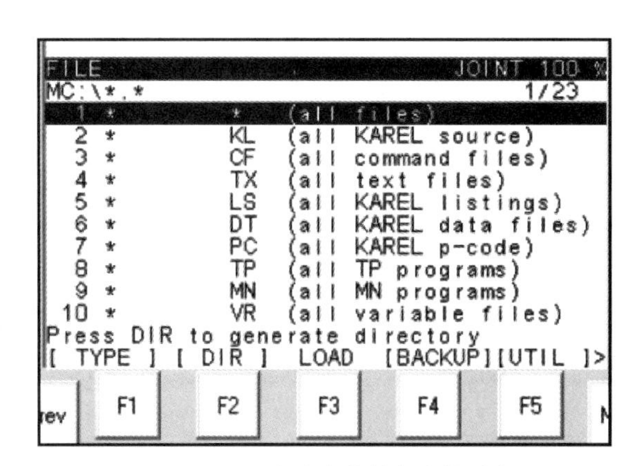

图 2-139　确认当前外部存储路径

步骤 5　按下 F2 DIR 键，外部存储设备一览如图 2-140 所示。

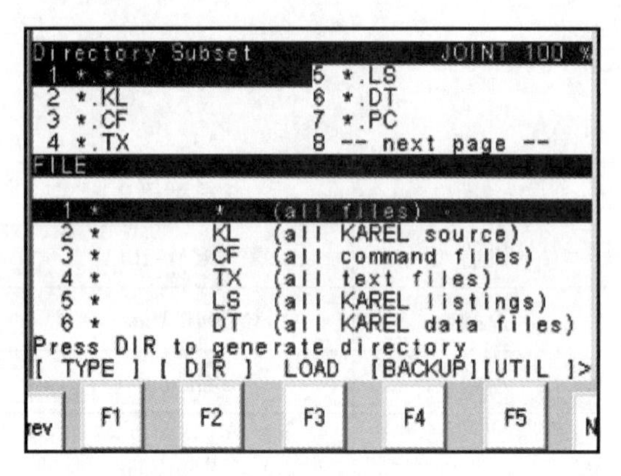

图 2-140　外部存储设备一览

步骤 6　移动光标，在 Directory Subset（目录子集）中选择查看的文件类型，选择 *.* 项，显示该目录下的所有文件。

步骤 7　移动光标，选择要加载的文件，按下 F3 LOAD（加载）键，屏幕中出现“Load MC:\\ AGMSMSG.TP?（AGMSMSG.TP 文件要加载吗?)，如图 2-141 所示。选择 F4 YES 键，确认文件加载操作；选择 F5 NO 键，取消文件加载操作。

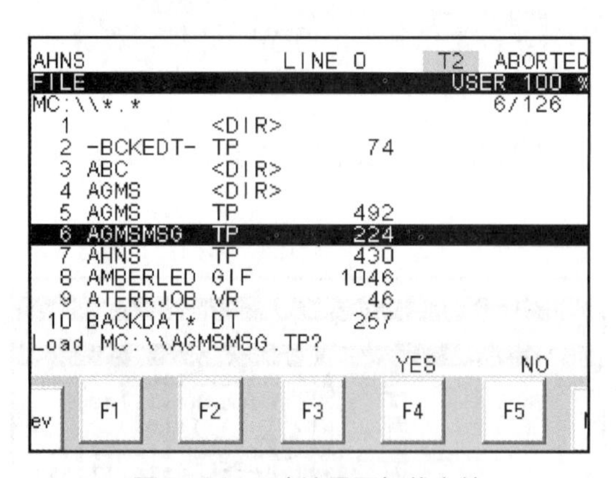

图 2-141　确认是否加载文件

步骤 8　按下 F4 YES 键，进行文件加载操作。加载完成后，屏幕显示“Loaded MC:\\ AGMSMSG.TP”（AGMSMSG.TP 加载完成），如图 2-142 所示。

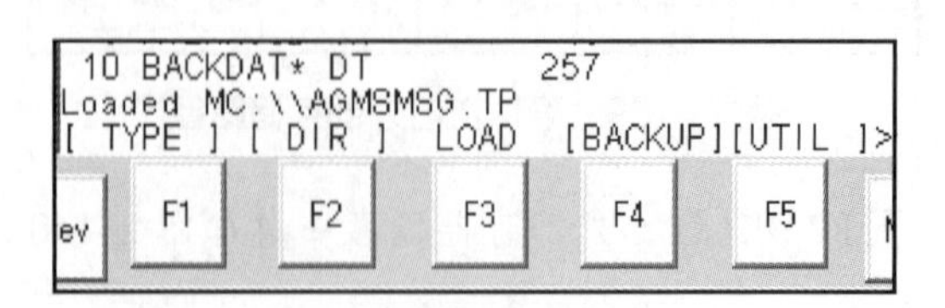

图 2-142　加载完成

注意事项

若控制器RAM（随机存取存储器）中有同名文件存在，则步骤7后会显示文件已存在的提示，如图2-143所示。

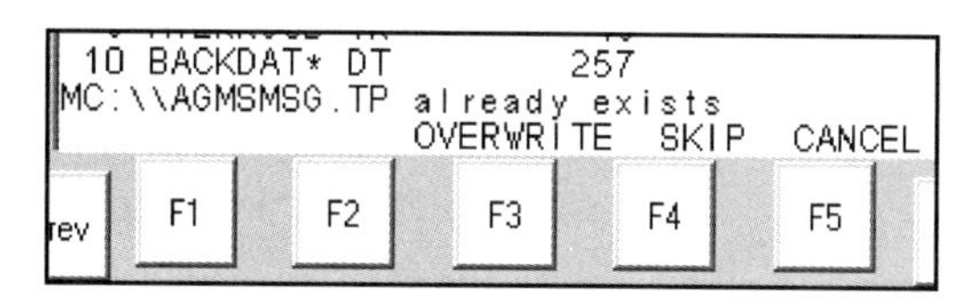

图2-143　存在同名文件提示

此时，可选择F3 OVERWRITE覆盖原有文件，或选择F4 SKIP跳到下一个文件，或选择F5 CANCEL取消操作。按下相应的功能键，操作完成。

FANUC机器人控制启动模式下的文件备份

操作要求

熟悉机器人控制启动模式下的文件备份。

操作准备

序号	名称	规格型号	数量
1	机器人	FANUC M-10iA	1个
2	控制柜	R-30iB Mate	1个
3	示教器	iPendant	1个

操作步骤

步骤1　确认工业机器人处于安全状态，机器人控制柜处于通电状态。单手握住示教器，等示教器启动后，将TP开关置为ON，如图1-18所示。手持示教器，保持示教器背部的DEADMAN开关按下，如图1-19所示，点击示教器操作面板上的RESET键，以清除报警。

步骤 2 选择控制器内相应设备，以 MC 为例。

步骤 3 同时按下示教器操作面板上的 PREV 键和 NEXT 键，直到屏幕上出现 CONFIGURATION MENU（配置菜单），如图 2–144 所示，再松开按键。

步骤 4 使用示教器操作面板上的数字键输入 3，选择 CONTROLLED START，按 ENTER 键确认，进入控制启动模式界面，如图 2–145 所示。

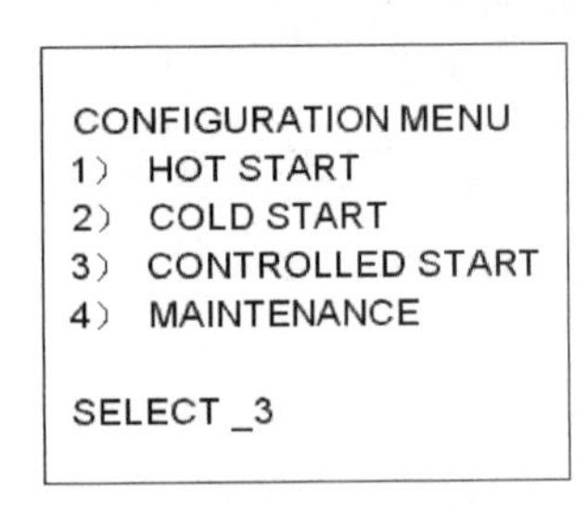

图 2–144 配置菜单

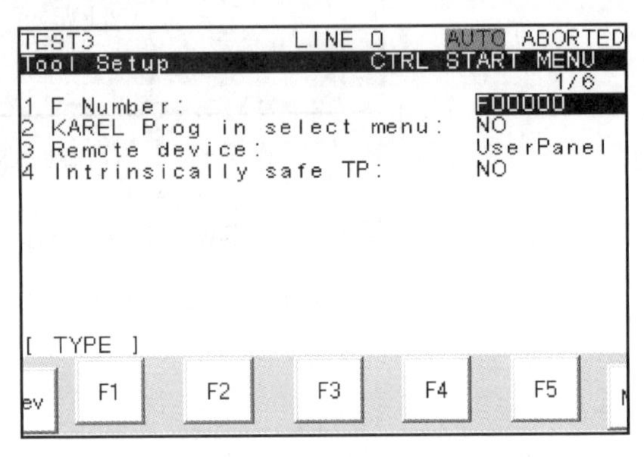

图 2–145 控制启动模式界面

步骤 5 按下示教器操作面板上的 MENU 键，移动光标，选择 FILE 项，如图 2–119 所示，按下 ENTER 键确认。

步骤 6 按下示教器操作面板上的 FCTN 键，移动光标，选择 RESTORE/BACKUP（恢复 / 备份）项进行切换，使 F4 功能键由 RESTOR 切换为 BACKUP，如图 2–146 所示。

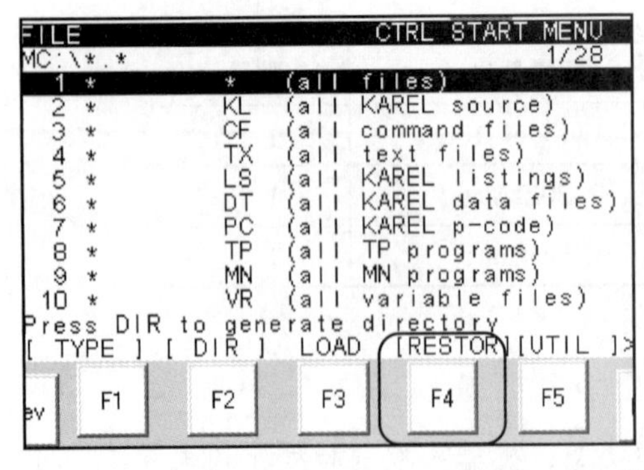

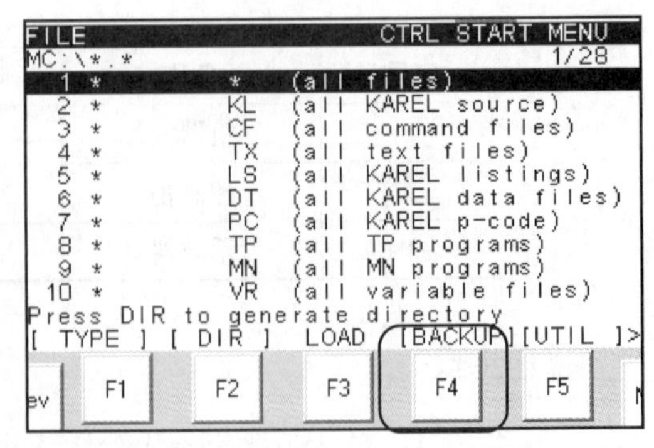

图 2–146 将恢复切换为备份

步骤 7 按下 F4 BACKUP 键，在图 2–147 中选择要备份的文件类型，进行备份。

AUTO
FILE CTRL START MENU
MC:*.*
1/28
1 * * (a
2 * KL (a
3 * CF (a
4 * TX (a
5 * LS (a
6 * DT (a
7 * PC (a
8 * TP (a
9 * MN (a
10 * VR (a
1 System files
2 TP programs
3 Application
4 Applic.-TP
5 Error log
6 Diagnostic
7 Vision data
8 All of above
9 Maintenance
Press DIR to genera
[TYPE] [DIR] LOAD [BACKUP] [UTIL]>
F1 F2 F3 F4 F5

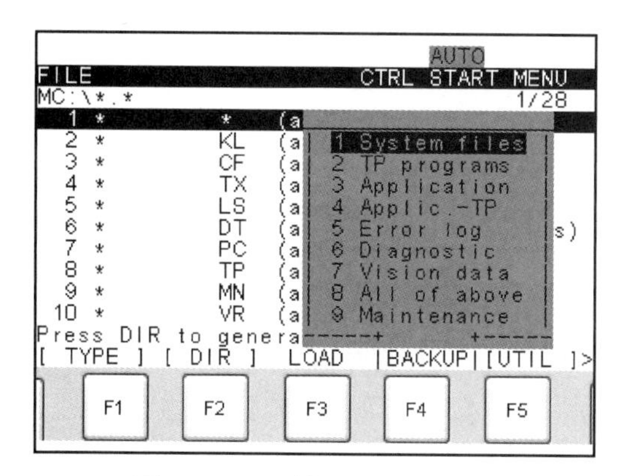

图 2-147　选择备份文件类型

步骤 8　移动光标，选择 All of above 项，出现图 2-148 所示画面。

7 * PC (all KAREL p-code)
8 * TP (all TP programs)
9 * MN (all MN programs)
10 * VR (all variable files)
Delete MC:\ before backup files?
YES NO
F1 F2 F3 F4 F5

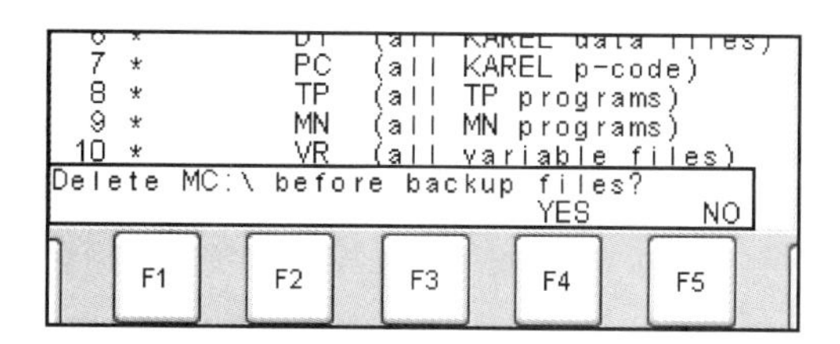

图 2-148　备份前确认

步骤 9　按下 F4 YES 键，出现图 2-149 所示画面。若按下 F5 NO 键，则退出备份操作。

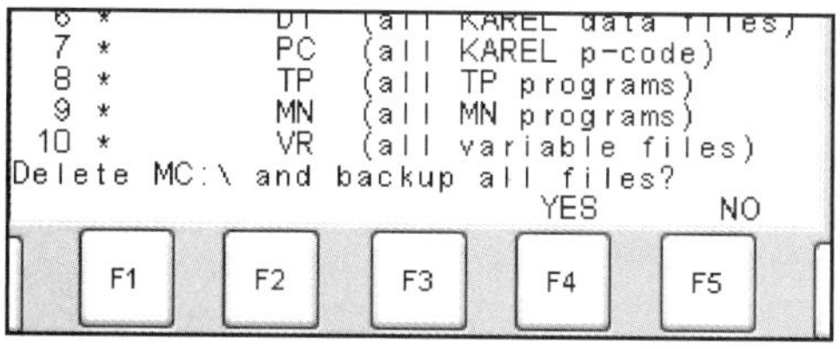

7 * PC (all KAREL p-code)
8 * TP (all TP programs)
9 * MN (all MN programs)
10 * VR (all variable files)
Delete MC:\ and backup all files?
YES NO
F1 F2 F3 F4 F5

图 2-149　删除存储设备数据再备份

步骤 10　按下 F4 YES 键，备份完成，如图 2-150 所示。若按下 F5 NO 键，则取消备份操作。

9 * MN (all MN programs)
10 * VR (all variable files)
Press DIR to generate directory
[TYPE] [DIR] LOAD [BACKUP] [UTIL]>
F1 F2 F3 F4 F5

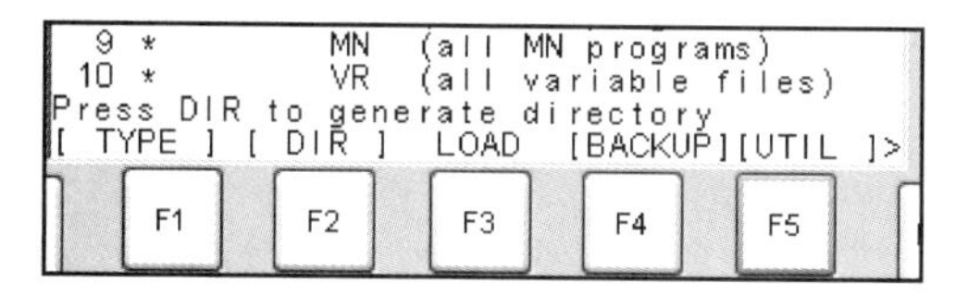

图 2-150　备份完成

注意事项

1. 若要退出控制启动模式，则依次按键选择 FCTN → START（COLD）（冷开机），使工业机器人进入一般模式。

2. 若要选择镜像备份，在控制启动模式下按 F4 BACKUP，选择 Image Backup，则可进行镜像备份。目前仅 R-J3iC、R-30iA 及以上版本型号控制柜能在控制启动模式下进行镜像备份操作。

FANUC 机器人控制启动模式下的文件加载

操作要求

熟悉机器人控制启动模式下的文件加载。

操作准备

序号	名称	规格型号	数量
1	机器人	FANUC M-10iA	1个
2	控制柜	R-30iB Mate	1个
3	示教器	iPendant	1个

操作步骤

步骤1 确认工业机器人处于安全状态，机器人控制柜处于通电状态。单手握住示教器，等示教器启动后，将 TP 开关置为 ON，如图 1-18 所示。手持示教器，保持示教器背部的 DEADMAN 开关按下，如图 1-19 所示，点击示教器操作面板上的 RESET 键，以清除报警。

步骤2 选择控制器内相应设备，以 MC 为例。

步骤3 同时按下示教器操作面板上的 PREV 键和 NEXT 键，直到屏幕上出现 CONFIGURATION MENU，如图 2-144 所示，再松开按键。

步骤 4　使用示教器操作面板上的数字键输入 3，选择 CONTROLLED START，按 ENTER 键确认，进入控制启动模式界面，如图 2–145 所示。

步骤 5　按下示教器操作面板上的 MENU 键，移动光标，选择 FILE 项，如图 2–119 所示，按下 ENTER 键确认。

步骤 6　按下示教器操作面板上的 FCTN 键，选择 RESTORE/BACKUP 项进行切换，使 F4 功能键由 BACKUP 切换为 RESTOR，如图 2–151 所示。

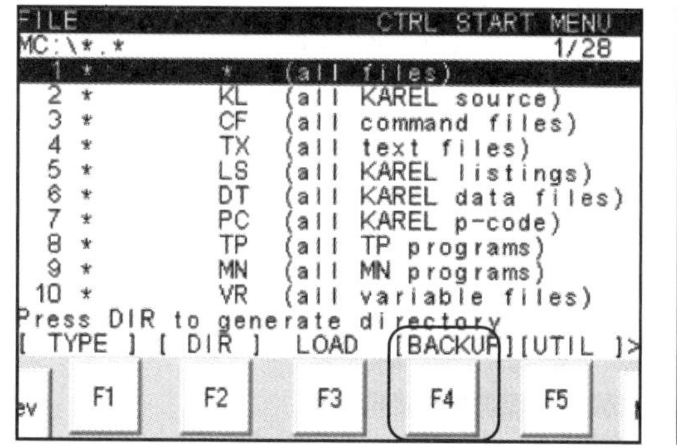

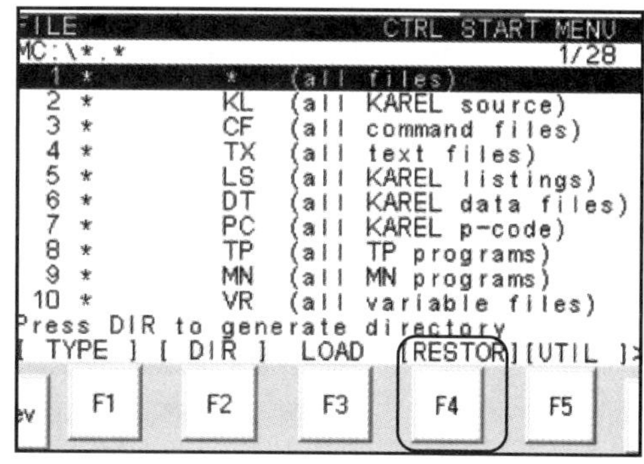

图 2–151　将备份切换为恢复

步骤 7　按下 F4 RESTOR 键，移动光标，选择要加载的文件类型，如图 2–152 所示。

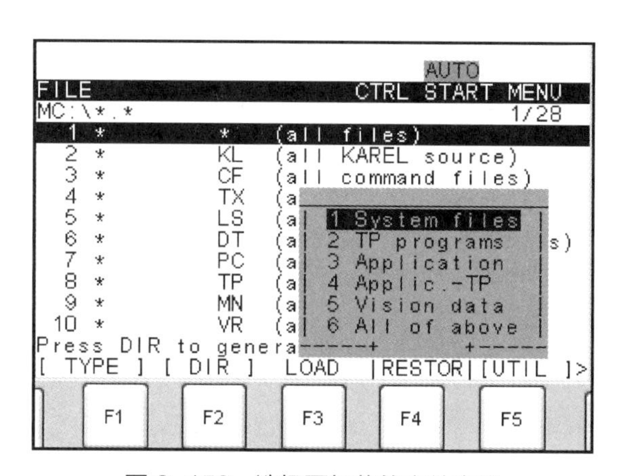

图 2–152　选择要加载的文件类型

步骤 8　按下 ENTER 键确认，屏幕下方显示“Restore from Memory Card?”（从 MC 加载文件吗？），如图 2–153 所示。按下 F4 YES 键，执行加载操作；按下 F5 NO 键，取消加载操作。

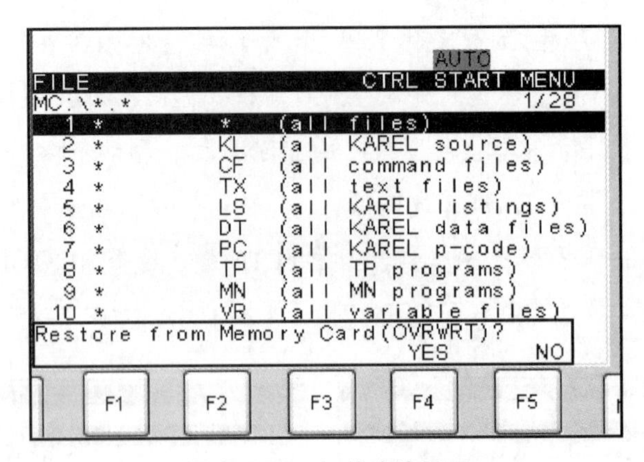

图 2–153 加载确认界面

步骤 9 按下 F4 YES 键，加载完成，如图 2–154 所示。

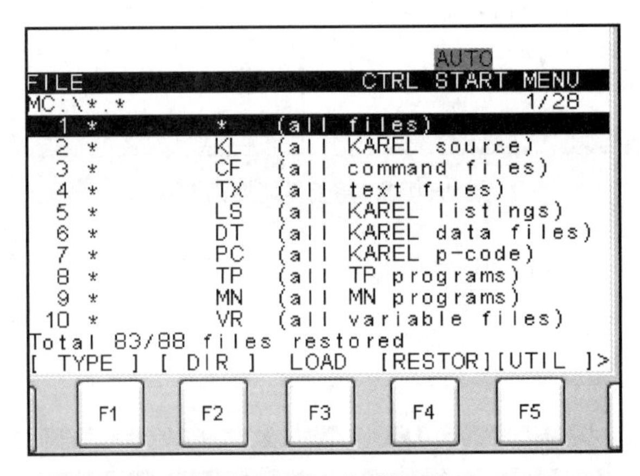

图 2–154 加载完成

注意事项

1. 若要退出控制启动模式，则依次按键选择 FCTN → START（COLD），如图 2–155 所示，进入一般模式。

2. 以下文件不能被加载：

（1）处于写保护模式的文件，如图 2–156 所示；

（2）在一般模式下处于编辑状态的文件，如图 2–157 所示。

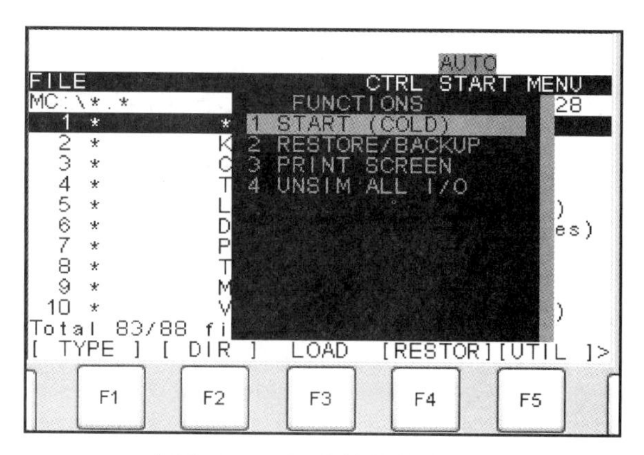

图 2-155　退出控制启动模式

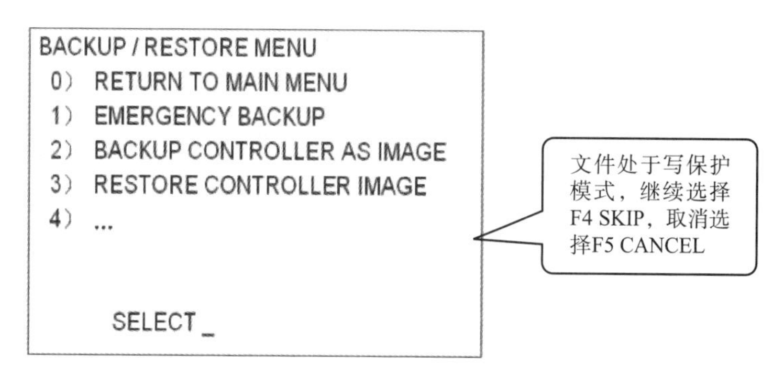

图 2-156　文件处于写保护模式

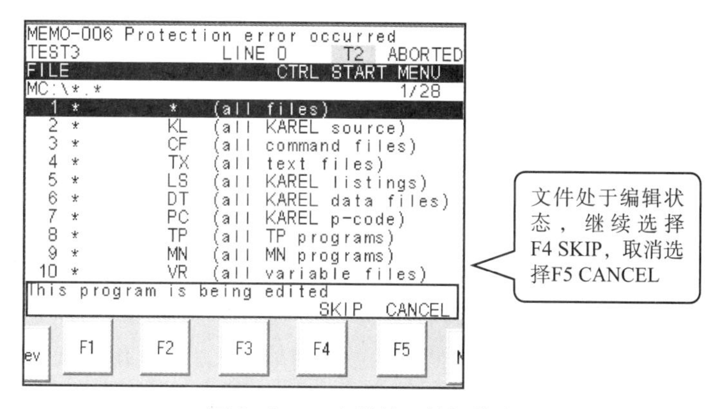

图 2-157　文件处于编辑状态

FANUC 机器人镜像模式下的文件备份

操作要求

熟悉机器人镜像模式下的文件备份。

操作准备

序号	名称	规格型号	数量
1	机器人	FANUC M–10iA	1 个
2	控制柜	R–30iB Mate	1 个
3	示教器	iPendant	1 个

操作步骤

步骤 1 确认工业机器人处于安全状态，机器人控制柜处于通电状态。单手握住示教器，等示教器启动后，将 TP 开关置为 ON，如图 1–18 所示。手持示教器，保持示教器背部的 DEADMAN 开关按下，如图 1–19 所示，点击示教器操作面板上的 RESET 键，以清除报警。

步骤 2 选择控制器内相应设备，以 MC 为例。

步骤 3 同时按下示教器操作面板上的 F1 键和 F5 键，直到出现 BMON MENU（镜像模式菜单），如图 2–158 所示。

步骤 4 使用示教器操作面板上的数字键输入 4，选择 CONTROLLER BACKUP/RESTORE（控制器备份 / 恢复），按 ENTER 键确认，进入 BACKUP/RESTORE MENU（备份 / 恢复菜单）界面，如图 2–159 所示。

步骤 5 使用示教器操作面板上的数字键输入 2，选择 BACKUP CONTROLLER AS IMAGE（镜像备份控制器），按 ENTER 键确认，进入 DEVICE SELECTION（设备选择）界面，如图 2–160 所示。

步骤 6 使用示教器操作面板上的数字键输入 1，选择 MEMORY CARD（若使用 U 盘进行备份，则选择 USB Disk）。

BMON MENU

1）CONFIGURATION MENU
2）ALL SOFTWARE INSTALLATION
3) INIT START
4) CONTROLLER BACKUP/RESTORE
5) …

SELECT _

图 2-158　镜像模式菜单

BACKUP / RESTORE MENU
0）RETURN TO MAIN MENU
1）EMERGENCY BACKUP
2）BACKUP CONTROLLER AS IMAGE
3）RESTORE CONTROLLER IMAGE
4）…

SELECT _

图 2-159　备份 / 恢复菜单

步骤 7　按 ENTER 键确认，系统显示“Are you ready? Y=1/N=ELSE”（准备好了吗？输入 1 代表选择 YES，输入 N 代表选择 ELSE）。

步骤 8　使用示教器操作面板上的数字键输入 1，按 ENTER 键确认，系统开始备份，屏幕界面显示内容如图 2-161。输入 N 或其他值，系统将返回 BMON MENU 界面。

1. MEMORY CARD;
2. …

SELECT _

图 2-160　设备选择

Writing FROM00.IMG

Writing FROM01.IMG

Writing FROM02.IMG

Writing FROM03.IMG

…

图 2-161　备份进行中

步骤 9　备份完毕，显示“Press enter to return”（按下 ENTER 键返回）。

步骤 10　按下 ENTER 键，进入 BMON MENU 界面，备份操作完成。

步骤 11　示教器重启后，系统进入镜像模式界面。

FANUC 机器人镜像模式下的文件加载

操作要求

熟悉机器人镜像模式下的文件加载。

操作准备

序号	名称	规格型号	数量
1	机器人	FANUC M–10iA	1个
2	控制柜	R–30iB Mate	1个
3	示教器	iPendant	1个

操作步骤

步骤 1 确认工业机器人处于安全状态，机器人控制柜处于通电状态。单手握住示教器，等示教器启动后，将 TP 开关置为 ON，如图 1–18 所示。手持示教器，保持示教器背部的 DEADMAN 开关按下，如图 1–19 所示，点击示教器操作面板上的 RESET 键，以清除报警。

步骤 2 选择控制器内相应设备，以 MC 为例。

步骤 3 同时按下示教器操作面板上的 F1 键和 F5 键，直到出现 BMON MENU，如图 2–158 所示。

步骤 4 使用示教器操作面板上的数字键输入 4，选择 CONTROLLER BACKUP/RESTORE，按 ENTER 键确认，进入 BACKUP/RESTORE MENU 界面，如图 2–159 所示。

步骤 5 使用示教器操作面板上的数字键输入 3，选择 RESTORE CONTROLLER IMAGE，按 ENTER 键确认，进入 DEVICE SELECTION 界面，如图 2–160 所示。

步骤 6 使用示教器操作面板上的数字键输入 1，选择 MEMORY CARD（若使用 U 盘进行加载，则选择 USB Disk）。

步骤 7 按 ENTER 键确认，系统显示“Are you ready？ Y=1/N=ELSE”。

步骤 8 使用示教器操作面板上的数字键输入 1，按 ENTER 键确认，系统开始加载，屏幕界面显示内容如图 2–162 所示。输入 N 或其他值，系统将返回 BMON MENU 界面。

步骤 9 加载完毕，显示“Press enter to return”（按下 ENTER 键返回）。

步骤 10 按下 ENTER 键，进入 BMON MENU 界面，加载操作完成。

步骤 11 示教器重启，系统进入镜像模式界面。

Checking FROM00.IMG		Done
Clearing FROM		Done
Clearing SRAM		Done
Reading FROM00.IMG	1/34(1M)	
Reading FROM01.IMG	2/34(1M)	
...		

图 2-162　加载进行中

注意事项

1. 镜像模式下，加载文件是每个为 1 M 的压缩文件。

2. 对于 R-J3iB 型号及以下的控制柜，镜像备份 / 加载只能在根目录下进行。因此，如果没有 PC，那么一张 MC 只能镜像备份 / 加载一台机器。

3. 对于 R-30iA、R-J3iC 及以上版本型号控制柜（配高版本系统软件），镜像备份 / 加载可在 MC 或 U 盘的任何目录下进行。

4. 在镜像加载过程中，严禁断电操作。

第3章　工业机器人功能调试

学习单元1　工业机器人零点标定与故障消除

学习目标

1. 掌握工业机器人零点标定
2. 掌握工业机器人故障消除

知识要求

一、零点标定

1. 零点标定的含义与原理

通常工业机器人在出厂之前已经进行了零点标定，但是工业机器人还是有可能丢失零点数据，需要重新进行零点标定，因此，学习正确地进行零点标定是必要的。

工业机器人通过闭环伺服系统来控制本体的各运动轴。控制器输出控制命令来驱动每一个电动机。装配在电动机上的反馈装置——串行脉冲编码器（SPC）将信号反馈给控制器。在工业机器人操作过程中，控制器不断分析反馈信号，修改命令信号，从而使工业机器人在整个过程中一直保持正确的位置和速度，如图3–1所示。

控制器必须“知晓”每个轴的位置，以使工业机器人能够准确地按原定位置移动。控制器通过比较操作过程中读取的串行脉冲编码器信号与已知的机械参考点信号的异同来达到这一目的。零点标定的过程就是读取已知机械参考点的串行脉冲编码器数据的过程。这些零点标定数据与其他用户数据一起保存在控制器存储卡中，在断开电源后，这些数据的保存由主板电池供电维持。

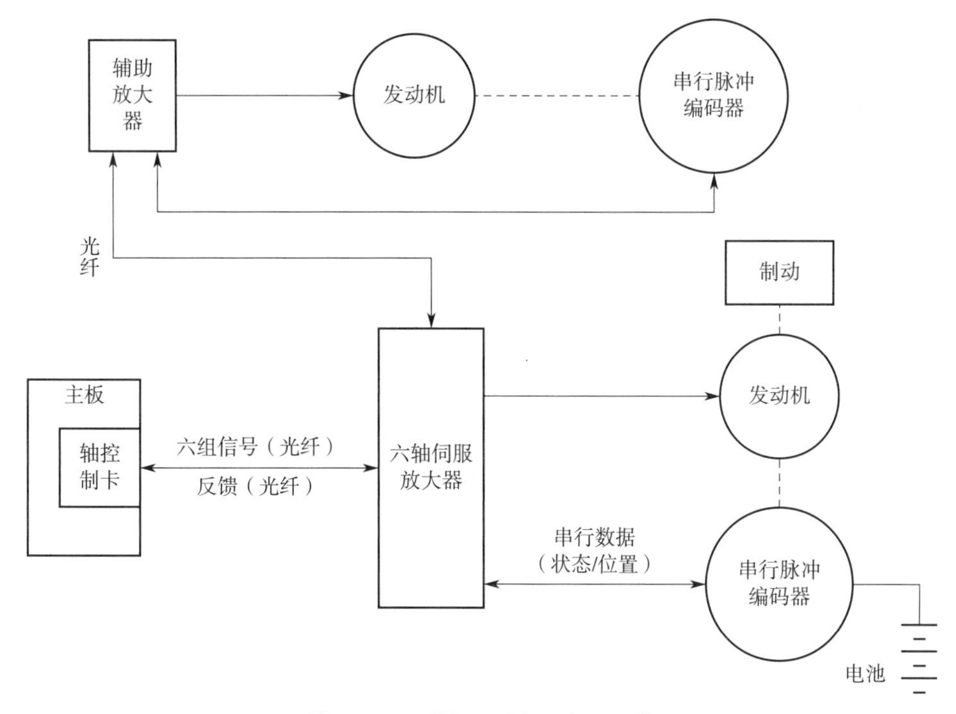

图 3-1　工业机器人闭环伺服系统

当控制器正常关电时，每个串行脉冲编码器的当前数据将保留在编码器中，由编码器的后备电池供电维持（FANUC P 系列机器人的后备电池可能位于控制器上）。当控制器重新上电时，控制器将请求从串行脉冲编码器中读取数据。当控制器收到串行脉冲编码器的数据时，闭环伺服系统才可以正确运行，此时系统对工业机器人各轴的位置数据进行零点修正校对，这一过程可以称为校准过程。校准在每次控制器开启时自动进行。

如果在控制器关电时断开串行脉冲编码器的后备电池电源，那么上电时校准操作将失败，工业机器人将只能在关节坐标系模式下进行手动操作。要恢复正常的操作，必须对工业机器人重新进行零点标定与校准。

2. 必须执行零点标定的情况

因为零点标定的数据在出厂时就设置好了，所以在正常情况下没有必要进行零点标定，但是只要发生以下情况之一，就必须执行零点标定：

- 机器人执行初始化启动；
- SPC 后备电池的电压下降，导致 SPC 脉冲计数丢失；
- 在关机状态下卸下编码器后备电池盒的盖子；
- 编码器电源线断开；
- 更换了 SPC；
- 更换了电动机；
- 进行了机械拆卸；
- 机器人的机械部分遭受撞击，导致脉冲计数不能指示轴的角度；
- 机器人在非备份状态时，主板电池电压下降，导致关节轴零点数据丢失。

若关节轴的校准操作失败，则该轴的运动限制将被忽略，机器人的移动可能超出正常范围。因此，在未校准的情况下移动机器人需要特别小心，否则可能造成人身伤害或设备损坏。

值得注意的是，机器人的数据包括零点标定数据和 SPC 数据，分别由主板和 SPC 的电池保持，如果电池没电，数据将会丢失。为防止这种情况发生，两种电池都要定期更换。当电池电压不足时，将有警告信号提醒用户更换电池。可为机器人换上四节新的 1.5 V D 型碱性电池，注意电池盒上的箭头方向，以正确方向安装电池。

若更换电池不及时或由于其他原因导致出现 SRVO–062 或 SRVO–038 报警，则需要重新进行零点标定。

3. 零点标定的方法

零点标定的方法见表 3–1。

表 3–1　　零点标定的方法

方法	说明
专门夹具标定法	出厂时采用，需卸下机器人的所有负载，用专门的夹具完成
零度位置标定法	由于机械拆卸或维修导致机器人零点数据丢失时采用，需将六轴同时点动到零度位置。由于靠肉眼观察零度刻度线，误差相对大一些
单轴零点标定法	由于单个关节轴的机械拆卸或维修（通常由更换电动机引起）导致零点数据丢失时采用
快速零点标定法	由于电气或软件问题导致零点数据丢失时采用，可恢复已经存入的零点数据作为快速示教调试基准。若由于机械拆卸或维修导致零点数据丢失，则不能采取此法 条件：在机器人正常时设置零点数据

二、故障报警

1. SRVO-062 报警

SRVO-062 SERVO2 BZAL alarm（Group:i Axis:j）为 SPC 数据丢失报警。当发生 SRVO-062 报警时，机器人将完全无法动作。

2. SRVO-075 报警

SRVO-075 WARN Pulse not established（Group:i Axis:j）为 SPC 无法计数报警。当发生 SRVO-075 报警时，机器人将只能在关节坐标系下进行单关节运动。

3. SRVO-038 报警

SRVO-038 SERVO2 Pulse mismatch（Group:i Axis:j）为 SPC 数据不匹配报警。当发生 SRVO-038 报警时，机器人将完全无法动作。

技能要求

FANUC 机器人零度位置标定

操作要求

熟悉机器人零度位置标定。

操作准备

序号	名称	规格型号	数量
1	机器人	FANUC M-10iA	1 个
2	控制柜	R-30iB Mate	1 个
3	示教器	iPendant	1 个

操作步骤

步骤 1 确认工业机器人处于安全状态，机器人控制柜处于通电状态。单手握住示教器，等示教器启动后，将 TP 开关置为 ON，如图 1–18 所示。手持示教器，保持示教器背部的 DEADMAN 开关按下，如图 1–19 所示，点击示教器操作面板上的 RESET 键，以清除报警。

步骤 2 按下示教器操作面板上的 MENU 键，移动光标，选择 NEXT 项，再移动光标，选择 SYSTEM（系统）项，如图 3–2 所示，按下 ENTER 键确认。

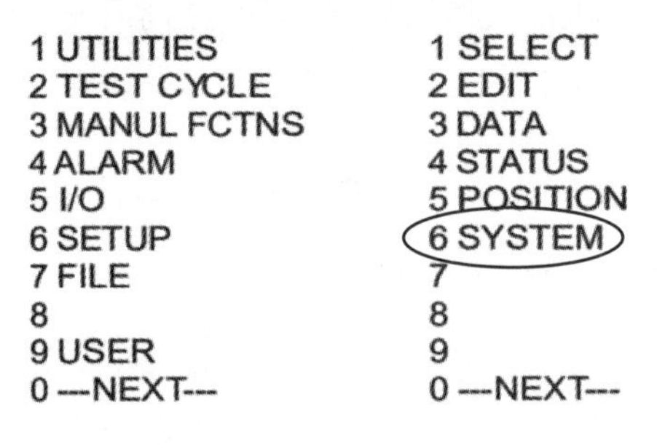

图 3–2　选择系统项

步骤 3 进入系统设置界面后，按下 F1 TYPE 键，移动光标，选择 Master/Cal（零点标定 / 校准）项，如图 3–3 所示。

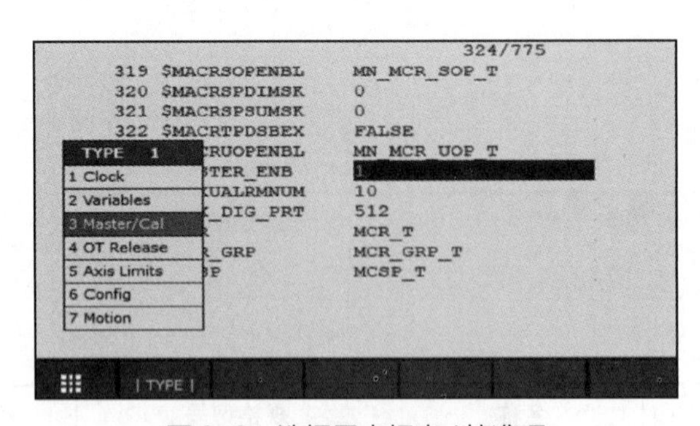

图 3–3　选择零点标定 / 校准项

步骤 4 按下 ENTER 键确认，进入 Master/Cal 界面，如图 3–4 所示。

步骤 5 手动示教机器人，使机器人每根轴都调整到零度位置（一般工业机器人机身上会有零度的刻度标记），如图 3–5 所示。

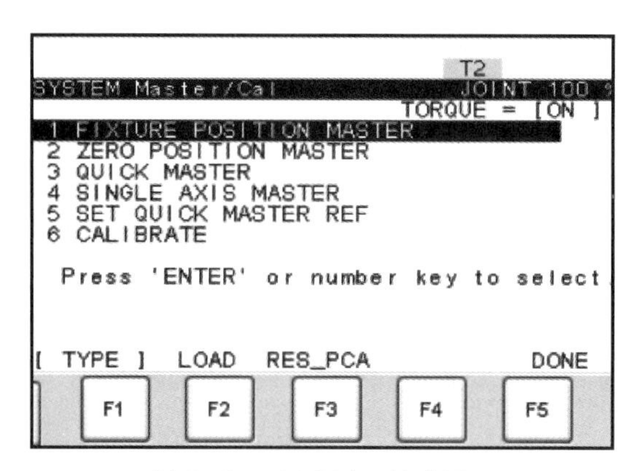

图 3-4　零点标定 / 校准界面

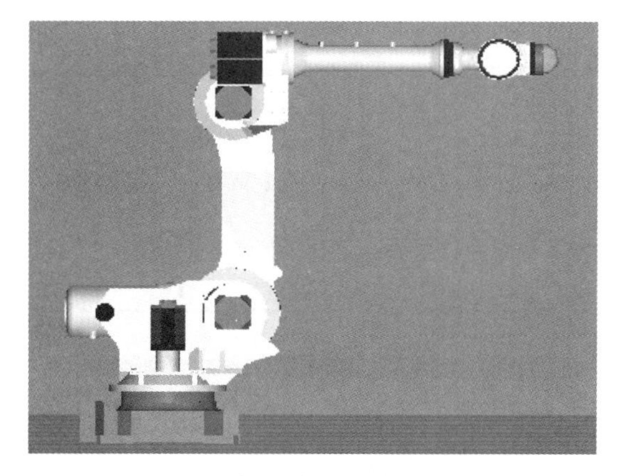

图 3-5　手动示教机器人轴至零度位置

步骤 6　移动光标，选择 ZERO POSITION MASTER（零度位置标定）项，按下 ENTER 键确认，如图 3-6 所示，再按下 F4 YES 键确认。

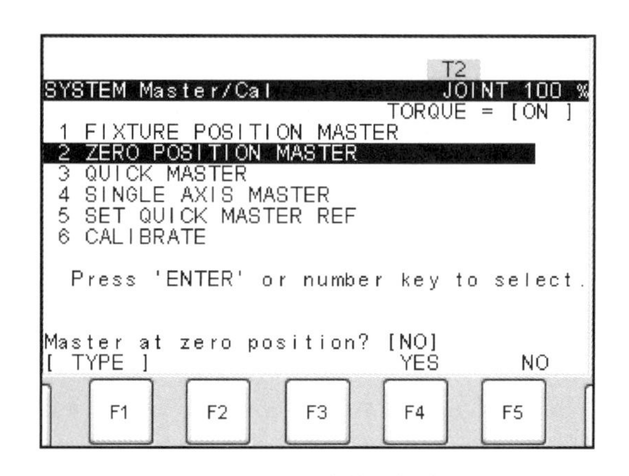

图 3-6　零度位置标定

步骤 7　移动光标，选择 CALIBRATE（校准）项，按下 ENTER 键确认，如图 3-7 所示，再按下 F4 YES 键确认。

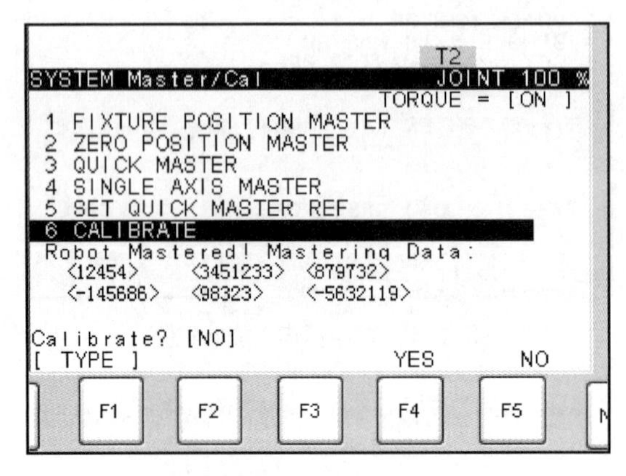

图 3-7　选择校准项

步骤 8　按下 F5 DONE 键，如图 3-8 所示，系统自动隐藏 Master/Cal 界面，零度位置标定操作完成。

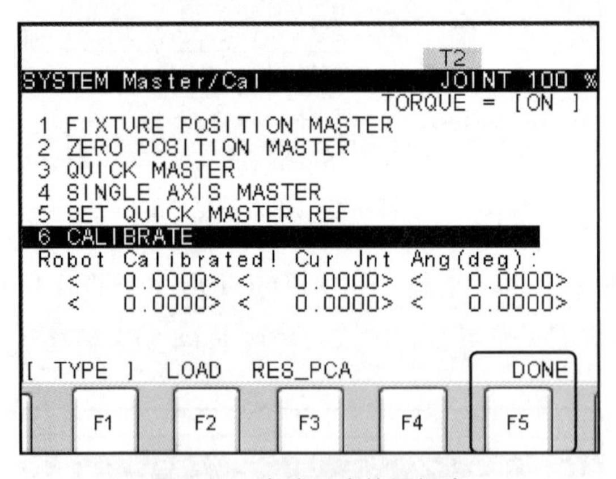

图 3-8　完成零度位置标定

注意事项

若步骤 3 的系统设置界面中无 TYPE 功能键，也未发现 Master/Cal 项，则按以下步骤操作。

第一步，进入系统设置界面后，移动光标，选择 Variables（变量）项，如图 3-9 所示。

SYSTEM Variables
MENU 2
1 SELECT
2 EDIT
3 DATA
4 STATUS
5 4D GRAPHICS
6 SYSTEM
7 USER2
8 BROWSER
9
0 -- NEXT --
SYSTEM 1
1 Clock
2 Variables
3 OT Release
4 Axis Limits
5 Config
6 Motion
324/775
N_MCR_SOP_T
ALSE
N_MCR_UOP_T
0
512
MCR_T
MCR_GRP_T
MCSP_T

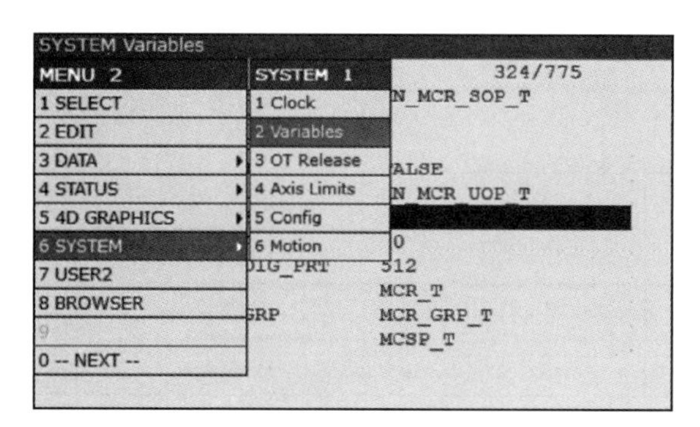

图 3-9　选择变量项

第二步，移动光标，选择变量 324 $MASTER_ENB，将其初始值 0 修改为 1，如图 3-10 所示。

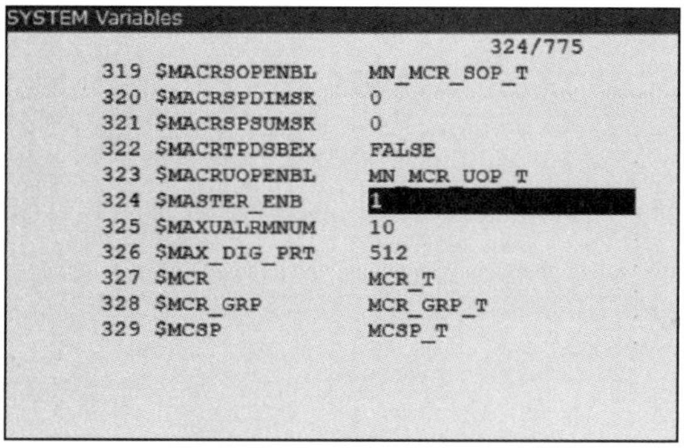

SYSTEM Variables
324/775
319 $MACRSOPENBL　MN_MCR_SOP_T
320 $MACRSPDIMSK　0
321 $MACRSPSUMSK　0
322 $MACRTPDSBEX　FALSE
323 $MACRUOPENBL　MN_MCR_UOP_T
324 $MASTER_ENB　1
325 $MAXUALRMNUM　10
326 $MAX_DIG_PRT　512
327 $MCR　MCR_T
328 $MCR_GRP　MCR_GRP_T
329 $MCSP　MCSP_T

图 3-10　修改变量值

第三步，重新按下示教器操作面板上的 MENU 键，移动光标，选择 NEXT（下一页）项，再移动光标，选择 SYSTEM 项，进入系统设置界面，按下 F1 TYPE 键，系统中会出现 Master/Cal 项，继续后续操作步骤，完成零度位置标定操作。

FANUC 机器人单轴零点标定

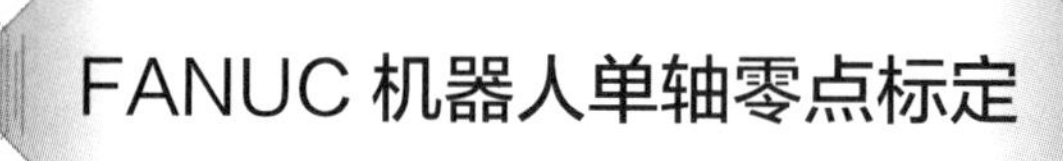

操作要求

熟悉机器人单轴零点标定。

操作准备

序号	名称	规格型号	数量
1	机器人	FANUC M-10iA	1个
2	控制柜	R-30iB Mate	1个
3	示教器	iPendant	1个

操作步骤

步骤1 确认工业机器人处于安全状态，机器人控制柜处于通电状态。单手握住示教器，等示教器启动后，将TP开关置为ON，如图1-18所示。手持示教器，保持示教器背部的DEADMAN开关按下，如图1-19所示，点击示教器操作面板上的RESET键，以清除报警。

步骤2 按下示教器操作面板上的MENU键，移动光标，选择NEXT项，再移动光标，选择SYSTEM项，如图3-2所示，按下ENTER键确认。

步骤3 进入系统设置界面后，按下F1 TYPE键，移动光标，选择Master/Cal项，如图3-3所示。

步骤4 按下ENTER键确认，进入Master/Cal界面，如图3-4所示。

步骤5 移动光标，选择SINGLE AXIS MASTER(单轴零点标定)，如图3-11所示。

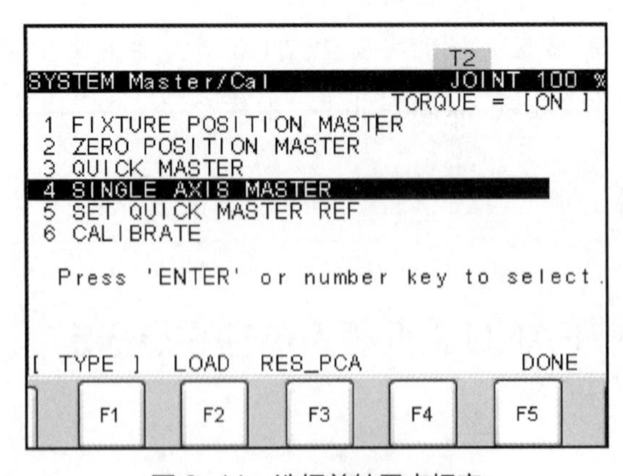

图3-11 选择单轴零点标定

步骤6 按下ENTER键确认，进入单轴零点标定界面，如图3-12所示。

T2
SINGLE AXIS MASTER
JOINT 100 %
1/9
ACTUAL POS
(MSTR POS)
(SEL)
[ST]
J1 0.000 (0.000) (0) [2]
J2 0.000 (24.453) (0) [2]
J3 0.000 (-94.959) (0) [2]
J4 0.000 (0.000) (0) [2]
J5 0.000 (-85.041) (0) [2]
J6 0.000 (0.000) (0) [2]
E1 0.000 (0.000) (0) [0]
E2 0.000 (0.000) (0) [0]
E3 0.000 (0.000) (0) [0]
EXEC
F1
F2
F3
F4
F5

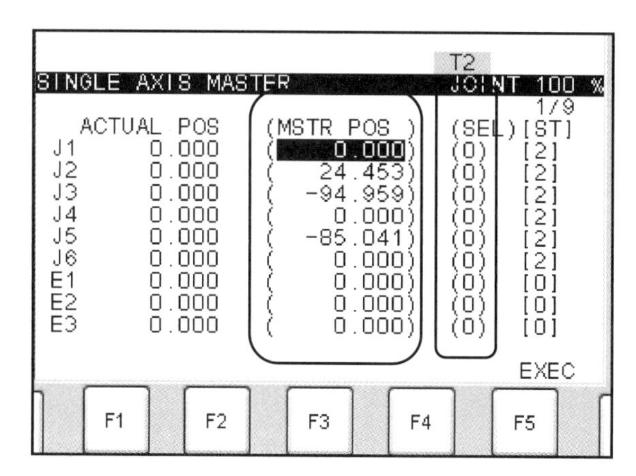

图 3–12　单轴零点标定界面

步骤 7　移动光标，将报警轴（即需要零点标定的轴）的 SEL（选择）项值改为 1，如图 3–13 所示。

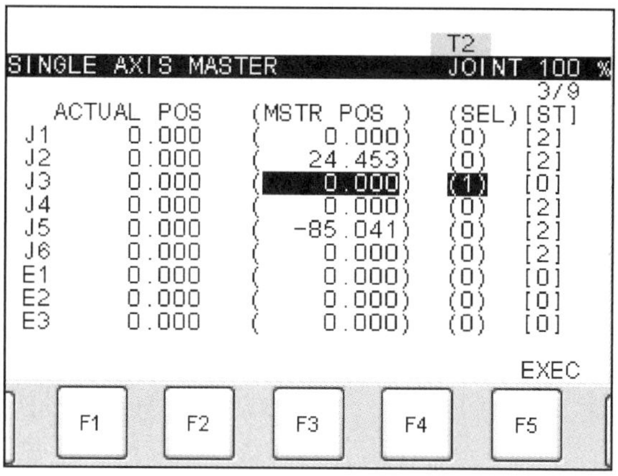

T2
SINGLE AXIS MASTER
JOINT 100 %
3/9
ACTUAL POS
(MSTR POS)
(SEL)
[ST]
J1 0.000 (0.000) (0) [2]
J2 0.000 (24.453) (0) [2]
J3 0.000 (0.000) (1) [0]
J4 0.000 (0.000) (0) [2]
J5 0.000 (-85.041) (0) [2]
J6 0.000 (0.000) (0) [2]
E1 0.000 (0.000) (0) [0]
E2 0.000 (0.000) (0) [0]
E3 0.000 (0.000) (0) [0]
EXEC
F1
F2
F3
F4
F5

图 3–13　修改报警轴参数

步骤 8　示教机器人的报警轴移动至零度位置。

步骤 9　在图 3–13 中报警轴的 MSTR POS（零度位置）项中输入轴的零点数值（如 0）。

步骤 10　按下 F5 EXEC（执行）键，则相应的 SEL 项值由 1 变成 0，ST（状态）项值由 0 变成 2，如图 3–14 所示。

步骤 11　按下示教器操作面板上的 PREV 键，退回 Master/Cal 界面。

步骤 12　移动光标，选择 CALIBRATE 项，如图 3–15 所示，按下 ENTER 键确认，屏幕中已被零点标定的轴的参数值显示为 < 0.0000 >，如图 3–16 所示。

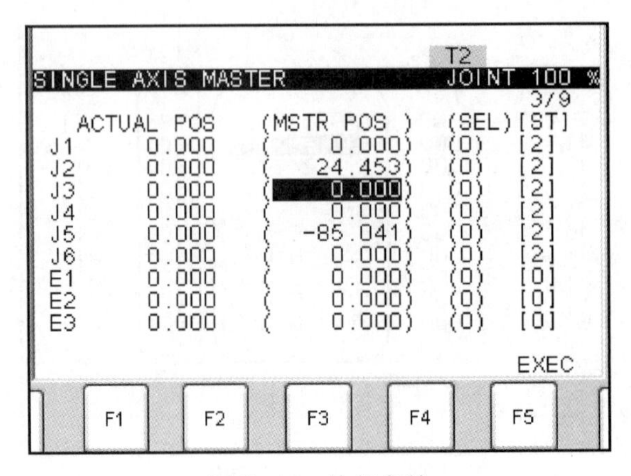

图 3-14 执行参数

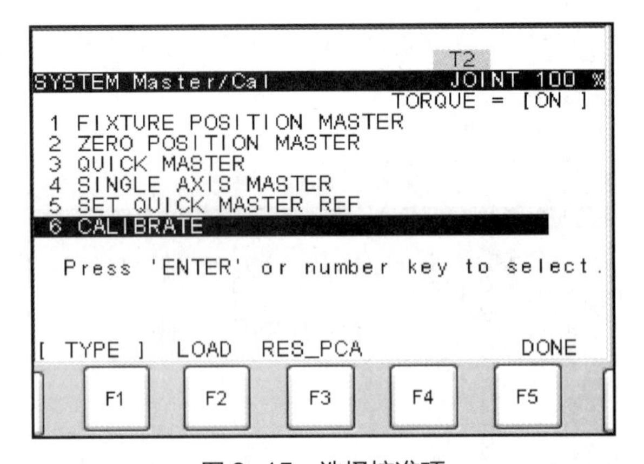

图 3-15 选择校准项

步骤 13 按下 F5 DONE 键，系统自动隐藏 Master/Cal 界面，单轴零点标定操作完成。

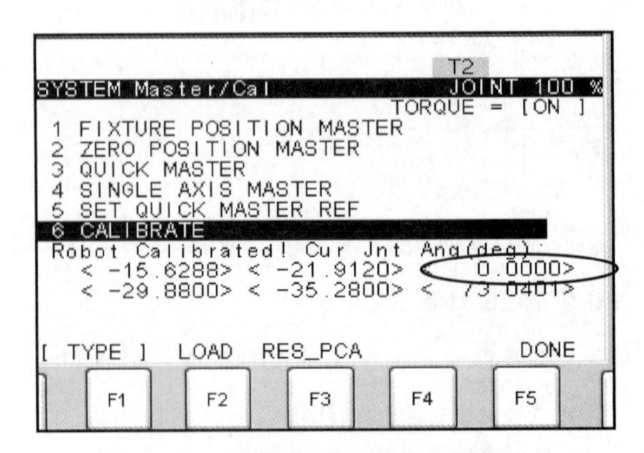

图 3-16 已被零点标定轴的参数值显示

注意事项

若需要对J3轴做单轴零点标定，则需要先将J2轴示教到零度位置。

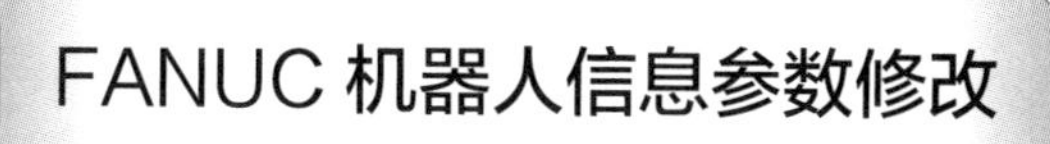

FANUC机器人信息参数修改

操作要求

熟悉机器人信息参数修改。

操作准备

序号	名称	规格型号	数量
1	机器人	FANUC M-10iA	1个
2	控制柜	R-30iB Mate	1个
3	示教器	iPendant	1个

操作步骤

步骤1　确认工业机器人处于安全状态，机器人控制柜处于通电状态。单手握住示教器，等示教器启动后，将TP开关置为ON，如图1-18所示。手持示教器，保持示教器背部的DEADMAN开关按下，如图1-19所示，点击示教器操作面板上的RESET键，以清除报警。

步骤2　按下示教器操作面板上的MENU键，移动光标，选择NEXT项，再移动光标，选择SYSTEM项，如图3-2所示，按下ENTER键确认。

步骤3　进入系统设置界面后，按下F1 TYPE键，移动光标，选择Variables项。

步骤4　进入变量界面，移动光标，选择119 $DMR_GRP项，如图3-17所示。

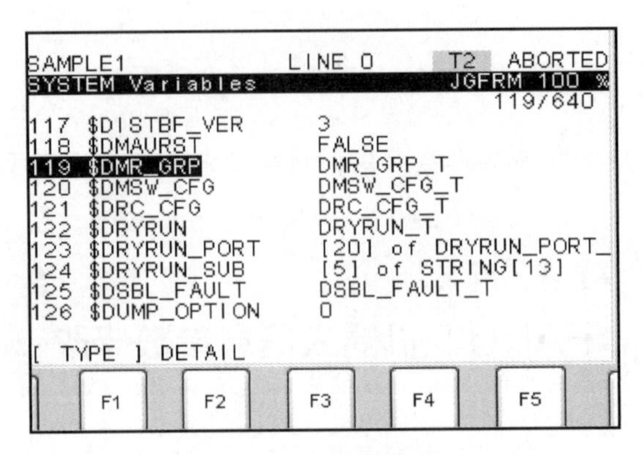

图 3-17 选择变量

步骤 5 按下 F2 DETAIL 键，移动光标，选择 DMR_GRP_T 项，如图 3-18 所示，再按 F2 DETAIL 键。

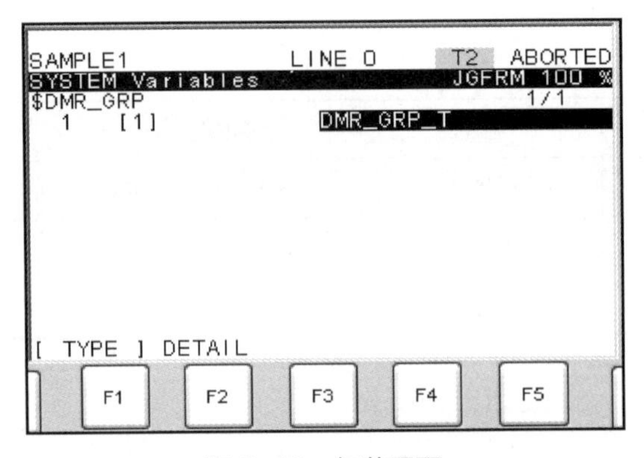

图 3-18 细节界面

步骤 6 移动光标，选择变量 $MASTER_DONE，修改其状态，按下 F4 TRUE 键，如图 3-19 所示，此变量参数由 FALSE（无效）变为 TRUE（有效）。

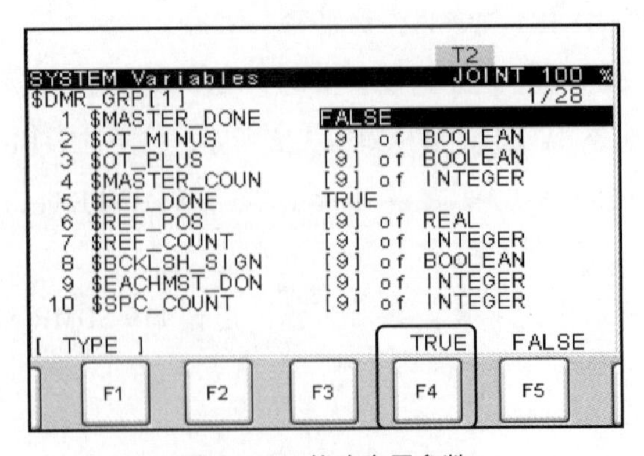

图 3-19 修改变量参数

步骤7 按下示教器操作面板上的PREV键，显示系统设置界面，按下F1 TYPE键，移动光标，选择Master/Cal项，按下ENTER键，进入Master/Cal界面，如图3-4所示。

步骤8 移动光标，选择CALIBRATE项，如图3-15所示，按下ENTER键确认。

步骤9 进入校准界面，按下F4 YES键确认。

步骤10 确认完成后，按下F5 DONE键，系统自动隐藏Master/Cal界面，参数修改操作完成。

FANUC机器人SRVO-062报警消除

操作要求

能正确进行机器人SRVO-062报警消除。

操作准备

序号	名称	规格型号	数量
1	机器人	FANUC M-10iA	1个
2	控制柜	R-30iB Mate	1个
3	示教器	iPendant	1个

操作步骤

步骤1 确认工业机器人处于安全状态，机器人控制柜处于通电状态。单手握住示教器，等示教器启动后，将TP开关置为ON，如图1-18所示。手持示教器，保持示教器背部的DEADMAN开关按下，如图1-19所示，点击示教器操作面板上的RESET键，以清除报警。

步骤2 操作机器人时，屏幕出现SRVO-062报警信息。按下示教器操作面板上的MENU键，移动光标，选择NEXT项，再移动光标，选择SYSTEM项，如图3-2所示，按下ENTER键确认。

步骤 3 进入系统设置界面后，按下 F1 TYPE 键，移动光标，选择 Master/Cal 项，如图 3-3 所示。

步骤 4 按下 ENTER 键确认，进入 Master/Cal 界面，如图 3-4 所示。

步骤 5 按下 F3 RES_PCA（脉冲置零）后出现信息 “Reset pulse coder alarm?”（重置脉冲编码器报警?），如图 3-20 所示。

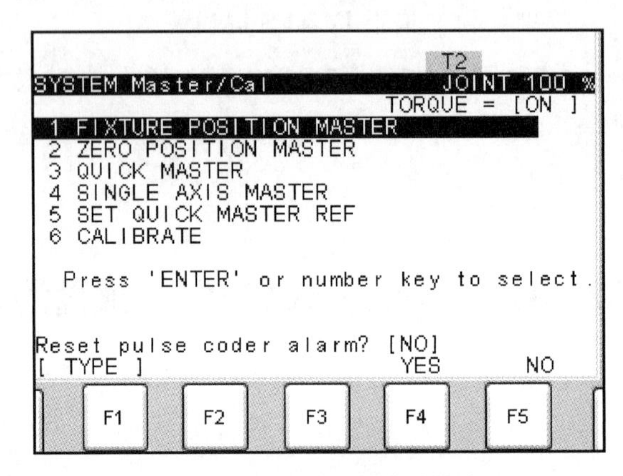

图 3-20 脉冲置零确认信息

步骤 6 按下 F4 YES 键，消除脉冲编码器报警。

步骤 7 将示教器重启，完成操作。

FANUC 机器人 SRVO-075 报警消除

操作要求

能正确进行机器人 SRVO-075 报警消除。

操作准备

序号	名称	规格型号	数量
1	机器人	FANUC M-10iA	1 个
2	控制柜	R-30iB Mate	1 个
3	示教器	iPendant	1 个

操作步骤

步骤1 确认工业机器人处于安全状态，机器人控制柜处于通电状态。单手握住示教器，等示教器启动后，将TP开关置为ON，如图1-18所示。手持示教器，保持示教器背部的DEADMAN开关按下，如图1-19所示，点击示教器操作面板上的RESET键，以清除报警。

步骤2 操作机器人时，屏幕出现SRVO-075报警信息。按下示教器操作面板上的MENU键，移动光标，选择ALARM（报警）项，如图3-21所示。

步骤3 按下F3 HIST（履历）键，再按下示教器上的COORD键，将坐标系切换成关节坐标系，如图3-22所示。

1 UTILITIES
2 TEST CYCLE
3 MANUL FCTNS
4 ALARM
5 I/O
6 SETUP
7 FILE
8
9 USER
0 ---NEXT---

Page 1

图3-21 选择报警项

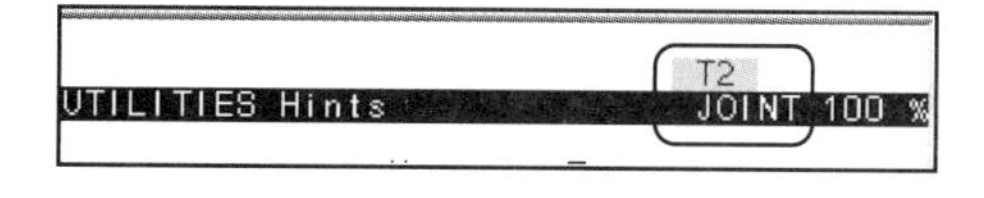

图3-22 切换为关节坐标系

步骤4 使用示教器的SHIFT键和运动键，点动机器人报警轴，使其移动20°以上。

步骤5 按下示教器上的RESET键，消除SRVO-075报警，完成操作。

FANUC机器人SRVO-038报警消除

操作要求

能正确进行机器人SRVO-038报警消除。

操作准备

序号	名称	规格型号	数量
1	机器人	FANUC M–10iA	1个
2	控制柜	R–30iB Mate	1个
3	示教器	iPendant	1个

操作步骤

步骤 1 确认工业机器人处于安全状态，机器人控制柜处于通电状态。单手握住示教器，等示教器启动后，将 TP 开关置为 ON，如图 1–18 所示。手持示教器，保持示教器背部的 DEADMAN 开关按下，如图 1–19 所示，点击示教器操作面板上的 RESET 键，以清除报警。

步骤 2 操作机器人时，屏幕出现 SRVO–038 报警信息。按下示教器操作面板上的 MENU 键，移动光标，选择 NEXT 项，再移动光标，选择 SYSTEM 项，如图 3–2 所示，按下 ENTER 键确认。

步骤 3 进入系统设置界面后，按下 F1 TYPE 键，移动光标，选择 Master/Cal 项，如图 3–3 所示。

步骤 4 按下 ENTER 键确认，进入 Master/Cal 界面，如图 3–4 所示。

步骤 5 按下 F3 RES_PCA（脉冲置零）后出现信息“Reset pulse coder alarm?”（重置脉冲编码器报警?），如图 3–20 所示。

步骤 6 按下 F4 YES 键，消除脉冲编码器报警。

步骤 7 按下示教器上的 RESET 键，消除 SRVO–038 报警，完成操作。

学习单元 2 工业机器人程序安全防护功能

学习目标

1. 能熟练掌握工业机器人程序中断执行

2. 能熟练掌握工业机器人程序报警处理

一、程序中断

1. 程序的执行状态类型

（1）执行。程序执行时，示教器屏幕显示程序执行状态为 RUNNING（执行）。

（2）强制终止。程序被强制终止时，示教器屏幕显示程序执行状态为 ABORTED（强制终止），如图 3–23 所示。

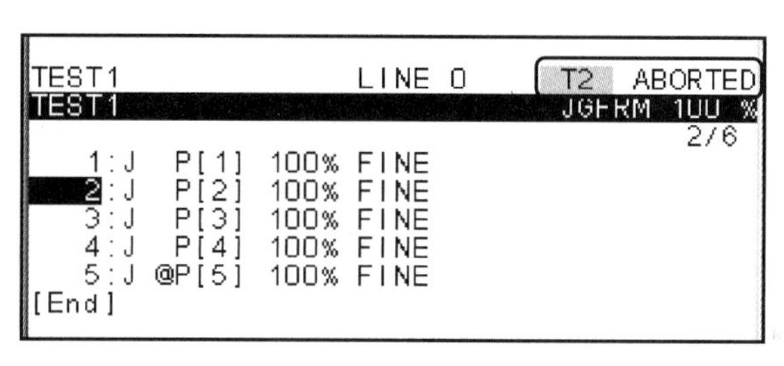

图 3–23　强制终止状态

（3）暂停。程序暂停时，示教器屏幕显示程序执行状态为 PAUSED（暂停），如图 3–24 所示。

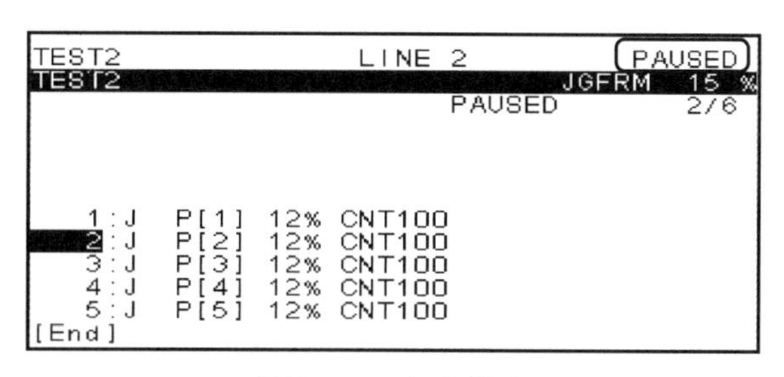

图 3–24　暂停状态

2. 引起程序中断的原因

（1）操作人员停止程序运行。

（2）程序报警。

（3）人为中断程序信号。人为中断程度信号的方法如下。

1）按示教器上的 FCTN 键，选择 ABORT（ALL）项。

2）系统终止（CSTOP）信号输入。

（4）设备或系统（非程序）报警引起程序中断。按下紧急停止键会使机器人运动立即停止，程序运行中断，报警出现，伺服系统关闭。

（5）按下 HOLD 键。按下示教器操作面板上的 HOLD 键将会使机器人运动减速停止。

二、程序报警

1. 程序报警查询

当程序运行或机器人操作中有误时会产生报警，此时无论机器人动作还是不动作，都必须使机器人立刻停止执行任务，用示教器查询报警信息，分析报警原因，以确保安全。

2. 程序报警代码指示信息

程序报警代码指示信息由报警类型、代码编号、报警信息组成。例如：

SRVO-001 Operator panel E-stop（操作面板紧急停止）

SRVO-002 Teach Pendant E-stop（示教器紧急停止）

SRVO 为报警类型，001、002 为代码编号，后面的英文信息为报警信息。

3. 程序报警恢复步骤

（1）消除报警原因。

（2）顺时针旋转松开急停按钮。

（3）按下示教器上的 RESET 键，消除报警，此时 FAULT（故障）指示灯灭。

4. 程序报警的严重程度

程序报警显示界面如图 3-25 所示。

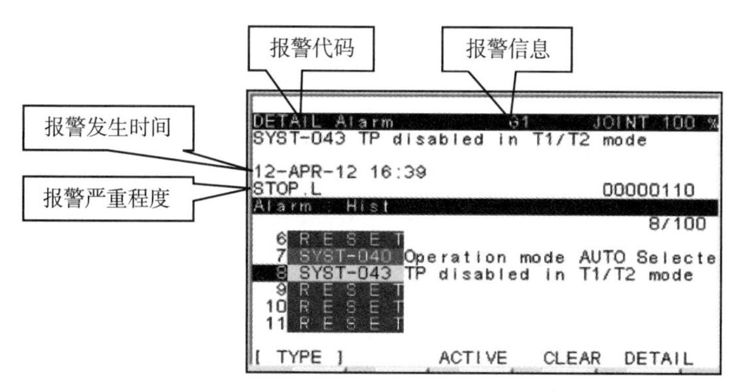

图 3-25　程序报警显示界面

（1）程序报警严重程度的类型。程序报警严重程度的类型见表 3-2。

表 3-2　程序报警严重程度的类型

类型＼比较项	程序	机器人动作	伺服电动机	报警范围
NONE	不停止	不停止	不断开	—
WARN				整体
PAUSE.L	暂停	减速后停止		局部
PAUSE.G				整体
STOP.L				局部
STOP.G				整体
SERVO	暂停或强制终止	瞬时停止	断开	整体
ABORT.L	强制终止	减速后停止	不断开	局部
ABORT.G				整体
SERVO2		瞬时停止	断开	整体
SYSTEM				整体

报警范围表示工业机器人同时运行多个程序（多任务功能）时报警适用的范围。其中，局部表示此报警只适用于发生报警的运行程序；整体表示此报警适用于全部运行程序。

需要注意的是，表 3-2 的内容适用于大部分 FANUC 系列型号的工业机器人，其他系列型号的工业机器人可能不遵从上述规则。

（2）程序报警严重程度的说明。程序报警严重程度的说明见表 3-3。

表 3-3　程序报警严重程度的说明

报警严重程度类型	说明
WARN	WARN 种类的报警用于警告操作者比较轻微或非紧要的问题。WARN 报警对机器人操作没有直接的影响，示教器显示屏和操作面板上的报警灯不会亮。为预防今后发生相应的问题，建议用户采取某种对策
PAUSE	PAUSE 种类的报警会中断程序的执行，使机器人在完成动作后停止。再次启动程序之前，需要用户采取针对报警的相应对策
STOP	STOP 种类的报警会中断程序的执行，使机器人的动作在减速后停止。再次启动程序之前，需要用户采取针对报警的相应对策
SERVO	SERVO 种类的报警会中断或强制结束程序的执行，在断开伺服电源后，使机器人的动作瞬时停止。SERVO 报警大多是由于硬件异常而引起的
ABORT	ABORT 种类的报警会强制结束程序的执行，使机器人的动作在减速后停止
SYSTEM	SYSTEM 报警通常由与系统相关的重大问题引起。SYSTEM 报警会使机器人的所有操作都停止。如有需要，可联系生产商的维修服务部门。在解决所发生的问题后，重新通电

技能要求

FANUC 机器人报警信息查看与删除

操作要求

掌握机器人报警信息查看与删除。

操作准备

序号	名称	规格型号	数量
1	机器人	FANUC M-10iA	1 个
2	控制柜	R-30iB Mate	1 个
3	示教器	iPendant	1 个

操作步骤

步骤 1　确认工业机器人处于安全状态，机器人控制柜处于通电状态。单手握住示教器，等示教器启动后，将 TP 开关置为 ON，如图 1–18 所示。手持示教器，保持示教器背部的 DEADMAN 开关按下，如图 1–19 所示，点击示教器操作面板上的 RESET 键，以清除报警。

步骤 2　操作机器人时，示教器屏幕上显示一条实时的报警码。按下示教器操作面板上的 MENU 键，移动光标，选择 ALARM 项，如图 3–21 所示。

步骤 3　按下 F3 HIST 键，进入履历界面，如图 3–26 所示。

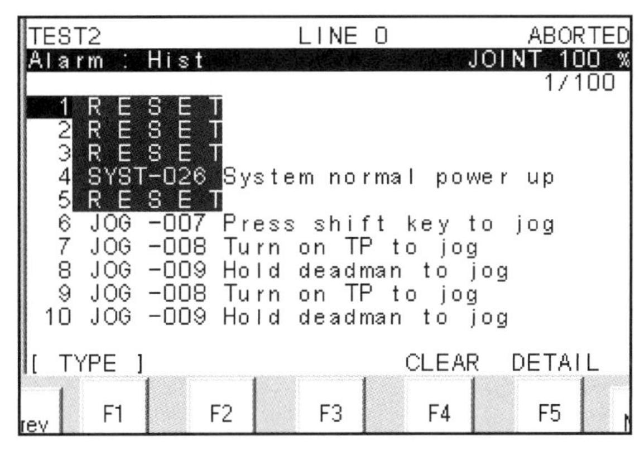

图 3–26　报警信息查看

步骤 4　进行具体选项操作，如：按下 F5 DETAIL 键或按下 F5 HELP（帮助）键，查看报警代码的详细信息；同时按下 SHIFT 键和 F4 CLEAR（删除）键，清除报警代码历史记录。

注意事项

1. 若一定要将故障信息显示消除，则要按下示教器操作面板上的 RESET。

2. 有时，示教器上实时显示的报警代码并不揭示真正的故障原因，这时要通过查看报警信息才能找到真正故障原因的报警代码。

第2篇

工业机器人电气安装与调试

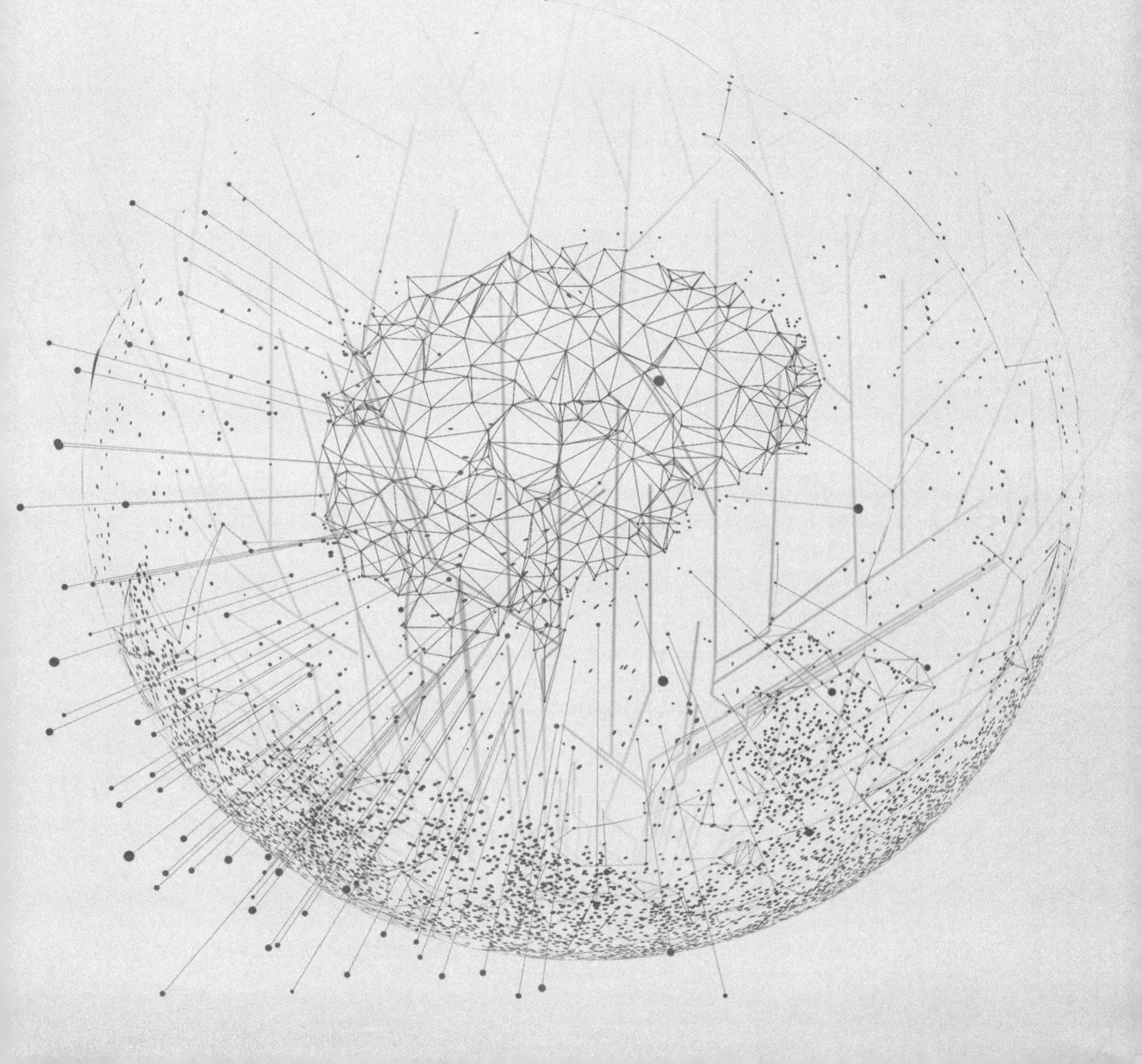

第 4 章　电气线路连接与调试

学习单元 1　电气图

学习目标

1. 了解电气图绘制
2. 熟悉电气原理图识读
3. 掌握电气元件识别

知识要求

电气图是指用电气图形符号、带注释的图框、连接线等来表示电气系统组成部分之间的相互关系和连接关系的一种图。广义地说，表明两个或两个以上电气变量之间关系的曲线，或者用以说明电气系统、成套装置或设备中各组成部分的相互关系或连接关系，或者用以提供电气工作参数的表格、文字等，也属于电气图之列。

电气图的绘图者必须按照制图规则和表示方法绘图，读图者要掌握这些规则和表示方法，以读懂电气图。因此，不管是绘图者还是读图者，都应掌握电气图的制图规则和表示方法。

一、电气图绘制

国家标准 GB/T 6988《电气技术用文件的编制》系列文件与国家标准 GB/T 4728《电气简图用图形符号》系列文件共同构成电气图绘制的基本依据。随着电气技术发展，电气图的表达形式、表示方法，以及电气图的功能、种类等也在持续发展，不断完善。

1. 电气图的分类

电气图的主要作用是阐述电气设备及设施的工作原理，描述其构成和功能。电气图是提供装接和使用信息的重要工具和手段。电气图的种类很多。根据所表示的电气设备、工程内容及表达形式的不同，电气图通常可分为以下几类。

（1）电气原理图。 电气原理图是根据电路的工作原理，以方便阅读和分析电路为原则，用国家统一规定的电气图形符号和文字符号，按工作顺序从上到下、从左到右排列符号，详细表示系统、成套装置或设备的工作原理、基本组成和连接关系的电气图。绘制电气原理图的目的是为理解设备工作原理、分析和计算电路特性及参数提供便利，为测试和寻找故障提供信息，为编制接线图、安装和维修提供依据，因此，电气原理图又称电路图或原理接线图。

在绘制电气原理图时，应注意设备和元件的表示方法。在电气原理图中，设备和元件采用符号表示，并应以适当形式标注其代号、名称、型号、规格、数量等。同时，应注意设备和元件的工作状态，设备和元件的可动部分通常应表示在非激励状态或不工作位置上。

三相鼠笼式感应电动机的控制线路原理如图 4-1 所示，该电气原理图表现了系统的供电和控制关系。

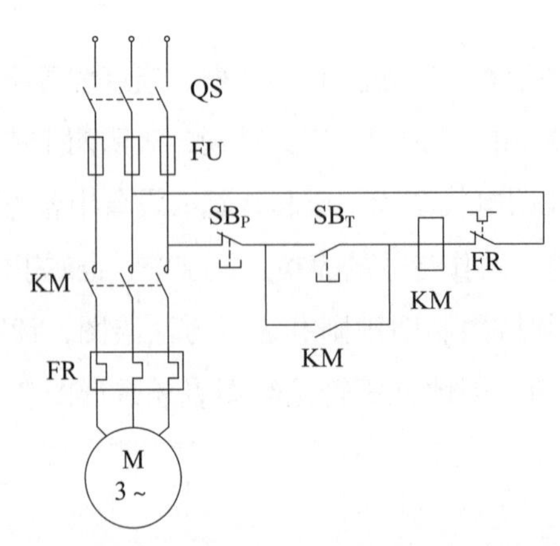

图 4-1 三相鼠笼式感应电动机的控制线路原理

（2）电器元件布置图。 电器元件布置图是为表示成套装置、电气设备或元器件在各个项目中的布局、安装位置而绘制的一种简图。电器元件布置图一般用图形符号绘制。

某车床控制盘电器元件平面布置如图 4–2 所示，该电器元件平面布置图展示了车床控制盘的面积、各电气设备和元器件的位置。

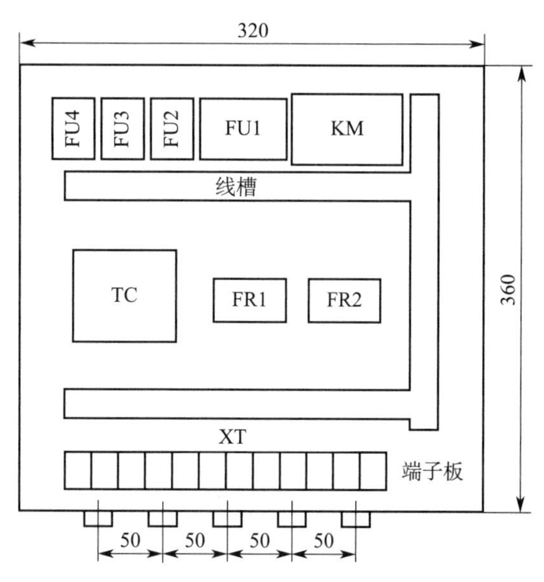

图 4–2　某车床控制盘电器元件平面布置

（3）**接线图。**接线图主要用于表示电气装置内部元件之间及其与外部其他装置之间的连接关系，是便于制作人员、安装人员及维修人员接线和检查的一种简图或表格，包括单元接线图、互连接线图、端子接线图、电缆图等。

图 4–3 是电动螺钉旋具接线图，其清楚地表现了各元件之间的连接关系：从左到右，第一列接线表示工业机器人 DI/DO 端口与电动螺钉旋具控制器依次连接，第二列接线表示电动螺钉旋具控制器与电动螺钉旋具连接。此接线图表现了工业机器人自动装卸螺钉功能的接线原理。

画接线图时，应遵循以下原则：

1）接线图必须保证电气原理图中各电气设备和控制元件动作原理能实现；

2）接线图只标明电气设备和控制元件之间的相互连接线路，而不标明电气设备和控制元件的动作原理；

3）接线图中的电气设备和控制元件位置要依据其所在实际位置绘制；

4）接线图中各电气设备和控制元件要按照国家标准规定的图形符号绘制；

5）接线图中的各电气设备和控制元件的具体型号可标在其图形符号旁边，或者画表格说明；

6）电气设备和控制元件的实际结构都很复杂，在画接线图时，只需画出接线部件的图形符号即可。

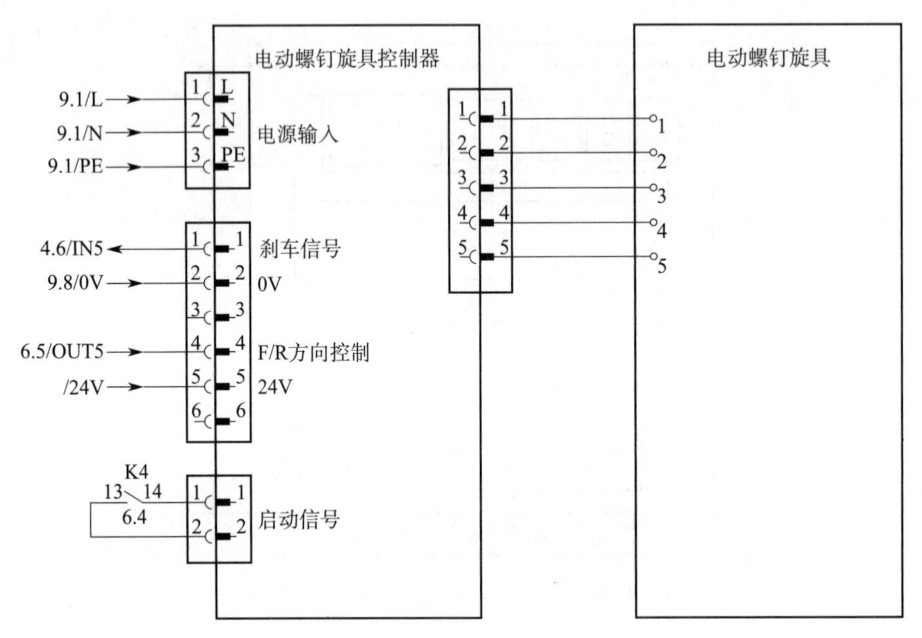

图 4-3　电动螺钉旋具接线图

2. 电气图的一般规范

（1）图纸格式。一张完整的图纸由边框线、图框线、标题栏、会签栏等组成。标题栏用来确定图名、图号、张次、更改和有关人员签署等内容，位于图纸的下方或右下方，也可位于其他位置。图纸的说明、符号均应以标题栏的文字方向为准。通常标题栏内容包含设计单位名称、工程名称、项目名称、图名、图号等。会签栏留给相关专业设计人员会审图纸时签名使用。标题栏和会签栏如图 4-4 所示。

<table>
<tr><td colspan="4" rowspan="2">设计单位名称</td><td>工程名称</td><td>设计号</td><td></td></tr>
<tr><td></td><td>图号</td><td></td></tr>
<tr><td>总工程师</td><td></td><td>主要设计人</td><td></td><td colspan="3" rowspan="3">项目名称</td></tr>
<tr><td>设计总工程师</td><td></td><td>审核</td><td></td></tr>
<tr><td>专业工程师</td><td></td><td>制图</td><td></td></tr>
<tr><td>组长</td><td></td><td>描图</td><td></td><td colspan="3" rowspan="2">图名</td></tr>
<tr><td>日期</td><td></td><td>比例</td><td></td></tr>
</table>

图 4-4　标题栏和会签栏

（2）图幅尺寸。由边框线围成的幅面为图纸幅面，简称图幅，尺寸分 5 类，即 A0 ~ A4，见表 4–1。

表 4–1　　图幅尺寸　　mm

幅面	A0	A1	A2	A3	A4
长	1 189	841	594	420	297
宽	841	594	420	297	210

选择图幅尺寸时，要考虑电气图的规模与复杂程度，保证能够清晰地反映电气图的细节；要使整套图纸的幅面尽量保持一致，便于装订和管理；要考虑用绘图软件绘制时，输出设备（打印机、绘图仪等）对输出幅面的限制。

（3）比例。图上所画图形符号的大小与物体实际大小的比值称为比例。

电气图一般不按比例绘制，但是电器元件布置图必须全部按比例或部分按比例绘制。电气图常用比例为 1∶10、1∶20、1∶50、1∶100、1∶200、1∶500 等。

（4）尺寸标注。电气图尺寸标注是电气工程施工和构件加工的重要依据。

尺寸标注由尺寸线、尺寸界线、尺寸起点（实心箭头和 45° 斜短划线）、尺寸数字四个要素组成。图样的尺寸单位通常为 mm，除特殊情况外，一般不另外标注尺寸单位。

3. 电气图的绘制工具

计算机软件有助于工程人员快速、准确地绘制电气图，AutoCAD Electrical、ePLAN 等都可以用作电气图绘制工具。

AutoCAD 是较通用的计算机辅助设计软件，绘制电气图时建议使用 AutoCAD Electrical，它是专为电气工程设计的 AutoCAD 软件，可以创建和优化电气控制系统，大幅提高工作效率。

ePLAN 是更加专业的电气计算机辅助设计软件，功能非常强大，可以进行电气元器件选型、3D（三维）电气制造图样转化等工作。

二、电气原理图识读

电气原理图是表示电气控制线路的工作原理及各电气元件的作用和相互关系，而不考虑电气元件实际安装位置和连线情况的一类电气图。电气原理图一般由主电路、控制电路、照明电路、信号电路等部分组成，其中最主要的是主电路和控制电路。电气原理图主要是为分析工作原理而绘制的。对于较复杂的电气原理图，识读方法就显得尤为重要。

1. 电气原理图的识读方法

（1）**查线读图法。**查线读图法是指按照由主到辅、由上到下、由左到右的原则分析电气原理图。对于较复杂的电气原理图，通常可以先“化整为零”，将电路分成几个独立部分进行细节分析，再“集零为整”进行整体分析。

（2）**逻辑代数分析法。**逻辑代数分析法是指用逻辑代数描述电路的工作关系。

2. 电气原理图的分析与检查

（1）**分析主电路。**无论线路设计还是线路分析，都是先从主电路（主要指动力系统电源电路）入手。分析主电路时，对于主电路的每一个元器件，都要说明其结构特征、主要技术参数、在本电路的主要功能及工作过程，必要时，还要说明其常见故障及现场排除方法、电气试验及调试方法等。从主电路的构成可分析出动力系统的类型、工作方式，启动、转向、调速、制动等控制要求与保护要求等内容。

（2）**分析控制电路。**主电路的各控制要求是由控制电路实现的。分析控制电路时，可运用“化整为零”“顺藤摸瓜”的原则，将控制电路按功能划分为若干个局部控制线路，从电源和主令信号开始，经过逻辑判断，写出控制流程，以简便明了的方式表达电路的自动工作过程。

（3）**分析辅助电路。**辅助电路包括执行元件的工作状态显示电路、电源显示电路、参数测定电路、照明电路、故障报警电路等。这部分电路具有相对独立性，起辅助作用，不影响主要功能。辅助电路中的很多元件是由控制电路中的元件控制的。

辅助电路通常从电源、控制过程及保护装置动作过程三个方面来分析。首先，分析辅助电路中的电源来源和类型；其次，分析控制过程的电源类型和工作原理；最后，分析保护装置动作过程中的电源来源、类型和工作原理。

（4）**分析联锁与保护。**电路、设备等在安全性、可靠性方面有很高的要求，为实现这些要求，电路中往往设置了一系列电气联锁与保护装置。在电气原理图的分析过程中，电气联锁与保护分析是一个重要内容，不能遗漏。

（5）**总体检查。**经过“化整为零”逐步分析了每一局部电路的工作原理及各部分之间的控制关系之后，还必须用“集零为整”的方法检查整个电路，看是否有遗漏，特别是要从整体角度去进一步检查和理解各控制环节之间的联系，以正确理解电气原理图中每个元器件的作用。

三、电气元件识别

1. 常用电气符号

电气符号包括图形符号、文字符号、项目代号、回路标号等，它们相互关联，互为补充，从不同角度提供了各种信息。只有弄清楚电气符号的含义、构成及使用方法，才能看懂电气图。

电气图中的各种电气元件都要用国家标准规定的符号表示，主要的相关国家标准为 GB/T 4728《电气简图用图形符号》，表 4–2 摘录了一些常用电气符号。

表 4–2　　常用电气符号

电能发生和转换					
名称	文字符号	图形符号	名称	文字符号	图形符号
直流发电机	GD	 G	单相鼠笼式感应电动机	M	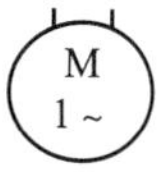 M 1～
交流发电机	GA	 G ～	三相鼠笼式感应电动机	M	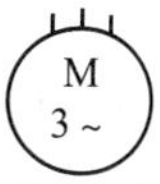 M 3～
交流电动机	M	 M ～	三相绕线式转子感应电动机	M	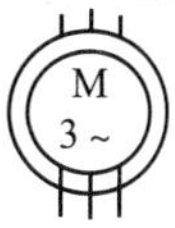 M 3～
开关、控制和保护装置					
名称	文字符号	图形符号	名称	文字符号	图形符号
动合（常开）触点	S		常动合触点的位置开关	ST	
动断（常闭）触点	S		常动断触点的位置开关	ST	
自动复位的手动按钮开关（常开）	SB		熔断器	FU	
自动复位的手动按钮开关（常闭）	SB		热继电器常闭触点	FR	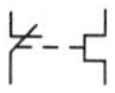
三级开关	Q	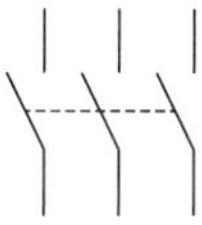	热继电器驱动器件	FR	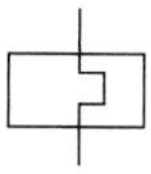

2. 常用电气元件

电气控制系统是由多种电气元件组成的，常用电气元件如下。

（1）保护、通断元件

1）刀开关。刀开关用于接通或切断电源，没有灭弧装置，不能用于大电流电路，无保护功能，主要用于不频繁分断电源的主电路。

2）熔断器。熔断器是一种简单的保护元件，在电路中主要起短路保护作用。

3）热继电器。热继电器用于控制对象的过载保护，常见于对电动机的保护。

（2）控制元件

1）接触器。接触器是用来频繁地接通和断开带有负载的主电路或大容量控制电路的元件。

2）中间继电器。中间继电器在自动控制中作为辅助控制元件使用，用来传递信号或同时控制多个电路。

3）时间继电器。时间继电器是一种得到输入信号（线圈通电或失电）后，经过一定的延时后才输出信号（触头闭合或断开）的继电器。

4）旋转开关。旋转开关一般用于功能切换或状态选择。

（3）检测类元件

1）电流互感器。电流互感器用于检测线路电流，一次侧与被测电路串联，二次侧接测量仪表，并可靠接地，且在运行中严禁开路。

2）电流表、电压表、电度表等检测仪表。电流表、电压表、电度表等检测仪表用于检测电流（一般要配电流互感器）、电压、电能等，使用时要注意实际值和显示值之间的区别。

3）计时器、计数器。计时器、计数器用于计量时间、数量，使用时要注意用户要求的位数和电压等级。

4）传感器。传感器用于检测各种不同的物理量，如压力、流量、位置等。

（4）电子元器件

1）电阻。电阻是耗能元件，在电路中起限流和分压的作用。

2）电容。电容是储能元件，其基本特性是存储电荷，在电路中起隔直流、通交流的作用。

3）电感。电感是储能元件，在电路中起通低频、阻高频的作用。按照结构的不同，电感器可分为固定电感器、可变电感器、微调电感器。

4）二极管。二极管是常用的电子元件之一，具有单向导电性。

5）晶体管。晶体管作为一种可变电流开关，能够基于输入电压控制输出电流，具有检波、整流、放大、开关、稳压、信号调制等多种功能。对晶体管的测量应使用万用表。

3. 传感器

传感器是借助检测元件将一种形式的信息转换成另一种形式的信息的装置。目前，经传感器转换后的信号大多为电信号。因此，从狭义上讲，传感器是将外界输入的非电信号转换成电信号的装置。人类获取外界信息借助感觉器官，工业机器人则依靠传感器来获取生产、生活中的大量信息。例如，反射式光电传感器可以检测物料是否通过传送带等。

传感器由敏感元件和辅助元件组成。敏感元件是传感器的核心，其作用是直接感受被测量，并将信号进行必要的转换、输出，包括热敏元件、光敏元件、磁敏元件等。辅助元件一般是指安装、连接、支撑敏感元件的一些辅助装置，如传感器的壳体、引线等。

传感器种类繁多，功能各异。由于同一被测对象可用不同转换原理实现探测，利用同一种物理法则、化学反应或生物效应可设计制作出检测不同被测对象的传感器，同一类传感器可用于不同的技术领域，因此传感器有不同的分类方法。

（1）按被测对象分类。按传感器的被测对象——输入信号分类能够很方便地表示传感器的功能，也便于用户选用。按被测对象分类，传感器可以分为温度传感器、压力传感器、流量传感器、速度传感器、位移传感器、力矩传感器、湿度传感器、黏度传感器、浓度传感器等。

（2）按测量原理分类。按测量原理分类是指以传感器的信号转换原理分类。按测量原理分类，传感器可以分为电阻式传感器、电阻应变式传感器、振动传感器、湿敏传感器、磁敏传感器、气敏传感器、真空度传感器、生物传感器、光敏传感器等。

（3）按信号变换特征分类

1）物性型传感器。物性型传感器依靠敏感元件材料本身的物理性质变化来实现信号变换。例如，压电式压力传感器利用石英晶体材料本身具有的正压电效应实现对压力的测量，压阻式压力传感器利用半导体材料的压阻效应实现对压力的测量。

2）结构型传感器。结构型传感器依靠传感器结构参数的变化实现信号转变，如电容式传感器和电感式传感器。

随着 CAD 技术、MEMS（微机电系统）技术、信息理论及数据分析算法的发展，传感器系统正向着微型化、智能化、数字化、多功能化和网络化的方向发展。

技能要求

两地单向连续运行控制电路分析

操作要求

某三相鼠笼式感应电动机控制电路如图 4–5 所示。其中，电动机的通路为主电路，接触器吸引线圈的通路为控制电路。现请对该控制电路进行分析，说明其功能。

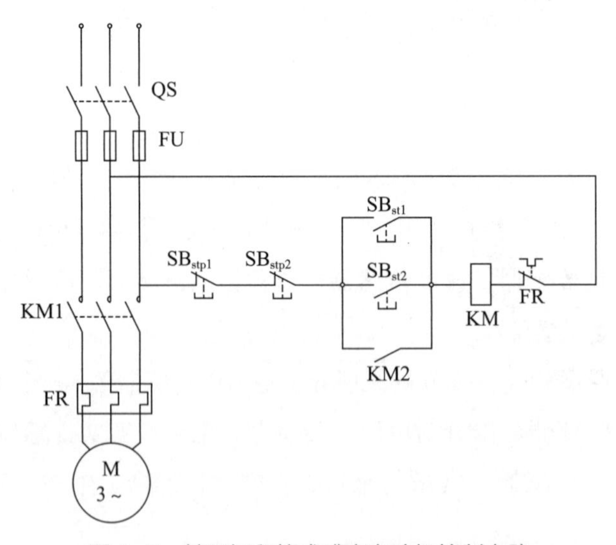

图 4–5　某三相鼠笼式感应电动机控制电路

操作步骤

步骤 1　分析电路结构

主电路有一台三相鼠笼式感应电动机 M，由接触器 KM1 三级常开辅助触点控制。同时，主电路还有熔断器 FU 起短路保护作用，热继电器驱动器件 FR 起过载保护作用。接触器 KM 线圈本身有失压保护作用。主电路还有电源开关 QS。

控制电路由启动按钮 SB_{st1}、SB_{st2}，停止按钮 SB_{stp1}、SB_{stp2}，接触器 KM 线圈，接触器 KM1 三级常开辅助触点，接触器 KM2 常开辅助触点，热继电器常闭触点 FR 组成。

步骤 2　分析控制电路

在控制电路中，两个启动按钮并联，说明按下任意一个启动按钮，电动机都会单向连续运转，即合上电源开关 QS，按下启动按钮 SB_{st1} 或 SB_{st2}，接触器 KM 线圈得电，主触头闭合，辅助触头闭合自锁，电动机单向连续运转。

两个停止按钮串联，说明按下任意一个停止按钮，电动机都会停止运转。

步骤 3　整体分析

综上所述可知，该控制电路是实现两地控制的电路。在某些生产场合，由于工作需要，如为便于集中管理，除每台设备就地进行控制之外，还需要在中央控制台对设备进行控制，此时就需要这样的电路。

学习单元 2　电气接线工艺

学习目标

1. 熟悉工业机器人电气接线常用工具
2. 熟悉工业机器人电缆应用

知识要求

一、电气接线常用工具

电气接线常用工具是工业机器人接线要使用的工具，主要有钢丝钳、尖嘴钳、剥线钳、压线钳、扳手、螺钉旋具、电工刀等。

1. 钢丝钳

钢丝钳如图 4-6 所示。钢丝钳由钳头和钳柄两部分组成，钳柄上有绝缘层。钳头由钳口、齿口、刀口和铡口四部分组成，钳口用来弯绞和钳夹导线线头，齿口用来紧固或拧松螺母，刀口用来剪切或剖削软导线绝缘层，铡口用来铡切导线线芯、钢丝或铅丝等较硬金属丝等。钢丝钳常用的规格有 150 mm、175 mm 和 200 mm 三种。

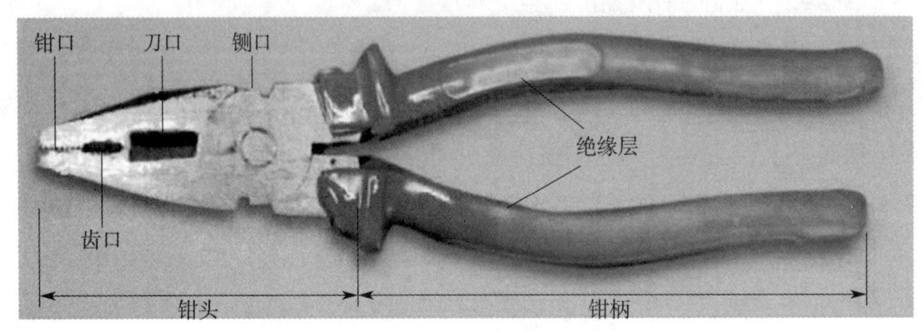

图 4-6 钢丝钳

2. 尖嘴钳

尖嘴钳的头部尖细，适用于在狭小的空间内操作，主要用于切断细小的导线、金属丝，夹持小螺钉、垫圈、导线等，还能将导线端头弯曲成所需的各种形状。

3. 剥线钳

剥线钳是用来剥除导线头部表面绝缘层的专用工具，由刀口、压线口、钳柄组成，如图 4-7 所示。剥线钳的绝缘手柄耐压 500 V。使用剥线钳时，要先根据导线直径选择合适的剥线钳刀片孔径；再将要剥除的绝缘层长度用标尺量好，把导线放入相应的刀口（尺寸比导线直径稍大）中；最后用手将手柄一握紧，导线的绝缘层即被割破，且自动弹出。剥线钳常用的规格有 140 mm、160 mm、180 mm 等。

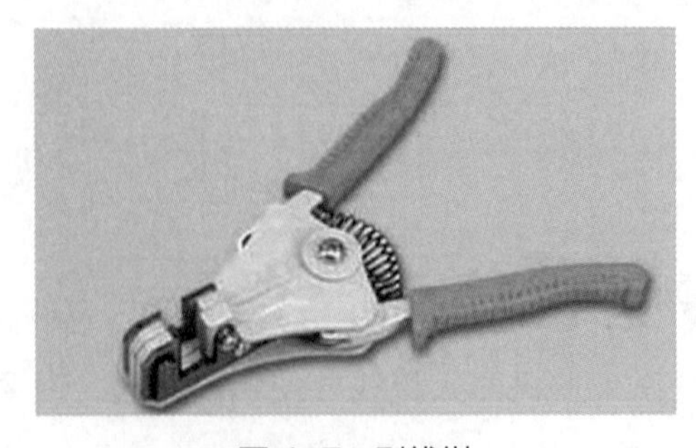

图 4-7 剥线钳

4. 压线钳

压线钳又称驳线钳，是用来压制水晶头的一种工具。常见的电话线接头和网线接头都是用压线钳压制而成的。压线钳如图 4–8 所示。

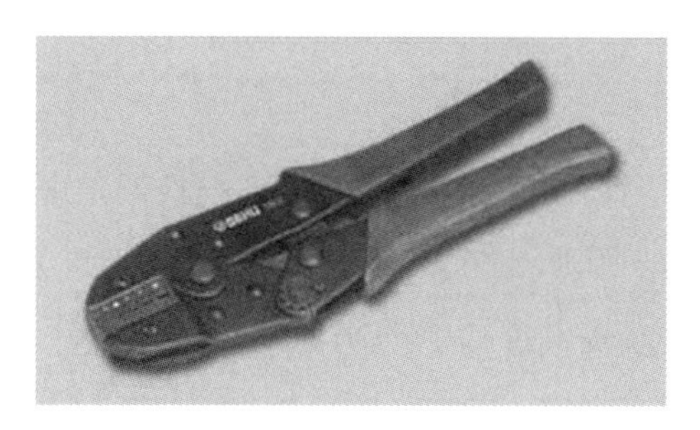

图 4–8　压线钳

5. 扳手

扳手是用来紧固和起松螺母、螺栓的一种专用工具。扳手的开口宽度可在一定尺寸范围内进行调节，这使其能拧转不同规格的螺母、螺栓。

内六角扳手是呈 L 形的六角棒状扳手，用于拧转内六角螺钉，如图 4–9 所示。内六角扳手的型号是按照六边形的对边尺寸确定的。内六角扳手供紧固或拆卸机床、车辆、机械设备上的圆螺母使用。

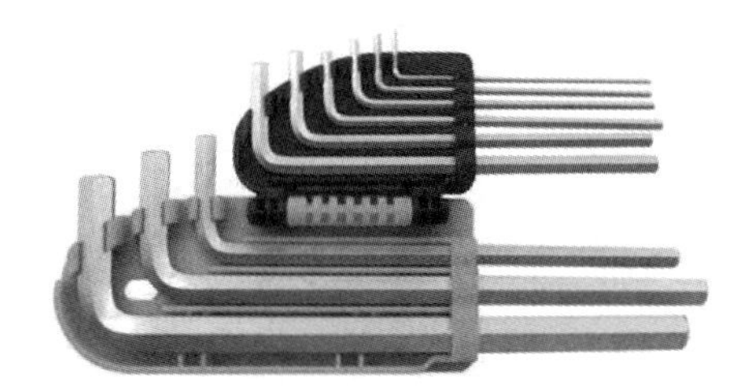

图 4–9　内六角扳手

6. 螺钉旋具

螺钉旋具是用来紧固或拆卸螺钉的工具。螺钉旋具的种类和规格很多，按头部形状的不同可分为一字螺钉旋具和十字螺钉旋具。

7. 电工刀

电工刀是电工在安装与维修过程中经常使用的工具，用于剖削电线和电缆的绝缘层、削制木桩及软金属等。

二、电缆应用

机器人连接电缆有两种：限于在固定机构上使用的电缆，收放在电缆桥架内的、可以在可动机构上使用的电缆。

1. 电缆桥架的规格

机器人可动部电缆应使用电缆桥架敷设。电缆桥架是由槽式、托盘式、网格式的直线段，弯通、三通、四通组件，以及托臂（臂式支架）、吊架（包括吊梁和吊杆）等构成的具有密接支撑电缆功能的刚性结构系统。槽式电缆桥架空间布置如图 4–10 所示。

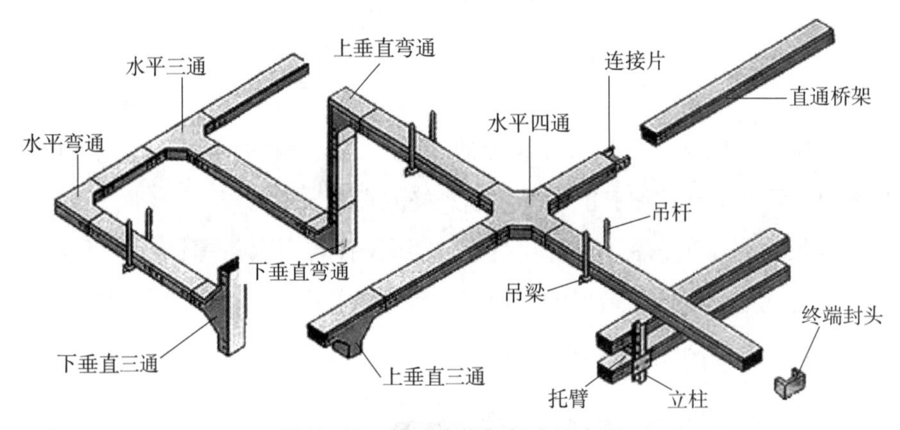

图 4–10　槽式电缆桥架空间布置

建筑物内电缆桥架可以独立架设，也可以附设在各种建筑物和管廊支架上，应体现结构简单、造型美观、配置灵活、维修方便等特点，且全部零件均需进行镀锌处理。安装在建筑物外的露天电缆桥架若邻近海边或在腐蚀区，则其材质必须具有防腐、耐潮、附着力好、耐冲击强度高的特点。

机器人所使用的电缆桥架需满足以下要求：电缆桥架的弯曲半径应在 200 mm 以上；电缆桥架的两端应使用橡胶垫等夹紧固定；电缆桥架的电缆支撑板孔径应比电缆外径大 10% 以上，两者应留出 3 mm 以上的间隔。因此，选用电缆桥架时，需考虑电缆桥架内电缆直径、电缆敷设层数、电缆桥架填充率、电缆桥架的荷载等因素。

（1）**电缆直径。**电缆直径的大小决定电缆截面积的大小。对于电缆总截面积与电缆桥架横截面积的比值，一般电力电缆不应大于 40%，控制电缆不应大于 50%。

（2）**电缆敷设层数。**同一电缆桥架内的电缆数量较多时，若在同一侧的多层支架上敷设，应由上而下按电力电缆（电压等级由高至低）→控制和信号电缆（强电至弱电）→通信电缆的顺序排列。同一重要回路的工作电缆与备用电缆实行耐火分隔时，应分别配置在不同层的支架上。

（3）电缆桥架填充率。电缆梯架、托盘的宽度和高度应符合填充率的要求。对于电缆梯架和托盘内的填充率，在一般情况下，电力电缆可取 40%～50%，控制电缆可取 50%～70%，且其中宜预留 10%～25% 的工程发展余量。

（4）电缆桥架的荷载。电缆桥架的荷载分为静荷载、动荷载和附加荷载。静荷载是指敷设在电缆桥架内的电缆荷载，按电缆敷设的不同路由可分别列表统计。动荷载是指安装和维护电缆桥架过程中施工维修人员的荷载。对于轻型电缆桥架，一般不考虑动荷载，即不允许人在电缆桥架上站立或行走，若需要考虑站人，则应将跨距适当缩小。附加荷载是指室外冰雪、风和电磁力所形成的荷载，其与安装场所的地区自然气象条件和带电体的性质有关，设计中应根据各种条件加以计算。

2. 电缆走线布局

电缆走线布局时，应将电缆放在电缆桥架内。电力电缆走线时，必须将动力电缆与通信电缆分开走，即动力电缆和通信电缆禁止走同一根多芯线，要单独走线。FANUC R-30iA 工业机器人的电缆连接方框图如图 4-11 所示。

（1）本体与控制柜之间的电缆。工业机器人本体与控制柜之间的电缆有动力电缆、信号电缆和接地电缆，各电缆连接于机器人基座背面的连接座上，如图 4-12 所示。接通控制装置的电源之前，请通过地线连接工业机器人本体和控制柜，尚未连接地线的情况下有触电危险。连接电缆时，必须切断控制装置的电源。

机器人应在电缆伸展的状态下运行。电缆的多余部分（10 m 以上）若绕成线圈状，在这样的情况下运行机器人有可能导致电缆温度上升，从而损坏电缆的包覆层。

（2）示教器与控制柜之间的电缆。示教器与控制柜之间的电缆一般连接在配电盘上，如图 4-13 所示。工业机器人型号不同，配电盘的位置也不同。有些配电盘位于控制柜操作箱门内侧，有些配电盘位于控制柜（无操作箱的控制柜）门内侧。

（3）控制柜连接输入电源的电缆。控制柜与输入电源之间的电缆连接如图 4-14 所示。输入电源电缆和接地线的导体尺寸需要与主断路器或熔丝的容量对应起来。请勿在接地线上放置开关和断路器。接地线应连接优质地线，应使用能够经得住最大电流的粗线。

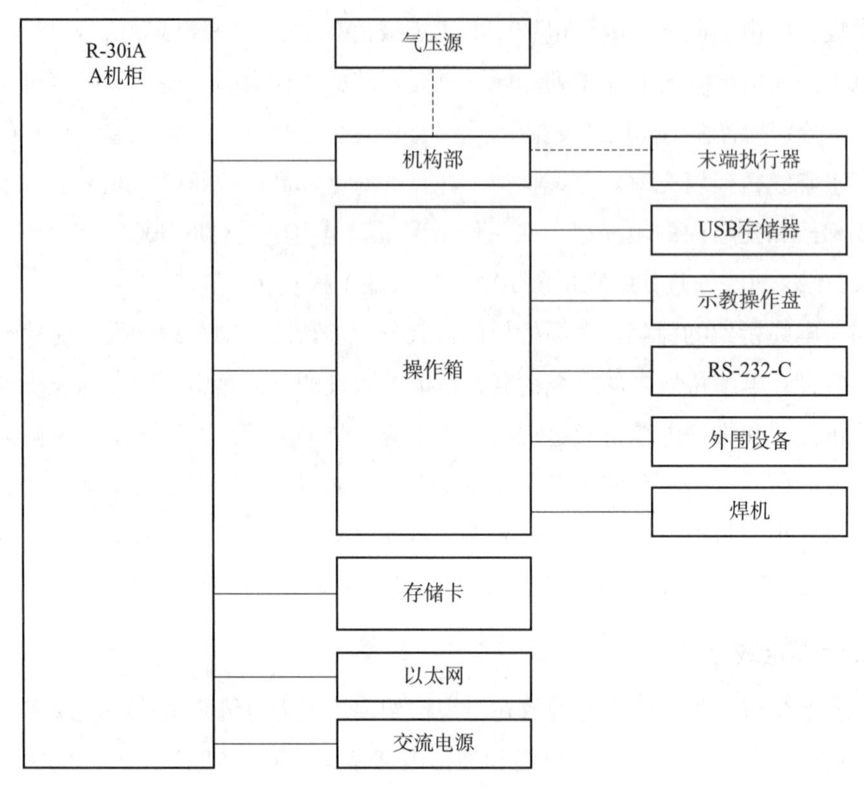

图 4-11　FANUC 机器人电缆连接方框图

——表示电缆连接　-------表示机械连接

（4）控制柜内布线规范。在控制柜内布线时，要按图纸正确接线，各种连接（包括螺栓连接、插接、焊接等）均应牢固可靠。线束应横平竖直，层次分明，整齐美观；裸露部分不超过2mm；动力电缆和信号电缆尽量分开走线。在电气控制柜内，需对电路进行保护，因此电气控制柜必须要接地。控制柜内的电缆必须放置在线槽内。

3. 电缆选用

应按低压配电系统的额定电压、电力负荷、敷设环境，以及与附近电气装置、设施之间是否产生有害电磁感应等要求选择合适的电缆型号和截面。

选用电缆时，应考虑其用途、敷设条件、安全性要求等。例如，根据用途，可选用电力电缆、架空绝缘电缆、控制电缆等；根据敷设条件，可选用一般塑料绝缘电缆、钢带铠装电缆、钢丝铠装电缆、防腐电缆等；根据安全性要求，可选用阻燃电缆、无卤阻燃电缆、耐火电缆等。

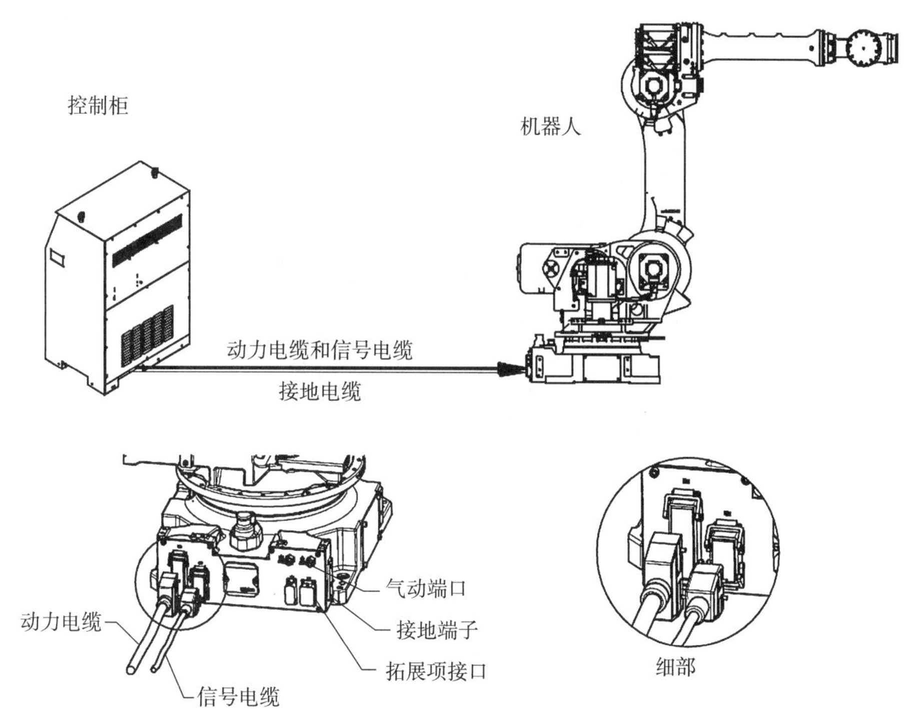

图 4-12　本体与控制柜之间的电缆连接

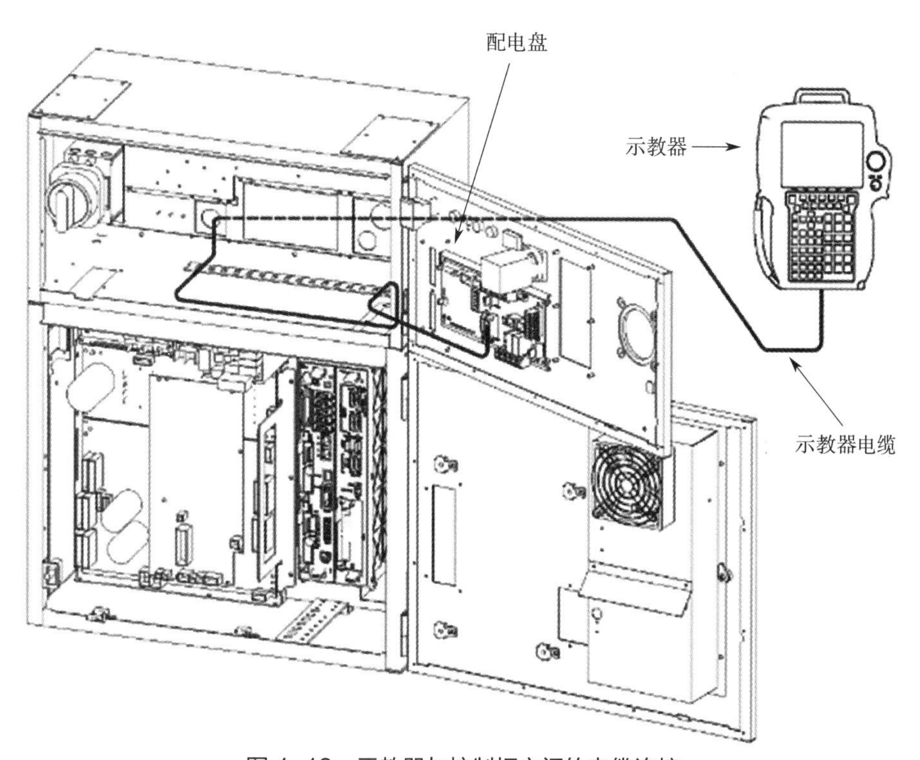

图 4-13　示教器与控制柜之间的电缆连接

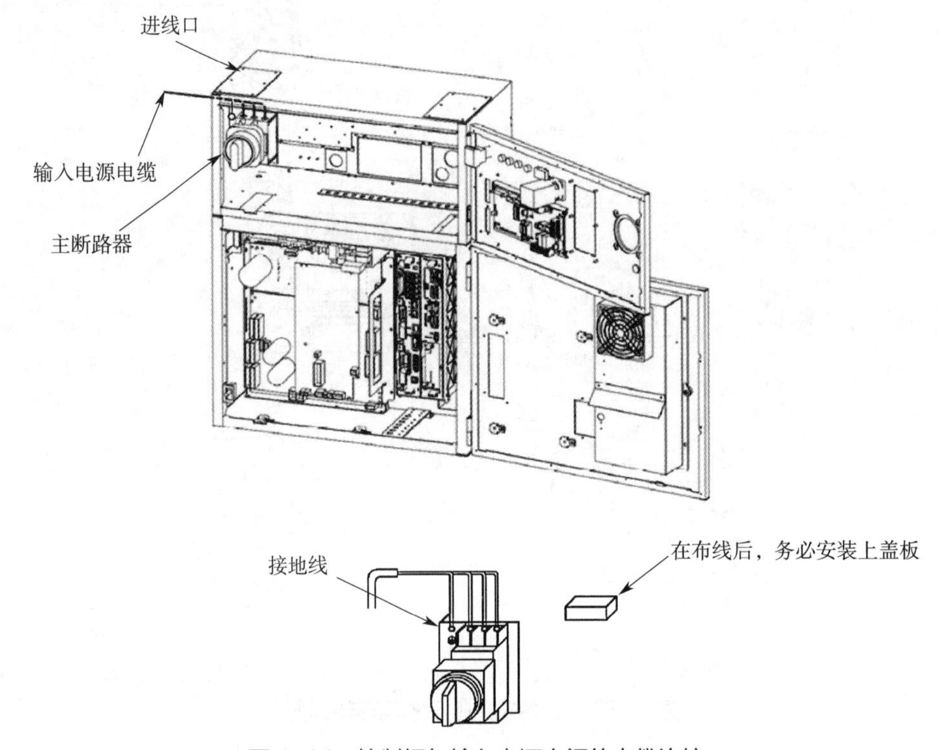

图 4-14　控制柜与输入电源之间的电缆连接

选用电缆时，还需要考虑发热、电压损失、机械强度等情况。根据经验，低压动力电缆由于其负荷电流较大，因此一般先按发热情况选择截面，再验算其电压损失和机械强度；低压照明线由于其对电压水平的要求较高，因此可先按允许电压损失选择截面，再验算其发热和机械强度；对于高压线路，则先按经济电流密度选择截面，再验算其发热和允许电压损失，而对于高压架空线路，还应验算其机械强度。

4. 电缆规格

电缆规格是对电缆的芯数和截面尺寸的表示。选择电缆规格时，需考虑电流大小。电力电缆在电力系统主干线中用以传输和分配大功率电能。控制电缆从电力系统的配电点把电能直接传输到各种用电设备的电源连接线路中。信号电缆分为 RVV、RVVP，带绝缘护套的信号电缆型号为 RVV，带绝缘护套且带屏蔽的信号电缆型号为 RVVP。

FANUC 工业机器人所用电缆规格见表 4-3。

表 4-3　　FANUC 工业机器人所用电缆规格

电缆规格		机器人型号组	用于固定部			用于可动部		
			外径（mm）	每米质量（kg/m）	最小弯曲半径（mm）	外径（mm）	每米质量（kg/m）	最小弯曲半径（mm）
RP1		全机型通用	16	0.45	200	20.5	0.71	200
RM1		Group 1 Group 3 Group 4 Group 5	26.1	1.22	200	25.4	1.2	200
		Group 2 Group 6	20	0.7	200	18.4	0.7	200
RM2		Group 3 Group 4 Group 5	26.1	1.22	200	25.4	1.2	200
RMP1	RP	Group 7 Group 8	16	0.45	200	20.5	0.71	200
	RM		20	0.7	200	18.4	0.7	200
EARTH		全机型通用	4.7	0.065	200	4.7	0.065	200

学习单元 3　电气线路故障排除

学习目标

1. 熟悉工业机器人电气线路的工具测量法
2. 掌握工业机器人电气线路故障排除安全事项

知识要求

一、工具测量法

电气线路的测量包括电流测量、电压测量、电阻测量等。万用表作为能综合测量电流、电压、电阻等的工具，是一种具有多量程、多功能的便携式仪表，是日常电气安装与维修中的常用仪表。

万用表主要由表头、测量线路、转换开关三部分组成。万用表的组成及其测量电压的方法如图 4-15 所示。表头把通过的电量表示为仪表指针的机械偏转角。表头通常采用磁电系直流微安表，其满偏电流为几微安到几百微安。满偏电流越小，表头灵敏度越高。万用表的灵敏度一般用电压灵敏度来表示。测量线路把各种不同的被测电量（如电流、电压、电阻等）转换为表头所能接受的微小直流电流（即过渡电量）。转换开关用来切换测量线路，实现多种电量和多种量程的选择。

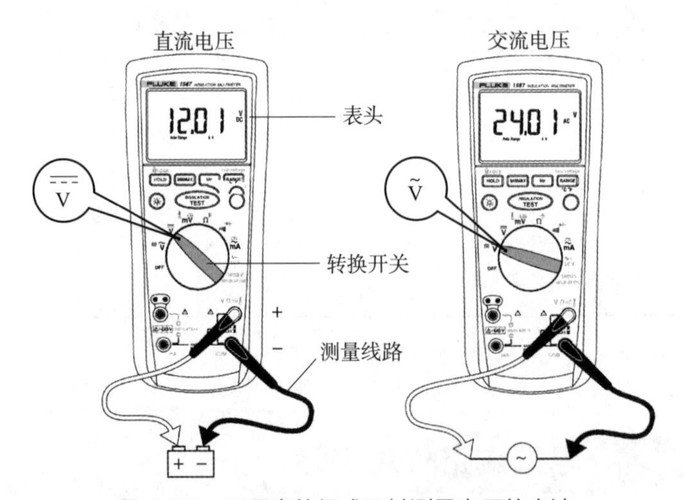

图 4-15　万用表的组成及其测量电压的方法

1. 万用表直流电压测量法

用万用表测量直流电压的方法如下。

（1）确认万用表有足够大的内阻，要大于被测电路电阻的 10 倍，以免造成较大的测量误差。

（2）确认万用表有足够大的量程。

（3）将红、黑表笔分别对应连接要测量的电源的正极和负极，红表笔对应连接正极，黑表笔对应连接负极。

（4）针对测量对象，对表笔采取相应的防滑措施，以保证相对固定，且不能短路，要注意正、负极。

（5）正确测量后，可以看到直流电压的读数。对于指针式万用表，需要注意指针应稳定，且应正视读数。

2. 万用表交流电压测量法

用万用表测量交流电压的方法与用万用表测量直流电压的方法相似，所不同的是，因为交流电没有正负之分，所以测量交流电压时，表笔也不需分正负连接。测量交流电压时，应该将万用表的转换开关置于交流电压挡，即标有交流符号或字母符号 AC 的位置上。

二、电气线路故障排除安全事项

为确保维修人员的安全，进行电气线路故障排除时应注意下列安全事项。

1. 在工业机器人运转过程中，切勿进入工业机器人的动作范围内。

2. 尽可能在断开控制装置电源的状态下进行维修作业。根据需要，可用锁等锁住主断路器，以使其他人员不能接通电源。

3. 在通电状态下，因迫不得已的原因而需要进入工业机器人的动作范围内时，应在按下操作箱 / 操作面板或示教器的急停按钮后再进入。此外，应放置“正在进行维修作业”的标牌，提醒其他人员不要随意操作工业机器人。

4. 气动系统分离应在释放供应压力的状态下进行。

5. 在进行维修作业前，应确认工业机器人或外围设备没有处在危险的状态并没有异常。

6. 在进行故障排除前，应检查是否切断总电源，是否穿好绝缘鞋，是否戴绝缘手套，万用表量程是否选择正确。

7. 对工业机器人控制柜内部进行电气线路故障排除应由专业人员进行操作，专业人员务必戴绝缘手套，穿绝缘鞋，使用绝缘工具。

8. 若采用电阻排故法，则必须关闭电源总开关。

9. 当工业机器人的动作范围内有人时，切勿执行自动运转。

10. 在墙壁、器具等旁边进行作业，或几个作业人员相互接近时，应注意不要堵住其他作业人员的逃生通道。

11. 当工业机器人上备有刀具，以及除机器人外还有传送带等可动装置时，应充分注意这些装置的运动。

12. 作业时，应在操作箱 / 操作面板旁边配置一名熟悉工业机器人系统且能够察觉危险的人员，使其在任何时候都可以按下急停按钮。

13. 在更换部件或重新组装时，应注意避免异物黏附或混入。

14. 在检修控制装置内部时，若要触摸单元（如电气控制单元、通信单元等）、印制电路板等，为预防触电，务必先断开控制装置的主断路器电源，再进行作业。有两台控制柜的情况下，务必断开各自的断路器电源。

15. 更换部件时，务必使用机器人厂家指定的部件，特别是熔丝等，如果使用额定值不同者，那么不仅会导致控制装置内部部件损坏，而且还可能引发火灾。

16. 维修作业结束后重新启动系统时，应事先充分确认机器人动作范围内无人，且机器人和外围设备正常。

学习单元 4　常用器件安装与调试

学习目标

1. 掌握工业机器人传感器安装与调试
2. 掌握工业机器人磁性开关安装与调试
3. 掌握工业机器人安全光栅安装与调试

知识要求

一、传感器安装与调试

1. 传感器安装

工业机器人系统所使用的传感器包括内部传感器和外部传感器。内部传感器位于机器人本体内，包含位移传感器、速度传感器、加速度传感器等；外部传感器是在机器人本体之外用于整个自动化系统检测的设备，其安装方式因传感器种类的不同而不同，例如，安装螺纹型传感器时需在安装面板处进行开孔及攻螺纹。

传感器安装主要包括电路连接和设备安装两方面。现以反射式光电传感器为例说明传感器的安装方法。反射式光电传感器是常用的检测物料位置的传感器，其通过把光强度的变化转换成电信号的变化来检测物料是否通过某位置。该传感器集发射器和接收器于一体，当有被检测物料经过时，发射器发射的足够量的光会反射到接收器，于是光电开关就产生了开关信号。

（1）电路连接。反射式光电传感器一般有三根连接线（棕、蓝、黑），如图4-16所示，按照棕色线连接电源正极、蓝色线连接电源负极、黑色线为输出信号线的规定，将三根连接线连接到机器人I/O面板上。当物料反射光线时，输出电平为低电平，否则为高电平。

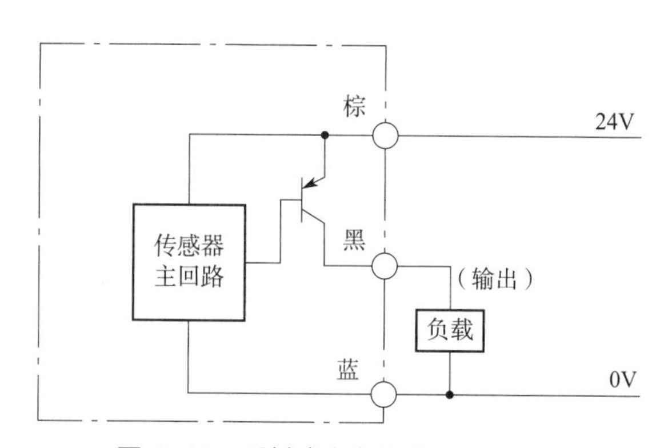

图4-16　反射式光电传感器电路连接

在布线过程中，要注意信号传输不被干扰，高压线、动力线和传感器的配线不应放在同一配线管或用线槽内，否则可能会由于线缆间的电磁干扰而造成光电开关误动作或损坏，原则上要分别单独布线。

（2）设备安装。安装反射式光电传感器时，需在安装位置上用螺钉固定传感器，某些位置还需要专门设计安装夹具进行固定，其安装要求如下：

1）不可与被测物体直接接触；

2）尽量让传感器的发射面与被测物体相平行，不倾斜于被测物体；

3）确定光电开关的安装方向时，要注意被测物体的移动方向；

4）要注意环境因素，如强光源、镜面角度、背景物等，注意不要使传感器被阳光或其他光源直接照射。

2. 传感器调试

光电传感器调试的一般步骤为：

1）将光电传感器的检测距离调整到符合要求；

2）固定传感器的位置；

3）检查传感器是否会松动或移位。

二、磁性开关安装与调试

1. 磁性开关安装

磁性开关适用于气动检测、液压检测、气缸活塞泵位置检测，也可作为限位开关使用，如用于测量气缸行程，用于测量是否到达极限位。磁性开关是一种利用磁场信号进行控制的线路开关器件。当磁性目标接近时，磁场变化产生开关信号。

相较于普通的位置传感器，磁性开关能安装在金属中，可并排紧密安装，可穿过金属进行测量，但不适合强烈振动的场合，仅用于金属材质元器件的测量。

磁性开关体积小，常用于气缸上，以检测气缸是否到位，如图 4–17 所示。在实际应用中，在气缸的活塞杆上安装磁性物质，在气缸缸筒外侧的两端各安装一个磁性开关，能够用这两个磁性开关来分别识别气缸运动的两个极限位置。

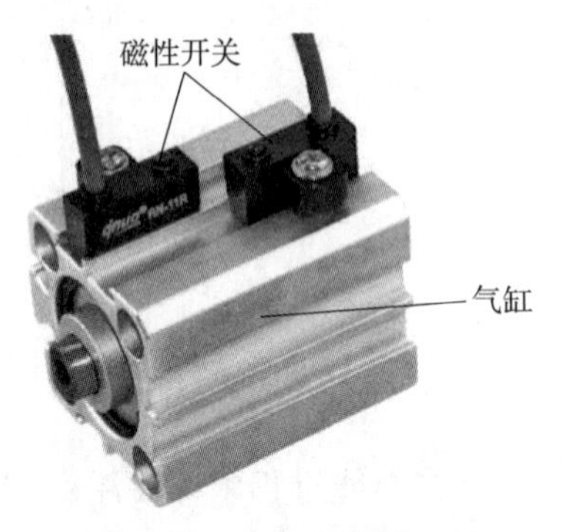

图 4–17　气缸与磁性开关

2. 磁性开关调试

常用的磁性开关分为单触点磁性开关、双触点磁性开关。单触点磁性开关就是只由单个触点实现触发作用的开关。在磁场的作用下，单触点磁性开关管内的簧片因异性磁极相吸使电路流通。双触点磁性开关则有两个触点部位，一个为常闭触点，另一个为常开触点。双触点磁性开关通过磁场的作用使开关处的簧片与常闭触点分开、与常开触点连接。

磁性开关的调试方式是将磁性开关贴近气缸，来回移动，当信号灯亮起时，即检测到气缸的极限行程位置。

磁性开关有二线制和三线制的区别。以接近开关（磁性开关的一种）为例，三线制接近开关分为 NPN 型和 PNP 型，两者的接线是不同的。二线制接近开关受工作条件的限制，导通时开关本身产生一定的压降，截止时又有一定的剩余电流流过，选用时应考虑剩余电流的影响。三线制接近开关虽多了一根线，但不受剩余电流等不利因素的困扰，工作更为可靠。

二线制磁性开关的接线比较简单，与负载串联后连接电源即可。使用二线制磁性开关时，必须串联一个 1 000 Ω 的电阻，以防止电流过大，磁性开关直接击穿。

三、安全光栅安装与调试

1. 安全光栅安装

安全光栅的工作原理是通过发射红外线，产生保护光幕，当保护光幕被遮挡时，发出遮光信号，使具有潜在危险的机械设备停止工作，从而避免发生安全事故。安全光栅一般安装在为进行维护等任务需要人经常进入且很难安装安全围栏的地方。安全光栅包含发光器和受光器两部分，其组成及电路连接如图 4–18 所示。根据输出的信号源分类，安全光栅可分为 NPN 安全光栅、PNP 安全光栅。

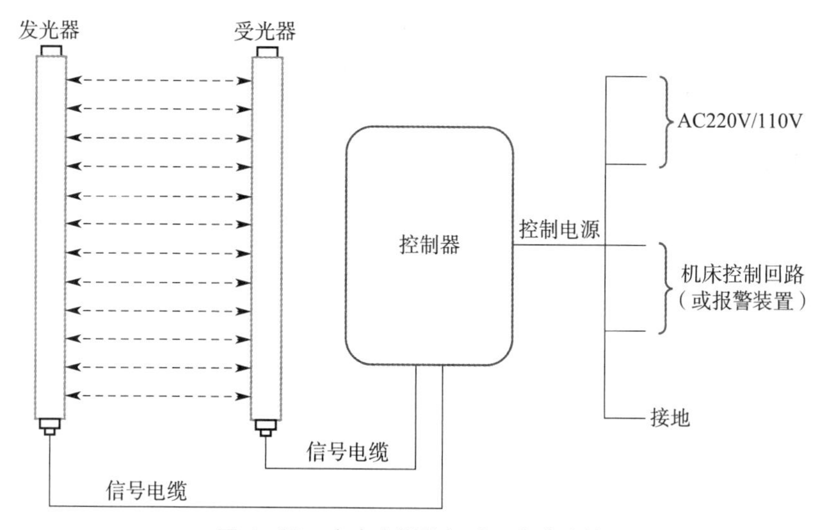

图 4–18　安全光栅的组成及电路连接

安全光栅作为一个保护装置，其安装位置需要特别注意，应使人在危险区域工作时，人体的某个部分始终在检测区内。如果人进入危险区域并在光栅检测区内，需使用互锁功能配置系统，防止机器人启动。安装安全光栅时，需在保护位置上使用螺钉和专用安装支架进行固定，其安装步骤如下：

（1）在安全光栅的顶部和底部装上专用安装支架，用螺钉轻轻拧紧；

（2）装上中间的专用安装支架，可采用背面安装或侧面安装，用螺钉轻轻拧紧；

（3）将安全光栅和以上专用安装支架装到设备、墙面等上面，调节安装位置，并将前两步中提及的螺钉牢牢拧紧。

2. 安全光栅调试

（1）调试前注意事项

1）发光器和受光器的表面应干净。

2）检测区内一般不应有遮光物体。

（2）调节发光器的光束。调节发光器的光束，使其对准让入光水平指示灯转为ON时的位置。

（3）调节受光器的光束。调节受光器的光束，使其对准让入光水平指示灯转为ON时的位置。

（4）调节入光水平指示灯。确保入光水平指示灯的5个灯都转为ON。如果入光水平指示灯5个灯中的一些灯即使在调节受光器角度时也没有转为ON，那么检查发光器和受光器的安装表面是否平行，以及发光器和受光器的安装高度是否合适。

（5）其他。调节完成后，注意不要改变光束的位置，同时牢牢固定所有支架螺钉和安装螺钉。

学习单元5 电气信号故障

学习目标

1. 掌握工业机器人与PLC通信故障

2. 掌握工业机器人外围信号故障

3. 掌握工业机器人系统信号故障

知识要求

一、工业机器人与 PLC 通信故障

FANUC 工业机器人与 PLC（可编程逻辑控制器）通信使用的是 CC-Link 通信协议。CC-Link 是高速的现场总线，能够同时处理不同数据，其通过简单的总线将工业设备（如限位开关、光电传感器、电磁阀门、条形码读取器、变频器、触摸控制屏、用户操作接口等）连接成网络。CC-Link 是一种现场总线解决方案，开放式的协议保证现场同类部件间可以直接替换，减少了配线和工业自动化工程的成本和时间。CC-Link 通信规范见表 4-4。

表 4-4　　CC-Link 通信规范

传输速率（比特率）	10 Mb/s、5 Mb/s、2.5 Mb/s、625 kb/s、156 kb/s
最大占用内存站数	4 站
从站站号	1 ~ 64
连接电缆	CC-Link 专用电缆（三芯屏蔽绞线）

工业机器人与 PLC 通信的当前状态显示在 CC-Link 板的指示灯上，若通信出现故障，则可通过指示灯找寻原因。CC-Link 板上共有 4 个指示灯，分别为 ERR、RD、SD、RUN，其含义见表 4-5。

表 4-5　　CC-Link 板指示灯的含义

指示灯	颜色	点亮	熄灭
ERR	红色	发生 CRC（循环冗余校验）错误 工作站号设置不正常	数据正常交换 硬件正被重置
RD	绿色	数据正被接收	数据接收失败 硬件正被重置
SD	绿色	数据正被发送	无数据发送 硬件正被重置
RUN	绿色	数据连接中	进入数据连接之前 接收数据失败 接收数据超时

二、工业机器人外围信号故障

最常见的工业机器人外围信号故障是：使能信号线断路，通信信号线断路，急停回路被触发。这些故障的基本处理方法如下。

1. 使能信号线断路

在手动模式下，用使能开关使工业机器人处于使能状态，检查是否正常连接。若连接异常，则需联系厂家检查使能信号线路。

2. 通信信号线断路

检查 I/O 接线，尤其要检查外围设备 I/O（UI/UO）接线是否松动。

3. 急停回路被触发

按下急停按钮时，工业机器人不管在什么情况下都会瞬时停止。外部急停装置向外围设备（如安全光栅、安全门）收发急停信号。信号端子位于控制装置上。将急停按钮释放即可复位。

三、工业机器人系统信号故障

工业机器人系统信号指的是机器人发送至和接收自远端控制器或外围设备的信号。工业机器人系统信号可以实现选择程序、开始和停止程序、从报警状态中恢复系统等功能。系统信号错误表示系统故障严重，会妨碍系统的进一步操作，该故障可能与硬件或软件有关。

系统信号故障大多为停机故障，故障代码为 LSTP。例如，LSTP-011 表示当指定组处于局部停止模式时却收到运动命令。此时若要向该运动组继续发送运动命令，则按下 RESET 键，然后禁用局部停止功能。一部分停机故障代码表示系统内部错误。例如，LSTP-012 表示 Local Stop Unit（局部停止单元）处于硬件故障模式。出现系统内部错误时，只能联系工业机器人厂家进行维修。

第 5 章　信号编辑应用

学习单元 1　工业机器人用户信号查询

学习目标

了解工业机器人用户信号查询

知识要求

工业机器人用户信号的功能包括：查看工业机器人运行状态，提示工业机器人运行状态，保存工业机器人运行状态。工业机器人用户信号的主要作用是消息提示。

需要注意的是：

- 只要执行中的程序没有执行消息指令，界面上就不会有任何显示；
- 即使在强制结束程序之后，消息也会保留在界面上；
- 执行中的程序的消息指令显示在界面上；
- 执行消息指令时，自动切换到用户界面。

消息指令（MESSAGE）是将所指定的消息显示在用户界面上的指令。消息可以包含 1～24 个字符，包括字母、数字及符号“※”“_”“@”等。选中消息指令后，按下 ENTER 键，即可输入消息。

消息指令举例：

MESSAGE [DI[1] NOT INPUT]

技能要求

FANUC 机器人用户信号查询

操作要求

能掌握机器人用户信号查询。

操作准备

序号	名称	规格型号	数量
1	机器人	FANUC M-10iA	1 个
2	控制柜	R-30iB Mate	1 个
3	示教器	iPendant	1 个

操作步骤

步骤 1 确认工业机器人处于安全状态，机器人控制柜处于通电状态。单手握住示教器，等示教器启动后，将 TP 开关置为 ON，如图 1-18 所示。手持示教器，保持示教器背部的 DEADMAN 开关按下，如图 1-19 所示，点击示教器操作面板上的 RESET 键，以清除报警。

步骤 2 按下示教器操作面板上的 MENU 键，移动光标，选择 USER 项，如图 5-1 所示。

步骤 3 按下 ENTER 键，示教器屏幕上显示用户信号查询内容。

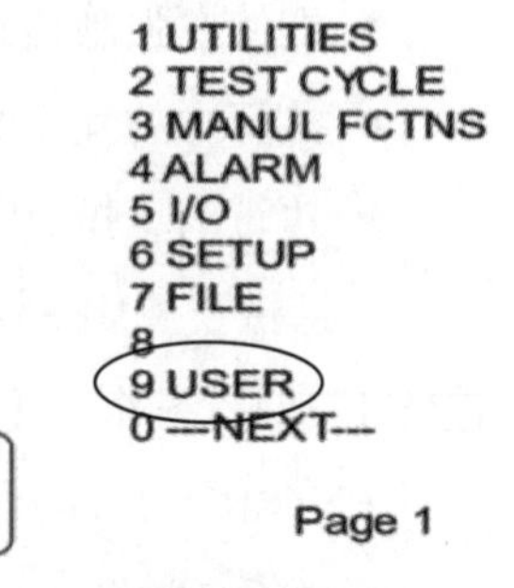

图 5-1 选择用户项

学习单元 2　工业机器人用户报警信号

学习目标

熟悉工业机器人用户报警信号

知识要求

用户报警信号功能可以实现报警设置，以便程序运行时可以自动报错；可以预先设置报警提示，便于统计生产错误信息。在用户报警设定界面上，可设定用户报警发生时所显示的消息。

用户报警是因执行用户报警指令而发生的报警。用户报警指令（UALM[i]）是在报警显示行显示预先设定的用户报警编号所代表的报警消息的指令。用户报警指令会使执行中的程序暂停。

用户报警指令举例：

UALM[1]（$UALRM_MSG[1] = WORK NOT FOUND）

技能要求

FANUC 机器人用户报警信号查询

操作要求

能掌握机器人用户报警信号查询。

操作准备

序号	名称	规格型号	数量
1	机器人	FANUC M-10iA	1个
2	控制柜	R-30iB Mate	1个
3	示教器	iPendant	1个

操作步骤

步骤1 确认工业机器人处于安全状态，机器人控制柜处于通电状态。单手握住示教器，等示教器启动后，将TP开关置为ON，如图1-18所示。手持示教器，保持示教器背部的DEADMAN开关按下，如图1-19所示，点击示教器操作面板上的RESET键，以清除报警。

步骤2 按下示教器操作面板上的MENU键，移动光标，选择SETUP项。

步骤3 按下F1 TYPE键，移动光标，选择User Alarm项，如图5-2所示，出现用户报警界面，如图5-3所示。

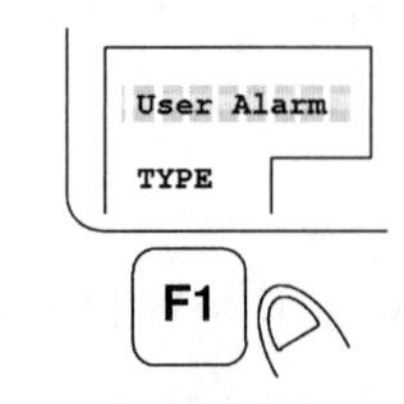

图5-2 选择用户报警项

```
Setting/User Alarm                JOINT  30 %
                                      1/200
Alarm No.            User Message
   [1]:      [                              ]
   [2]:      [                              ]
   [3]:      [                              ]
   [4]:      [                              ]
   [5]:      [                              ]
   [6]:      [                              ]
   [7]:      [                              ]
   [8]:      [                              ]
   [9]:      [                              ]
[ TYPE ]
```

图5-3 用户报警界面

步骤 4　移动光标，选择需要设定的用户报警编号（可供选择的用户报警编号一面有 10 个），按下 ENTER 键，在图 5-4 所示界面中使用功能键输入消息。

```
Setting/User Alarm                  JOINT  30 %
  1 Upper Case
  2 Lower Case
  3 Punctuation
  4 Options
Setting/User Alarm
Alarm No.            User Message
   [1]:     [                            ]
   [2]:     [                            ]
   [3]:     [WORK                        ]
Old Value:
  ABCDEF  GHIJKL  MNOPQR  STUVWX  YZ_@*
```

图 5-4　输入消息界面

步骤 5　用户报警消息输入结束后，按下 ENTER 键，用户报警消息设定完成，如图 5-5 所示。

```
Setting/User Alarm                  JOINT  30 %
                                        3/200
Alarm No.            User Message
   [1]:     [                            ]
   [2]:     [                            ]
   [3]:     [NO WORK                     ]
   [4]:     [                            ]
   [5]:     [                            ]
   [6]:     [                            ]
   [7]:     [                            ]
   [8]:     [                            ]
   [9]:     [                            ]
[ TYPE ]
```

图 5-5　用户报警消息设定完成

第 6 章　报警故障与恢复

学习单元 1　工业机器人停机报警与恢复

学习目标

1. 了解工业机器人停机报警查询
2. 熟悉工业机器人运行日志查询
3. 了解工业机器人停机恢复

知识要求

一、工业机器人停机报警查询

工业机器人停机通常以报警日志形式显示，分为 5 种，分别为运动日志、系统日志、应用程序日志、密码日志、通信日志，见表 6–1。工业机器人具有存储停机报警日志的功能。

表 6–1　　报警日志类型

报警日志类型	说明
运动日志（Motion Log）	显示与运动相关的报警，如 SRVO 报警，或与机器人移动相关的任何其他报警
系统日志（System Log）	显示与系统相关的报警，如 SYST 报警

续表

报警日志类型	说明
应用程序日志（Appl Log）	显示与应用程序相关的报警，包括与已经载入的特定应用程序工具相关的任何报警信息
密码日志（Password Log）	监视密码登入和登出。密码日志有效时，可以确认谁登入系统，以及进行了什么更改
通信日志（Comm Log）	显示与通信相关的报警

工业机器人停机报警信息可通过按下示教器的 MENU 键，再移动光标选择 ALARM 项查询，有自动显示和手动显示两种显示方式。

1. 自动显示报警

自动显示报警界面只显示自上次按 RESET 键后已经发生的、除 WARN（警告）以外的报警。

2. 手动显示报警

手动显示报警时，屏幕最多可显示 100 条最新报警（不分严重程度），还可以显示关于某一条报警的详细信息。

二、工业机器人运行日志查询

运行日志功能可自动地将示教器的操作和报警记录在存储器中。例如，报警代码 SRVO-001 就会记录在运行日志中。这些内容可通过示教器的报警界面进行显示，或作为文本文件保存。

系统最多可以具有 16 个运行日志，用户可以指定记录在各个运行日志中的事件，通过采用这一方法，可将频繁发生的事件和非频繁发生的事件加以区别地记录在运行日志中。运行日志的存储空间满时，在追加新记录的情况下，最早的记录将被删除。运行日志中存储的事件数可以进行设定，且并非所有事件的容量都相同，其容量将随保存事件类型的不同而不同。通常日志中大约可以存储 5 000 个尚未被定义的用户报警。要改变运行日志的容量时，可设定系统变量。用户可以将记录在日志中的错误按严重程度、类型、项目编号进行过滤。

三、工业机器人停机恢复

工业机器人停机后，应先检查报警日志，确定停机原因后排除故障，使机器人恢复运行。

现以机械手损坏为例，说明工业机器人硬件故障的恢复方法。

当工业机器人的机械手损坏检测开关跳闸时，机器人系统将：

- 关闭伺服系统驱动电源，实施机器人制动；
- 显示机械手损坏的故障代码，如图 6-1 所示；
- 点亮操作面板上的 FAULT（故障）指示灯；
- 点亮示教器上的 FAULT（故障）指示灯。

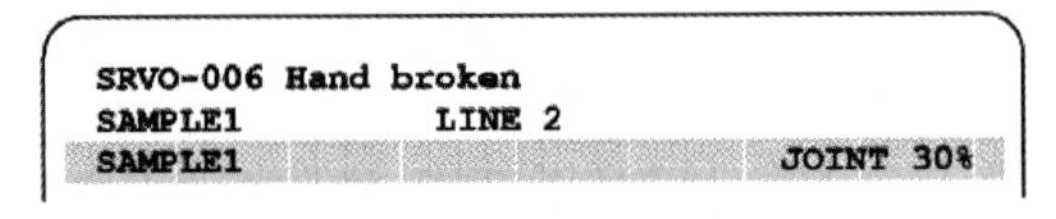

图 6-1　机械手损坏的故障代码

机械手损坏的恢复步骤如下：

1. 继续按住 DEADMAN 开关，并打开示教器开关；

2. 按住 SHIFT 键，并按 RESET 键；

3. 对机器人进行点动，使其到达安全位置；

4. 按 EMERGENCY STOP（急停）按钮；

5. 维修人员（需要经过培训）检查和修理刀具（如有必要）；

6. 确定导致机械手损坏的原因；

7. 若在执行程序时发生机械手损坏，则需要重新示教位置、修改程序或移动撞到的物体；

8. 若已经记录了新位置、修改了程序或移动了工作空间内的物体，则需对程序进行调试运行。

综上所述，工业机器人停机恢复步骤如下：

1. 检查停机原因，排除发生报警的原因（如程序修改等）；

2. 按下 RESET 键，解除报警，此时示教器屏幕上的报警信息消失，报警指示灯熄灭。

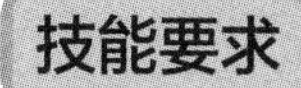

技能要求

FANUC 机器人报警手动显示

操作要求

掌握机器人报警手动显示方法。

操作准备

序号	名称	规格型号	数量
1	机器人	FANUC M-10iA	1 个
2	控制柜	R-30iB Mate	1 个
3	示教器	iPendant	1 个

操作步骤

步骤 1　确认工业机器人处于安全状态，机器人控制柜处于通电状态。单手握住示教器，等示教器启动后，将 TP 开关置为 ON，如图 1–18 所示。手持示教器，保持示教器背部的 DEADMAN 开关按下，如图 1–19 所示，点击示教器操作面板上的 RESET 键，以清除报警。

步骤 2　按下示教器操作面板上的 MENU 键，移动光标，选择 ALARM 项。

步骤 3　按下 F3 HIST 键，按下 F1 TYPE 键，移动光标，选择 Alarm Log 项，界面显示报警日志，并列出所有报警信息（最新的报警信息编号为 1），如图 6–2 所示。

步骤 4　查询与报警信息相关的日志，步骤如下：

（1）要显示与运动相关的报警，按 F1 TYPE 键并选择 Motion Log 项。

（2）要显示与系统相关的报警，按 F1 TYPE 键并选择 System Log 项。

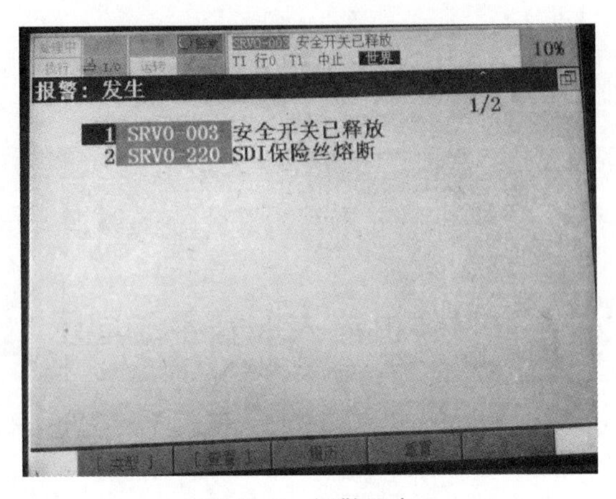

图 6-2　报警日志

（3）要显示与应用程序相关的报警，按 F1 TYPE 键并选择 Appl Log 项。

（4）要显示与通信相关的报警，按 F1 TYPE 键并选择 Comm Log 项。

（5）要显示与密码相关的报警，按 F1 TYPE 键并选择 Password Log 项。

步骤 5　移动光标，选择日志信息，按下 F5 DETAIL 键，界面将显示日志的详细信息，包括严重程度等。若报警有原因代码，则界面将显示原因代码消息。查看完信息后，按 PREV 键返回。

步骤 6　移动光标，选择日志信息，同时按下示教器操作面板上的 SHIFT 键和 DIAG/HELP（诊断 / 帮助）键，界面将显示与报警相关的原因及纠正措施信息，按 PREV 键返回。

步骤 7　按住示教器操作面板上的 SHIFT 键，并按 F4 CLEAR 键，可清除屏幕上显示的所有报警信息，操作完成。

FANUC 机器人运行日志查询

操作要求

掌握机器人运行日志查询方法。

操作准备

序号	名称	规格型号	数量
1	机器人	FANUC M-10iA	1个
2	控制柜	R-30iB Mate	1个
3	示教器	iPendant	1个

操作步骤

步骤1　确认工业机器人处于安全状态，机器人控制柜处于通电状态。单手握住示教器，等示教器启动后，将TP开关置为ON，如图1-18所示。手持示教器，保持示教器背部的DEADMAN开关按下，如图1-19所示，点击示教器操作面板上的RESET键，以清除报警。

步骤2　按下示教器操作面板上的MENU键，移动光标，选择ALARM项。

步骤3　按下F1 TYPE键，移动光标，选择Log Book（运行日志）项，显示如图6-3所示的界面。

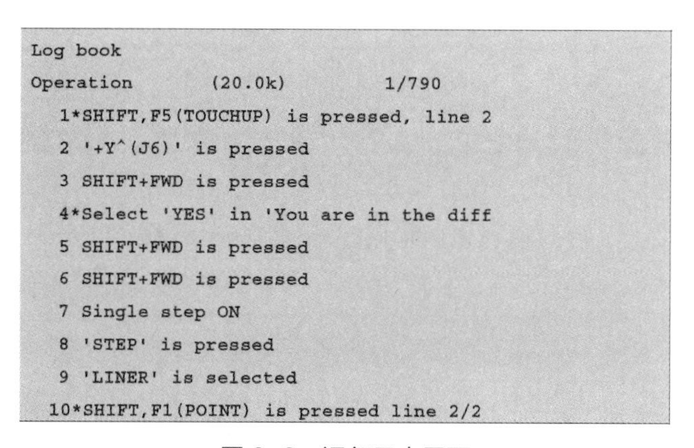

```
Log book
Operation        (20.0k)         1/790
  1*SHIFT,F5(TOUCHUP) is pressed, line 2
  2 '+Y^(J6)' is pressed
  3 SHIFT+FWD is pressed
  4*Select 'YES' in 'You are in the diff
  5 SHIFT+FWD is pressed
  6 SHIFT+FWD is pressed
  7 Single step ON
  8 'STEP' is pressed
  9 'LINER' is selected
 10*SHIFT,F1(POINT) is pressed line 2/2
```

图6-3　运行日志界面

步骤4　按下F2 BOOK（记录）键，可记录此运行日志。

步骤5　移动光标，选择运行日志中带有“*”的标记行，按下F3 DETAIL键，显示如图6-4所示的界面。

步骤6　移动光标，继续选择该日志中带有“*”的标记行，按下F3 DETAIL键，显示如图6-5所示的事件细节界面。

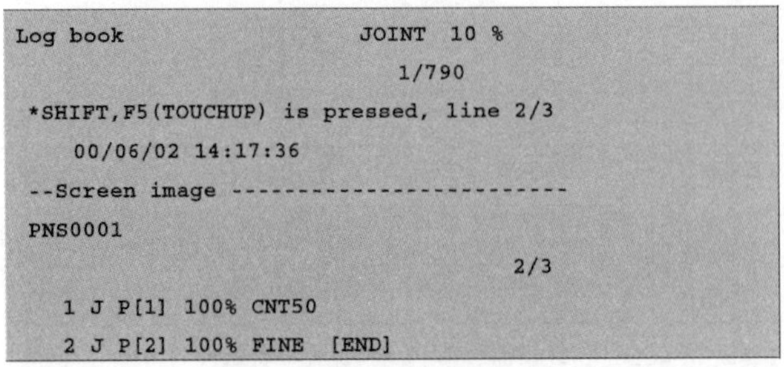

```
Log book                    JOINT  10 %
                                1/790
 *SHIFT,F5(TOUCHUP) is pressed, line 2/3
    00/06/02 14:17:36
 --Screen image -------------------------
 PNS0001
                                      2/3
   1 J P[1] 100% CNT50
   2 J P[2] 100% FINE  [END]
```

图 6-4　运行日志详细界面

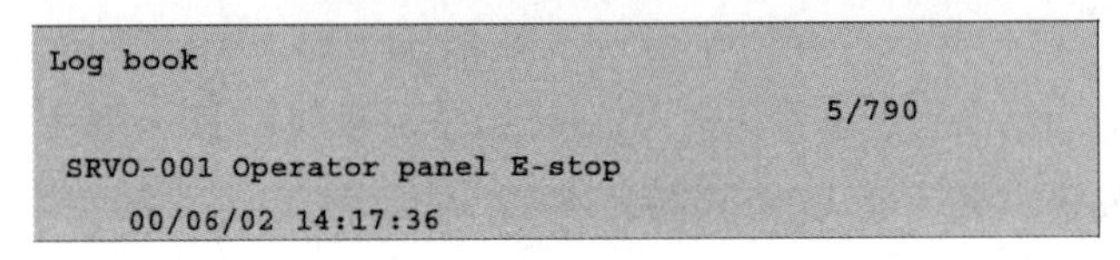

```
Log book
                                        5/790
 SRVO-001 Operator panel E-stop
    00/06/02 14:17:36
```

图 6-5　事件细节界面

注意事项

若将运行日志作为文本文件 LOGBOOK.LS 保存起来，则有以下两种保存方法：

1. 按下示教器操作面板上的 MENU 键，移动光标，选择 FILE 项，按下 F4 BACKUP 键，移动光标，选择 Error Log（错误日志），LOGBOOK.LS 将与错误日志文件一起被保存起来。

2. 按照步骤 1 至步骤 3 的操作进入运行日志显示界面，按下 FCTN 键，选择 SAVE（保存）项，将 LOGBOOK.LS 保存到所选的设备中。

工业机器人故障代码

学习目标

1. 了解工业机器人软件故障代码
2. 了解工业机器人硬件故障代码
3. 熟悉工业机器人运行错误故障代码

4. 掌握工业机器人操作错误故障代码
5. 掌握工业机器人故障代码消除与处理

知识要求

一、工业机器人的故障显示

工业机器人会发生的故障多种多样，其原因和程度不同，解除故障的程序或使机器人停止的操作也不同。有些故障只需要简单的矫正措施即可修复，有些故障则需要采取多种矫正措施来修复。故障修复的第一步是确定故障的类型和严重程度。之后，可采取适当的故障修复步骤来完成工业机器人修复。

系统备有如下针对每一报警种类快速显示的界面。

- 运动报警界面：显示与机器人运动相关的报警。
- 系统报警界面：显示与机器人控制器相关的报警。
- 应用报警界面：显示应用固有的报警。
- 通信报警界面：显示与通信相关的报警。

二、工业机器人软件故障代码

工业机器人软件故障一般由程序或数据错误引起。典型软件故障代码见表 6–2。

使用 CC–Link 通信方式时，若出现连接不正常，首先要确保软件内 CC–Link 接口存在。使用 Profibus–DP 通信模式时，机器人软件内需含有 PROFIBUS DP（12M）接口（主 / 从站功能）、PROFIBUS DP（12M）（从站）（仅从站功能）、PROFIBUS DP（12M）（主站）（仅主站功能）。

表 6–2　典型软件故障代码

故障代码	故障现象及一般对策
PRIO–332 CC–Link 不和主导装置进行通信	信道载波检测错误 检查 CC–Link 电缆与终端寄存器的连接情况，采取抑制噪声的对策；将波特率设置为与主站波特率相符的值
PRIO–333 CC–Link 通信失败	发生内部系统错误 联系机器人厂家进行维修

续表

故障代码	故障现象及一般对策
PRIO-355 EtherNet/IP 通信错误	机器人不能连接到 TCP（传输控制协议）网络接口上的适配器装置 检查机器人控制器及远程适配器装置是否连接到了相同的网络；检查远程适配器装置，确认其工作正常；将远程适配器装置与机器人进行连接；按 RESET 键重启机器人。若问题仍然存在，则先记录引起报警的事件，再致电机器人厂家
PRIO-499 Modbus 系统错误	Modbus 系统错误，发生一般系统故障 关闭控制器，再重新打开。若问题仍然存在，则先记录引起报警的事件，再致电机器人厂家

三、工业机器人硬件故障代码

工业机器人硬件故障一般为电缆或工具组件损坏。SERVO 报警通常由硬件故障导致。硬件故障会中断程序执行，使机器人停止运动。

硬件故障是故障的主要类型，典型硬件故障代码见表 6-3。

表 6-3　　典型硬件故障代码

故障代码	故障现象及一般对策
SRVO-001　SERVO Operator panel E-stop	按下了操作箱 / 操作面板上的急停按钮 沿着顺时针方向转动操作箱 / 操作面板上的急停按钮，解除报警后，按下 RESET 键
SRVO-002　SERVO Teach pendant E-stop	按下了示教器上的急停钮 沿着顺时针方向转动示教器上的急停按钮，解除报警后，按下 RESET 键
SRVO-003　SERVO Deadman switch released	没有在示教器处于有效状态下时按下 DEADMAN 开关 按下 DEADMAN 开关，再按下 RESET 键
SRVO-004　SERVO Fence open	安全光栅开启 在确认作业人员不在安全光栅内后，关闭安全光栅，并按下 RESET 键
SRVO-005　SERVO Robot overtravel	越出了机器人各轴和各方向的硬件的极限位置 在按住 SHIFT 键的同时按下 RESET 键，解除报警；不要松开 SHIFT 键，在关节坐标系下移动机器人，使超程轴移动到可动范围内
SRVO-006　SERVO Hand broken	检测出机械手断裂；使用安全接头的情况下，接头折断 在按住 SHIFT 键的同时按下 RESET 键，解除报警；不要松开 SHIFT 键，在关节坐标系下移动机器人，使工具移动到作业位置，更换接头，直至机械手断裂信号复原为正常状态

续表

故障代码	故障现象及一般对策
SRVO-007　SERVO External emergency stops	输入了外部急停信号 解除外部急停信号，并按下 RESET 键
SRVO-009　SERVO Pneumatic pressure alarm	在使用气压异常信号的系统中检测出了气压异常 使气压异常信号复原为正常状态，并按下 RESET 键
SRVO-014　SERVO Fan motor abnormal	后面板的风扇电动机异常 更换后面板的风扇单元
SRVO-015　SERVO System over heat	控制装置内的温度高于规定值 周围温度高于规定值（45 ℃）时，通过制冷控制系统来降低周围温度；风扇电动机尚未启动时，检查风扇电动机及风扇电动机的连接电缆，或予以更换
SRVO-018　SERVO Brake abnormal	制动器电流过大，可能是机器人连接电缆短路所致 检查电路和熔丝
SRVO-021　SERVO SRDY off	所显示的组、对应轴的伺服放大器的准备就绪信号断开 确认报警履历，在同时发生其他报警的情况下，参阅这些报警的原因和对策；在轴设定变更后发生报警的情况下，检查设定内容是否正确，若有误，则加以修正
SRVO-022　SERVO SRDY on	主机与伺服装置传递的信号已经处在接通状态，而试图接通伺服装置的信号时仍无法接通 更换与报警消息对应的伺服放大器，或更换与报警消息对应的伺服卡或附加轴板
SRVO-023　SERVO Stop error excess	电动机停止时，伺服装置的位置误差超出了规定值 检查负载重量、惯量等是否超出额定值；检查机器人是否受到外力推压或拉动；检查从控制装置到机器人各轴电动机之间的动力电缆、制动器电缆的各连接器是否松动，松动时予以紧固；检查电动机动力线和制动器电缆的连接是否正确，或是否连接了别的轴的动力电缆；检查机器人各轴信号与制动器信号的设定是否匹配；检查输入电压是否为控制器的额定电压，输入电压设定正确时，检查是否是制动器故障所致；检查是否能够解除各轴的制动器；在附加轴上使用了制动器单元的情况下，检查制动器单元的熔丝是否熔断
SRVO-024　SERVO Move error excess	移动时，伺服装置的位置误差超出了规定值 请参阅 SRVO-023 的对策。移动时，若误差过大，则与制动器选项的设定无关
SRVO-027　WARN Robot not mastered	试图进行零点标定，但机器人尚未完成调校 在系统位置调整界面上进行调校

续表

故障代码	故障现象及一般对策
SRVO–030 SERVO Brake on hold	暂停中的伺服关断功能有效，程序暂停 使用暂停中的伺服关断功能时，无须采取任何对策；没有使用该功能时，将一般事项设定界面中的 SETUP. General（设定 . 一般事项）的 Brake on hold（暂停中的伺服关断）置为无效，重新通电
SRVO–033 WARN Robot not calibrated	试图设定用于简易调校的参考点，但是尚未完成位置校准 重新通电；在位置调整界面上执行校准
SRVO–034 WARN Ref pos not set	试图进行简易调校，但是尚未设定参考点 通过位置调整界面设定简易调校参考点
SRVO–036 SERVO Inpos time over	稳定到达目标位置的时间超出了规定值 请参阅 SRVO–023 的对策
SRVO–037 SERVO IMSTP input	外围设备 I/O 的急停信号断开 接通急停信号
SRVO–038 SERVO2 Pulse mismatch	电源断开时的脉冲计数和电源接通时的脉冲计数不同 联络售后中心
SRVO–044 SERVO HVAL alarm	主电路电源的直流电压异常大 根据对应使用的控制装置的维修说明书中“基于错误代码的故障追踪”的内容采取相应对策
SRVO–045 SERVO HCAL alarm	伺服放大器的主电路电流异常大 在断开控制装置的电源后，从伺服放大器上拆除发生报警的轴的电动机动力电缆。为预防轴落下，应拆下制动器电缆。在上述状态下重新接通电源。若还发生此故障报警，则更换伺服放大器 确认电动机动力电缆的 U、V、W 三相与地线间没有导通。若导通，说明动力电缆故障，更换动力电缆 用能够测量微弱电阻值的测量装置分别测量电动机动力电缆 U–V 间、V–W 间、W–U 间的电阻。上述三处中，若有一处的电阻值远小于其他两处的电阻值时，则可能是相与相之间形成短路所致
SRVO–046 SERVO OVC alarm	伺服装置内部电流的最大值超出了允许值 检查负载重量、惯量等是否超过额定值，并检查是否因过度的加速度附加指令而致使动作过猛，根据需要修改动作条件；检查轴是否被推压或拉伸，如有需要，进行示教修正；检查制动器电缆和连接器是否已经正确连接；检查输入电压是否为控制器的额定电压；检查是否能够解除各轴的制动器；在附加轴上使用了制动器单元的情况下，检查制动器单元的熔丝是否熔断

四、工业机器人运行错误故障代码

切换工业机器人运行模式时，系统特有的提示代码有 SYST-038、SYST-039、SYST-040。典型运行错误故障代码见表 6-4。工业机器人发生运行错误故障时，不可以直接在机器人本体周边进行故障排查，需仔细观察工业机器人周边的情况，确认没有危险后再进入。

表 6-4　典型运行错误故障代码

故障代码	故障现象及一般对策
MOTN-210	对机器人链路应用“原始路径恢复”，但不满足恢复条件 中断，再重新运行该程序
SYST-038	选择了运行模式 T1 这仅仅是一条通知，无须对该警告消息采取任何行动
SYST-039	选择了运行模式 T2 这仅仅是一条通知，无须对该警告消息采取任何行动
SYST-040	选择了运行模式 AUTO（自动） 这仅仅是一条通知，无须对该警告消息采取任何行动
SYST-041	DI 索引无效 设置有效的 DI 索引
SYST-042	运行模式钥匙开关从 T1 或 T2 更改为 AUTO，并已经按下 DEADMAN 开关（切换到 AUTO 模式时，必须松开 DEADMAN 开关） 松开 DEADMAN 开关，并按下复位按钮

五、工业机器人操作错误故障代码

工业机器人程序操作启动方式有四种，分别为遥控（Remote）、本地（Local）、外部输入 / 输出信号（External I/O）、操作面板钥匙开关（OP panel key）。典型操作错误故障代码见表 6-5。

表 6-5　典型操作错误故障代码

故障代码	故障现象及一般对策
SYST-010	任务数量达到最大值 中断一个运行任务
SYST-011	系统运行程序失败 参见报警原因代码，使用 MENU 键显示报警日志

续表

故障代码	故障现象及一般对策
SYST-018	从与暂停行不同的行上尝试继续执行程序 对示教器上的弹出框回复 YES 或 NO
SYST-023	通信电缆损坏 检查示教器通信电缆，如有必要，更换通信电缆
SYST-091	程序为单步模式 将系统置于非单步模式

相关链接

以本地方式执行程序的步骤

1. 按下 DEADMAN 开关，将示教器开关置为 ON。

2. 在按住 SHIFT 键的情况下按下 FWD 键，之后松开 FWD 键。在程序执行结束之前，持续按住 SHIFT 键。松开 SHIFT 键时，程序将在执行中途暂停，但若在按下 SHIFT 键的情况下将示教器开关置为 OFF，则即使松开 SHIFT 键，程序也不会暂停。

3. 程序执行到末尾后强制结束，光标返回到程序的第 1 行。

六、工业机器人故障代码消除与处理

1. 确定故障原因。

2. 解决导致故障发生的问题。

3. 消除故障。

4. 重启程序或机器人。

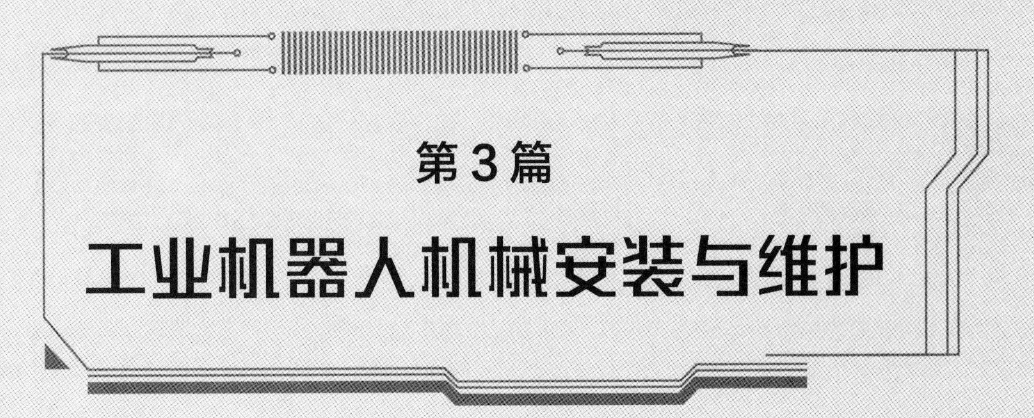

第3篇

工业机器人机械安装与维护

第7章　工业机器人安全防护与机械故障处理

学习单元1　工业机器人安全防护

学习目标

1. 熟悉工业机器人安全防护机构
2. 掌握工业机器人安全系统

知识要求

一、工业机器人安全防护机构

工业机器人与一般的自动化机械不同，其能够自由地在整个工作空间内运动。虽然工业机器人可以灵活地应对不同场合，但是其危险性很高。

1. 机械结构

在设计工业机器人机械部分时，除需按照常规机械设计使机械结构及其零部件能满足机器人所需的运动功能、性能要求、各种尺寸及外形要求外，还应考虑在设计中消除由机器人运动部件所产生的危险。若不可能在设计机械部分时消除这种危险，则应进行安全防护设计并采取相应的安全措施。

工业机器人的驱动电动机采用空心轴结构，其优点是机器人的各种控制管线可以从驱动电动机中心直接穿过，不受关节旋转影响。

工业机器人常见腕部结构为BBR型、RBR型、3R型，如图7-1所示。B表示弯曲结构，指组成腕关节的相邻运动构件的轴线在工作过程中相互间角度有变化。R表示转动结构，指组成腕关节的相邻运动构件的轴线在工作过程中相互间角度不变。BBR型由于采用了两个弯曲结构，结构尺寸有所增加，RBR型、3R型相比BBR型结构更紧凑。RBR型应用最广泛，适用于各种工作场合。

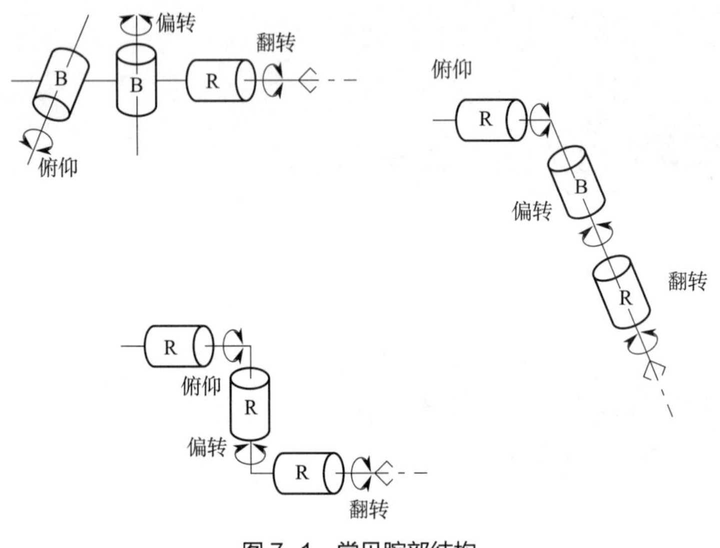

图7-1 常见腕部结构

2. 运动范围

运动范围是机器人的一项性能指标，由机器人操作机构的结构、尺寸和传动来决定。工业机器人的作业对象不同，所需的工作空间也不同。工业机器人的运动范围内应保持整洁，工业机器人应在不受油、水、尘埃等影响的环境下使用。

工业机器人各轴位置超过可动范围的极限，叫作超程。为使机器人在可动范围内运动，要采用各种限制机器人运动范围的方式，如机械方式、电气控制方式、软件编程方式等。

（1）机械方式。工业机器人可采用机械式制动器、极限开关等机械部件限制机器人的运动范围。

（2）电气控制方式。在可动范围的两端，机器人内部传感器对各轴位置进行超程检测。除伺服系统异常和系统出错而导致原点位置丢失外，工业机器人都被设置为不超出可动范围运动。

（3）**软件编程方式。**通过软件编程方式，工业机器人可根据工作空间的不同设定相应的可动范围。

3. 急停装置

紧急停机是工业机器人一项重要的安全防护功能，其优先于其他功能，能撤除驱动器的动力，从而使全部运动部件停止运动。进行急停操作时，工业机器人不管在什么情况下都能瞬时停止。

工业机器人具有如下急停装置。

（1）**急停按钮。**控制柜操作面板和示教器上分别有一个急停按钮，如图 7–2 所示。

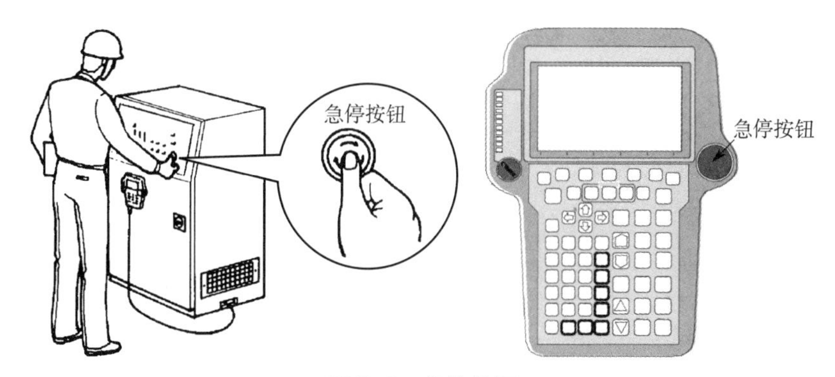

图 7–2　急停按钮

（2）**外部急停装置。**外部急停装置作为机器人的输入信号装置，从外围设备（如安全光栅、安全门等）接收急停信号。外围设备信号端子位于控制柜内。

急停装置的操作件未经手动复位前，应不可恢复。若有多个急停装置，则在所有操作件复位前，电路应不可恢复。急停装置的操作件应确保能够正常使用，且操作有效。任何机器人启动前，都必须手动复位急停装置，且急停电路本身的复位不应导致机器人产生任何运动。

4. 使能装置

使能装置是工业机器人控制系统的重要部分，使能装置（即 DEADMAN 开关，又称三位开关）具有三个开关位置。在手动使用的过程中，不按或放松为一挡位置，是无效状态；按紧（或用力按到底）为三挡位置，也是无效状态。一挡位置和三挡位置都会使机器人停止运动。当且仅当使能装置在二挡位置，即按下但不用力按到底时，才是机器人使能有效状态。使能装置与安全控制系统的停止电路相连接，因此能控制机器人运行或停止。

对机器人进行示教时，用手拿着示教器，在按下 DEADMAN 开关并将 TP 开关置为 ON 后再进行示教操作，如图 7–3 所示。若在 TP 开关置为 ON 时松开 DEADMAN 开关，工业机器人将进入急停状态。

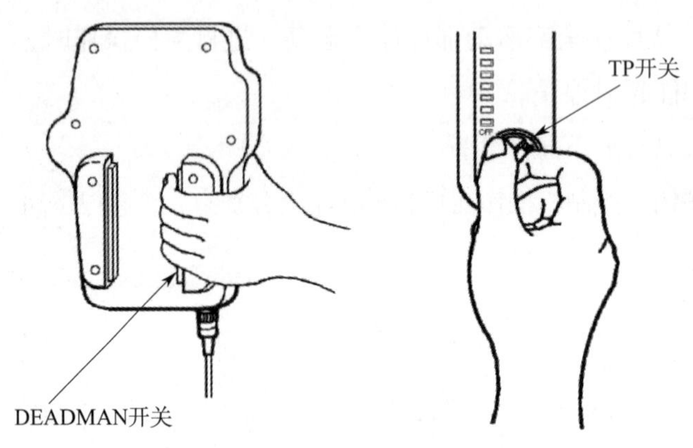

图 7–3　按下 DEADMAN 开关并打开 TP 开关

5. 运输安全

在设计工业机器人时已经考虑了吊装和运输需求，可采用起重机或叉车起重机来搬运工业机器人，如图 7–4 所示。搬运工业机器人时，需采用固定的运输姿势和专用的配件（如吊环螺栓、抓手等）。

图 7–4　工业机器人搬运

（1）用起重机搬运。用起重机搬运时，将吊索挂在 4 个吊环螺栓上吊起工业机器人。吊运工业机器人时，应充分注意避免吊索损坏工业机器人的电动机、连接器、电缆等。

（2）**用叉车起重机搬运。**用叉车起重机搬运时，应充分注意平衡和固定。

二、工业机器人安全系统

工业机器人通常与外围设备一起构成自动化系统，因此设计时还需要考虑整个系统的安全性和系统运转时的安全操作。

1. 工业机器人安全系统设计

进行工业机器人机械设计时，要做到防止机器人造成损害，机器人电气控制柜应尽可能远离物流区域，工业机器人的工作区域与人的工作区域应用围网隔开。进行工业机器人系统设计时，应使用机器人仿真软件对设备布局进行组态仿真，确保机器人姿态的舒展性，运行时轨迹无干涉。在多台工业机器人的动作范围相互重叠等时，应充分注意避免机器人相互之间干涉。工业机器人安全系统如图 7–5 所示。

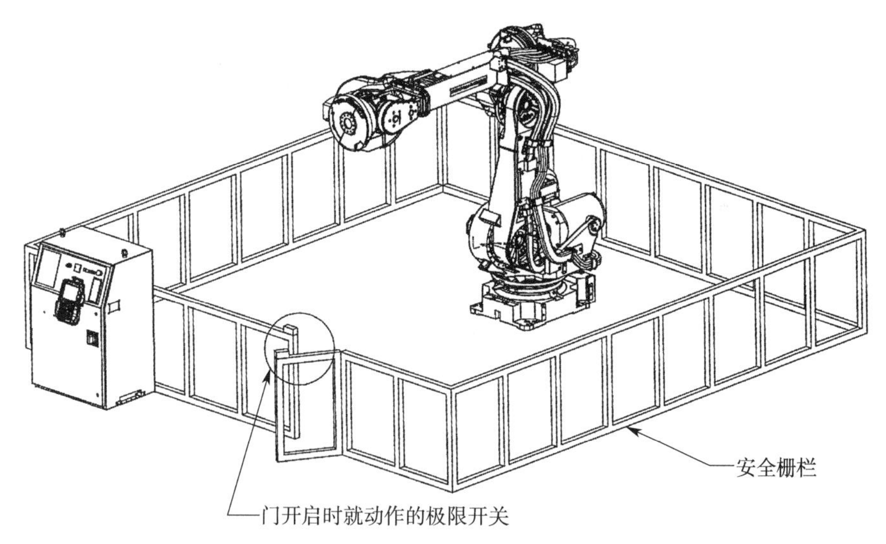

图 7–5　工业机器人安全系统

（1）**安全防护空间。**安全防护空间是由工业机器人外围的安全防护装置（如安全栅栏等）组成的空间。确定安全防护空间时，要在机器人工作空间的基础上，通过风险评价来确定需要增加的空间，一般应考虑机器人在作业过程中，所有工作人员不能触及机器人运动部件和末端执行器或工件的运动范围。此外，应将控制装置设置在安全光栅的外侧。安全防护空间示例如图 7–6 所示。

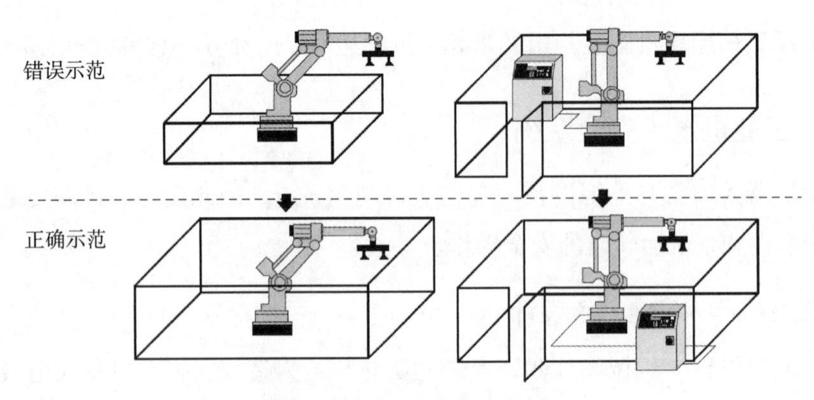

图 7-6　安全防护空间示例

（2）**安全门。**应在工业机器人系统周围设置安全防护空间和安全门。安全门的作用是：如果不打开安全门，作业人员无法进入；如果打开安全门，工业机器人停止运动。安全门的插销电路如图 7-7 所示。

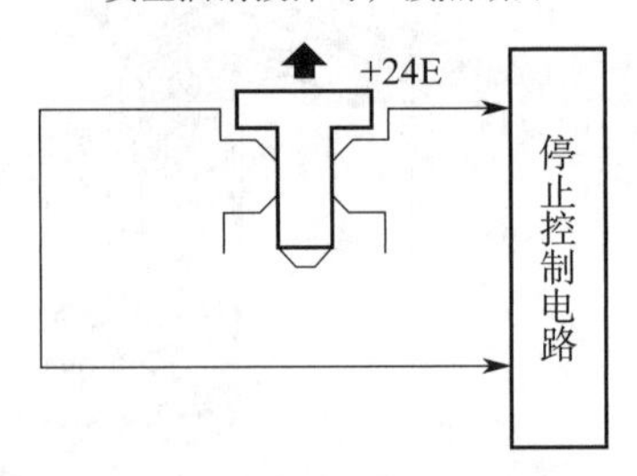

图 7-7　安全门的插销电路

（3）**警示标志。**应通过警告灯、警告标志等来警示机器人处在运动中，如图 7-8 所示。

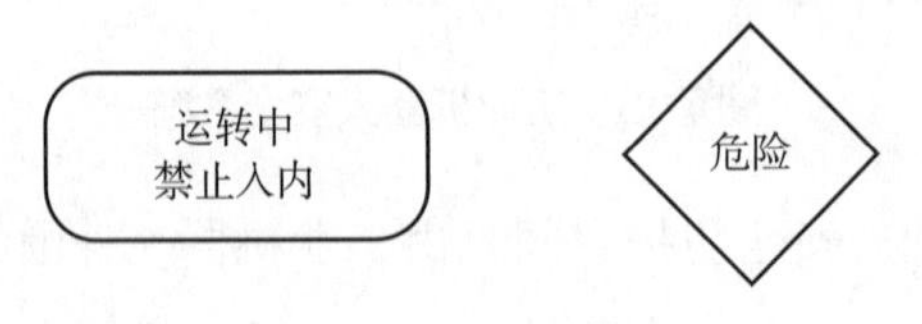

图 7-8　警示标志

2. 工业机器人系统安全使用

（1）**操作人员。**工业机器人系统的操作人员应提前参加工业机器人培训课程，并对机器人安全操作具有丰富的知识和经验。

（2）**设备。**在进行示教作业之前，应确认工业机器人或外围设备没有处在危险状态且无任何异常现象。

（3）**操作与监视**。若要在工业机器人的动作范围内进行作业，则应在断开电源或按下急停按钮后。

在机器人的动作范围内进行示教作业等时，应安排一名监视人员，以便在发生危险情况时按下急停按钮，如图 7–9 所示。

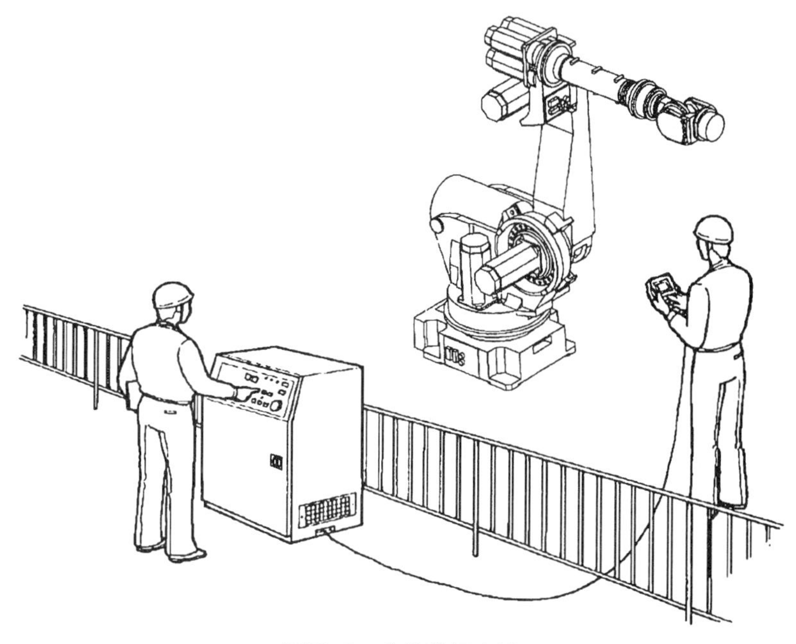

图 7–9　安排监视人员

（4）**运行速度。**为避免造成机械损伤，可通过设定伺服参数避免机器人高速运行。

用示教器进行编程时，TCP 的速度不应超过 250 mm/s。在进行程序校验时，机器人的速度应大于 250 mm/s，操作人员应在安全防护空间外用示教器谨慎地进行操作。

三、工业机器人安全操作规程

1. 示教和手动操作时

（1）禁止戴手套操作示教器和操作面板。

（2）在点动操作机器人时，要采用较低的倍率速度，以增强对机器人的控制。

（3）在按下示教器上的点动键之前，要考虑机器人的运动趋势。

（4）要预先考虑好避让机器人的运动轨迹，并确认该路线不受干扰。

（5）机器人周围区域必须保持清洁，无油、水、杂质等。

2. 生产运行时

（1）在开机运行前，必须知道机器人根据编程将要执行的全部任务。

（2）必须知道所有会左右机器人移动的开关、传感器的位置，以及控制器信号的状态。

（3）必须知道机器人控制器和外围设备上的紧急停止按钮的位置，以在紧急情况下能及时迅速地按下这些按钮。

（4）机器人没有移动不代表其程序已经完成，此时机器人可能在等待让其继续移动的输入信号，应遵守工业机器人运行时的所有规定。

学习单元 2 机械故障处理

学习目标

1. 掌握工业机器人运动轴运动异常分析及处理
2. 掌握工业机器人紧固松动分析及处理
3. 掌握工业机器人运动杂音分析及处理
4. 掌握工业机器人电动机过热分析及处理
5. 熟悉工业机器人运动轴更换方法

知识要求

工业机器人的机械部分是其执行机构，由机身、轴、伺服电动机、传动机构、末端执行器、内部传感器等组成，如图 7–10 所示。

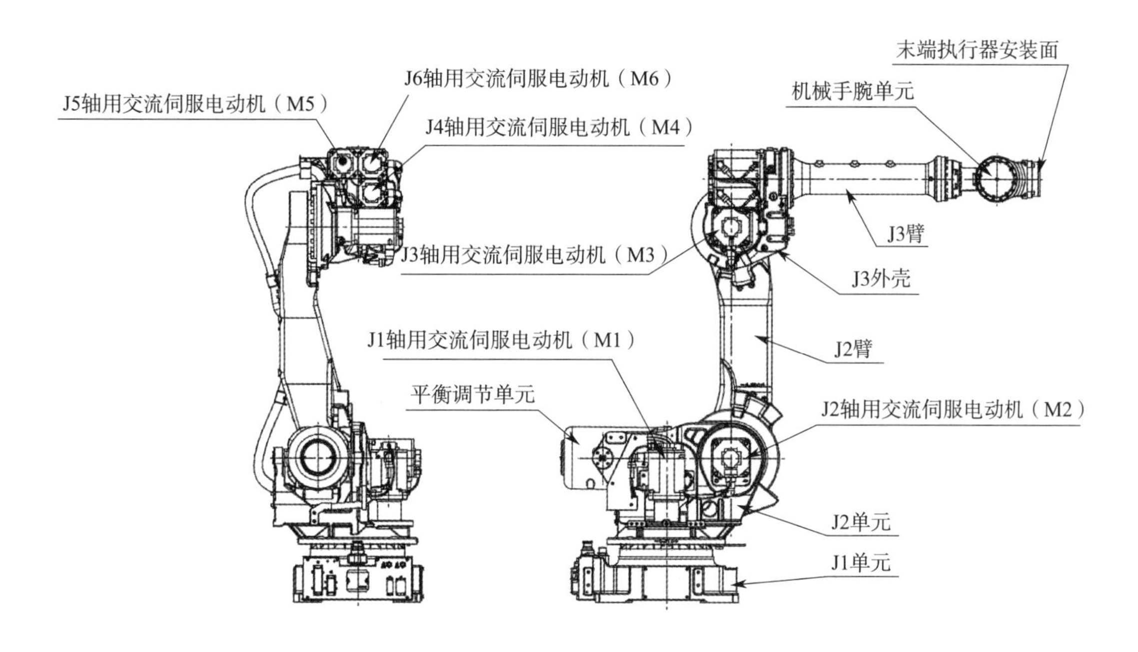

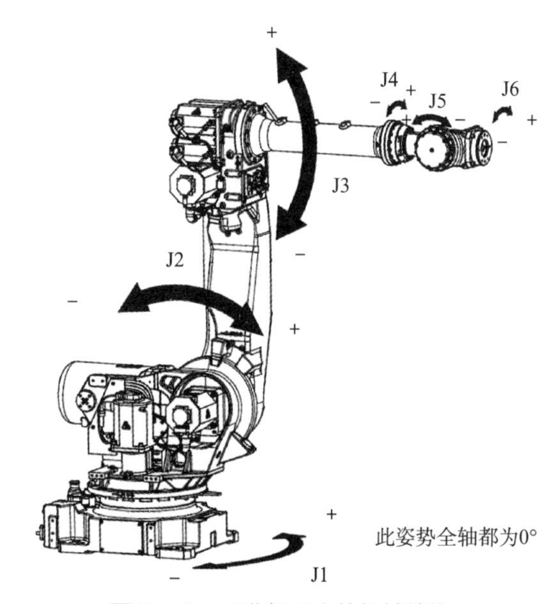

图 7-10　工业机器人的机械结构

机身起支撑作用，固定的机器人机身基座直接固定在地面上，可移动的机器人机身基座安装在移动机构上。

轴的作用是精确地操控末端执行器（工具）以要求的姿态到达所要求的位置，实现工具的运动。在工作中，机器人轴直接承受工具或工件的静载荷、动载荷，且自身运动较多，因此受力情况较为复杂。

机器人机械部分发生的故障有时是由于多个原因造成的，要彻底查清原因往往很困难。此外，若采取错误的对策，则反而会导致故障进一步恶化。因此，详细分析故障情况，明确真正的故障原因十分重要。

一、工业机器人运动轴运动异常

工业机器人运动轴运行过程中出现振动，其主要原因是机器人发生过碰撞或在过载状态下长期使用。运动轴运动异常的情况分类、异常原因及处理方法见表 7–1。

表 7–1　　运动轴运动异常

情况分类	异常原因	处理方法
（1）在动作时的某一特定姿势下产生振动 （2）放慢动作速度时不振动 （3）加减速时振动尤其明显 （4）多个轴同时产生振动	［过载］ （1）机身上安装了超过允许值的负载 （2）动作程序对机器人运动的规定太严格 （3）输入了不合适的加速度值	（1）确认机器人的负载允许值。当实际负载超过允许值时，减少负载，或改变动作程序 （2）通过改变动作程序来缓和特定部分的振动 （3）降低速度、加速度等，将给总体循环时间带来的影响控制在最小限度内
不能通过地板面、架台等其他机械部分来确定故障原因	［控制装置、电缆、电动机］ （1）控制装置内的回路发生故障，运动指令没有被正确传递给电动机，或电动机信息没有正确传递给控制装置 （2）脉冲编码器发生故障，电动机的位置没有正确传递给控制装置 （3）电动机主体部分发生故障，不能发挥其原有的性能 （4）机械部分内的可动部电缆的动力电缆断线，电动机不能跟从指令值 （5）机械部分内的可动部的脉冲编码器断线，指令值不能正确传递给电动机	（1）对有关控制装置进行故障追踪，请参阅控制装置维修说明书 （2）更换振动轴电动机的脉冲编码器，确认是否还振动 （3）更换振动轴的电动机，确认是否还振动。有关更换方法请向机器人厂家咨询 （4）检查确认已经提供规定电压 （5）确认电源电缆上是否有外伤，有外伤时更换电源电缆，确认是否还振动 （6）确认机械部分和控制装置的连接电缆上是否有外伤，有外伤时更换连接电缆，确认是否还振动 （7）确认机器人是否因在特定姿势下振动而导致机械部分内电缆断线，调整机器人姿势，更换连接电缆

续表

情况分类	异常原因	处理方法
不能通过地板面、架台等其他机械部分来确定故障原因	（6）机械部分和控制装置的连接电缆快要断线 （7）电压下降，没有提供规定电压 （8）因某种原因输入了与规定值不同的动作控制用参数	（8）若机器人在停止的状态下摇晃并发生报警，则需要更换机械部分电缆 （9）确认已经输入正确的动作控制用参数，若有错误，则重新输入参数，或向机器人厂家咨询

二、工业机器人紧固松动

工业机器人紧固部分分为底座和垫板的固定、J1 轴基座的固定、架台或地板面的固定、机械部分连接螺栓的紧固四类。机器人紧固松动的情况分类、异常原因及处理方法见表 7–2。

表 7–2　　紧固松动

情况分类	异常原因	处理方法
（1）机器人动作时，底座从垫板上向上浮起 （2）底座和垫板之间有空隙 （3）将底座固定到垫板的焊接部上出现龟裂	［底座和垫板的固定］ （1）底座和垫板的焊接部脱落，底座没有牢固地固定在垫板上 （2）底座没有牢固地固定在垫板上，机器人动作时底座浮起，从而导致振动	（1）重新进行底座和垫板的焊接，将其固定起来 （2）焊接强度不充分时，增加焊接脚长、焊接长度
（1）机器人动作时，J1 轴基座从底座上向上浮起 （2）J1 轴基座和底座之间有空隙 （3）J1 轴基座固定螺栓松动	［J1 轴基座的固定］ （1）固定螺栓松动 （2）底座平面度误差较大 （3）J1 轴基座和底座之间夹杂异物 （4）J1 轴基座没有牢固地固定在底座上，机器人动作时 J1 轴基座从底座上浮起，从而导致振动	（1）固定螺栓松动时，使用螺栓紧固器以适当的力矩切实拧紧 （2）改变底座的平面度，使平面度误差在公差范围内 （3）检查 J1 轴基座和底座之间是否夹杂异物，如有异物，去除 （4）将 J1 轴基座和底座之间用黏结剂黏合起来
机器人动作时，架台或地板面振动	［架台或地板面的固定］ （1）架台或地板面的刚性不足 （2）架台或地板面的刚性不足时，由于机器人动作时的反作用力，架台或地板面变形，导致振动	（1）加固架台、地板面，提高其刚性 （2）难以加固架台、地板面时，通过改变动作程序，可以缓和振动

续表

情况分类	异常原因	处理方法
（1）在切断机器人电源时，用手能晃动部分机械部分 （2）机械部分的连接面有空隙	［机械部分固定螺栓的紧固］ 因为过载、碰撞等，机器人机械部分的固定螺栓松动	针对各轴，检查电动机固定螺栓、减速器外壳固定螺栓、减速器轴固定螺栓、基座固定螺栓、机械臂固定螺栓、外壳固定螺栓、末端执行器固定螺栓是否松动，如果松动，则用螺栓紧固器以适度力矩切实将其拧紧

三、工业机器人运动杂音

工业机器人运动杂音的情况分类、异常原因及处理方法见表 7–3。

表 7–3　　运动杂音

情况分类	异常原因	处理方法
（1）更换润滑脂后发出异常响声 （2）长期停机后运转机器人时发出异常响声 （3）低速运转时发出异常响声	［润滑脂］ （1）使用非指定润滑脂 （2）使用了指定润滑脂，但在刚更换完后或长期停机后重新启动时，机器人在低速运转下会发出异常响声	（1）使用指定润滑脂 （2）使用指定润滑脂还发出异常响声时，观察 1～2 天机器人的运转情况。1～2 天后，通常情况下，异常响声会消失
（1）碰撞后，或在过载状态下长期使用后，机器人产生振动，发出异常响声 （2）长期没有更换润滑脂的轴产生振动，发出异常响声	［齿轮、轴承、减速器破损］ （1）因为碰撞造成过大的外力作用于驱动系统，致使齿轮、轴承、减速器的齿轮面或滚动面损伤 （2）长期在过载状态下使用，致使齿轮、轴承、减速器的齿轮面或滚动面因机械疲劳而剥落 （3）齿轮、轴承、减速器内部咬入异物，致使齿轮、轴承、减速器的齿轮面或滚动面损伤 （4）在长期不更换润滑油的状态下使用，致使齿轮、轴承、减速器的齿轮面或滚动面因机械疲劳而剥落	（1）使机器人单轴动作，检查是否有几个轴产生振动，拆下电动机，更换齿轮、轴承、减速器部件。有关部件的规格、更换方法请向机器人厂家咨询 （2）避免在过载状态下使用，从而可以避免驱动系统故障 （3）检查齿轮、轴承、减速器的内部，取出异物，若齿轮、轴承、减速器的齿轮面或滚动面有损伤，则更换相应零件 （4）按照规定周期更换指定润滑脂

续表

情况分类	异常原因	处理方法
机器人附近机械的动作状况与机器人的振动、噪声有某种关联性	［机器人附近机械的电气噪声］ （1）没有切实连接地线，电气噪声混入地线，导致机器人因指令值不能正确传递而振动，发出异常响声 （2）地线连接场所不合适，导致接地不稳定，致使机器人因电气噪声混入而振动，发出异常响声	切实连接地线，避免接地线碰撞，防止电气噪声混入

四、电动机过热

工业机器人电动机过热的情况分类、异常原因及处理方法见表 7–4。

表 7–4　电动机过热

情况分类	异常原因	处理方法
（1）机器人安装场所温度上升，导致电动机过热 （2）在电动机上安装盖板，导致电动机过热	［环境条件］ 环境温度上升或安装的电动机盖板导致电动机散热情况恶化	（1）降低环境温度（预防电动机过热的最有效手段） （2）改善电动机周边的通风条件，采用风扇鼓风，可有效预防电动机过热 （3）电动机周围有热源时，设置一块预防辐射热的屏蔽板，可有效预防电动机过热
在改变动作程序和负载条件后，电动机过热	［动作条件］ 在超过允许平均电流值的条件下使电动机动作	（1）通过示教器监控平均电流值，确认运行动作程序时的平均电流值（根据环境温度，机器人规定了不会发生过热的允许平均电流值） （2）放宽动作程序、负载条件，使平均电流值下降，从而防止电动机过热
在变更动作控制用参数后发生电动机过热	［参数］ 所输入的数据不合适时，机器人加减速不当，致使平均电流值增加	请按照控制部分操作说明书输入适当的数据

续表

情况分类	异常原因	处理方法
其他	[机械部分驱动系统故障] 机械部分驱动系统发生故障，致使电动机承受过大负载 [电动机故障] （1）电动机制动器发生故障，致使电动机始终在受制动的状态下动作，导致电动机承受过大负载 （2）电动机主体发生故障，致使电动机自身不能发挥性能，从而使过大的电流流过电动机	（1）请参照运动轴运动异常、紧固松动、运动杂音的相关处理方法，排除机械部分故障 （2）检查在伺服系统的励磁上升时，制动器是否放开。若制动器没有放开，应更换电动机 （3）检查更换电动机后平均电流值是否仍上升，若仍上升，向 FANUC 公司咨询

五、运动轴更换

运动轴更换主要指电动机、减速器、齿轮等机械部件更换。其中，减速器主要安装在 J1 轴、J2 轴、J3 轴、J4 轴。搬运和组装表 7–5 中各种质量的运动轴部件时，应特别小心。

表 7–5　　运动轴各部件质量

<table>
<tr><th colspan="3">机械结构</th><th>质量（约数，kg）</th></tr>
<tr><td rowspan="3">电动机</td><td colspan="2">M1、M2、M3</td><td>30</td></tr>
<tr><td colspan="2">M4、M6</td><td>10</td></tr>
<tr><td colspan="2">M5</td><td>15</td></tr>
<tr><td rowspan="6">减速器</td><td colspan="2">J1 轴</td><td>110</td></tr>
<tr><td colspan="2">J2 轴</td><td>70</td></tr>
<tr><td rowspan="2">J3 轴</td><td>165EW</td><td>50</td></tr>
<tr><td>200EW</td><td>55</td></tr>
<tr><td rowspan="2">J4 轴</td><td>165EW</td><td>10</td></tr>
<tr><td>200EW</td><td>12</td></tr>
<tr><td colspan="3">J2 轴机械臂</td><td>130</td></tr>
<tr><td colspan="3">平衡调节单元</td><td>150</td></tr>
<tr><td colspan="2" rowspan="2">机械手腕单元</td><td>165EW</td><td>110</td></tr>
<tr><td>200EW</td><td>120</td></tr>
<tr><td colspan="3">控制装置</td><td>180</td></tr>
</table>

以更换工业机器人机械手腕单元（J5 轴、J6 轴）为例，说明更换运动轴的步骤。

1. 拆解

（1）从机械手腕上移除机械手、工件等负载。

（2）拆除机械手腕部内装电缆。

（3）拆除机械手腕单元的螺栓、垫圈、弹簧销并拆除机械手腕单元，如图 7–11 所示。

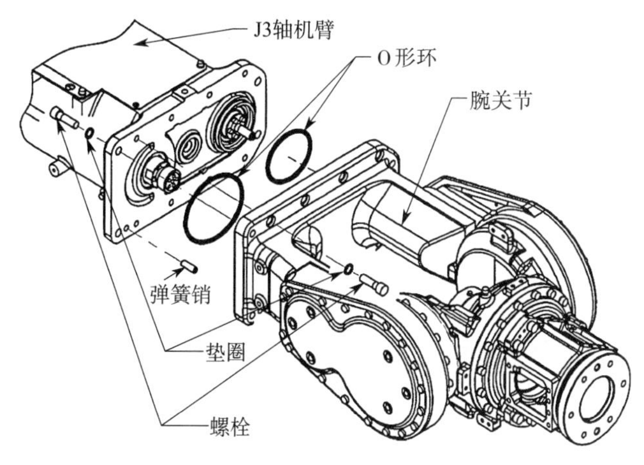

图 7–11　拆除机械手腕单元

2. 组装

（1）将两个新的 O 形环安装到机械手腕单元端面上。

（2）用螺栓、垫圈、弹簧销将机械手腕单元固定起来。

（3）涂润滑脂。

（4）安装机械手腕部内装电缆。

（5）进行调校（更换后，必须进行调校）。

第 8 章　工业机器人末端执行机构

学习单元 1　工装夹具与抓手

学习目标

1. 熟悉工业机器人工装夹具
2. 熟悉工业机器人抓手

知识要求

一、工装夹具

工装夹具作为工业机器人的末端执行机构，又称工业机器人的工具，是直接执行作业任务的装置。大多数工装夹具的结构和尺寸都是根据其不同的作业任务要求来设计的，从而形成了多种多样的结构形式。根据用途和结构的不同，工装夹具可以分为机械式末端执行器、吸附式末端执行器和专用工具三类。专用工具包括焊接用的焊枪、喷漆用的喷嘴等。

二、抓手

工业机器人的抓取作业是工业生产中的一个重要应用，使用的是机械式末端执行器或吸附式末端执行器，这种末端执行器又称抓手，如图 8–1 所示。

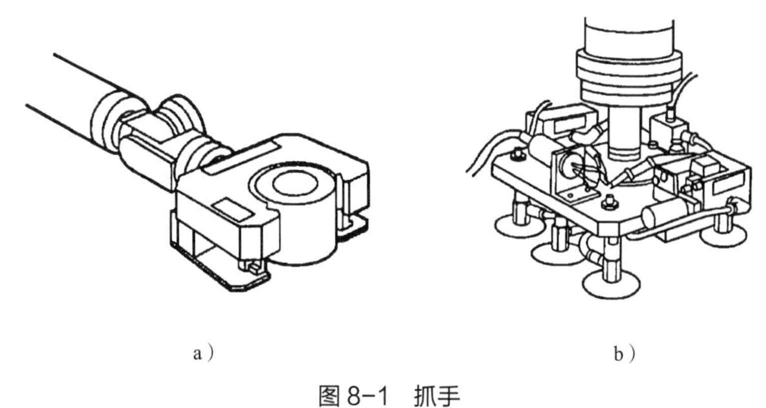

图 8-1　抓手

a）机械式　b）吸附式

机械式抓手按夹持结构可分为外夹式和内撑式，按动力源可分为电动式、液压式、气动式等。其中，以气压传动为动力源的抓手具有速度快、响应好、活动灵活、结构简单、成本低等特点，使用更广泛。

吸附式抓手利用吸盘内负压产生的吸力来吸住并移动工件。吸盘用软橡胶或塑料制成的皮碗中形成的负压来吸住工件。吸附式抓手适用于吸取大而薄、刚性差、表面平整光洁的金属，以及木质板材、纸张、玻璃和弧形壳体等零件。

学习单元 2　气动基础

学习目标

1. 了解工业机器人的气动系统组成
2. 熟悉工业机器人的气路图
3. 了解工业机器人的气缸
4. 熟悉工业机器人的三联件
5. 了解工业机器人的电磁阀
6. 熟悉工业机器人的气动附件

知识要求

工装夹具的动作执行多需要气压传动。气压传动（简称气动）是以压缩气体为工作介质，靠气体的压力传递动力或信息的流体传动。传递动力的系统将压缩气体经由管道和控制阀输送给气动执行元件，把压缩气体的压力能转化为机械能。

一、气动系统的组成

一般气动系统由动力元件、执行元件、控制调节元件、辅助元件、工作介质五个部分组成。

1. 动力元件

动力元件将输入的机械能转化为气体的压力能，是系统的动力源，一般指空气压缩机。

2. 执行元件

执行元件将气体的压力能转化为机械能对外做功，如气缸等。

3. 控制调节元件

控制调节元件用来控制气动系统的气体压力、流量和流动方向，通常指各种电磁阀。

4. 辅助元件

辅助元件是指除动力元件、执行元件、控制调节元件以外的元件，如空气过滤器、压力表、管道、管接头等。

5. 工作介质

工作介质是指压缩空气，用以传递能量和信号。

二、气路图

1. 气路图绘制

为简化气动系统的表示方法，通常采用气动图形符号来绘制气路图。其中，气动图形符号只表示元件的职能，并不表示元件的结构和参数。元件的图形符号应以元件的静止状态或零位状态来表示。

图 8-2 所示为常见气动式机械抓手的气路图。气动式机械抓手将机械结构与气缸的活塞相连接，用电磁阀来控制抓手夹紧或放松。其动力输送控制元件是气动三联件，控制调节元件为电磁阀，执行元件是气缸。

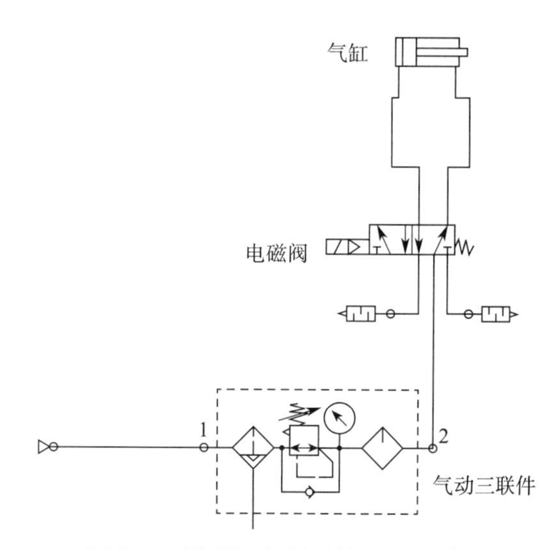

图 8-2　常见气动式机械抓手的气路图

绘制气路图时，需注意气体流动顺序、气路功能要求、气动元器件布局。一般工业机器人气路图是按气体流动顺序绘制的。

绘制气路图可采用计算机辅助软件，常用辅助软件有 Microsoft Visio、AutoCAD、SolidWorks 等。

2. 气路图识读

气路图主要的作用是帮助制造者快速地将气路连接完成。要理解气路图，首先需要了解每个气动元件的图形符号。常用气路图形符号见表 8-1。

表 8-1　常用气路图形符号

气　缸			
名称	符号	名称	符号
单作用气缸		双作用气缸 单活塞缸	

续表

名称	符号	名称	符号
带弹簧单作用气缸	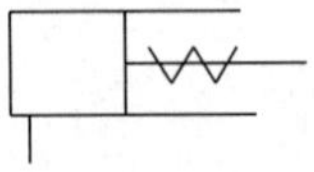	双作用气缸双活塞缸	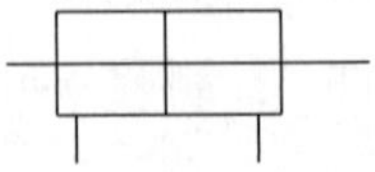

方向控制阀

<table>
<tr><th colspan="2">名称</th><th>符号</th><th colspan="2">名称</th><th>符号</th></tr>
<tr><td colspan="2">单向阀</td><td>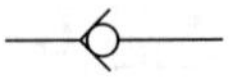</td><td rowspan="3">三位四通</td><td>中间封闭式</td><td>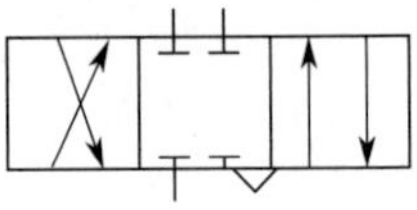</td></tr>
<tr><td rowspan="2">二位三通</td><td>常通</td><td>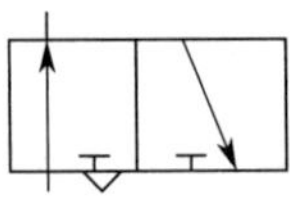</td><td>中间加压式</td><td>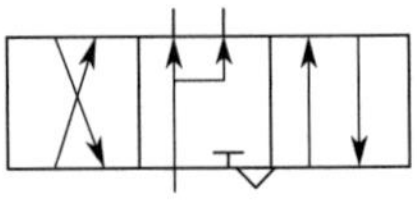</td></tr>
<tr><td>常断</td><td>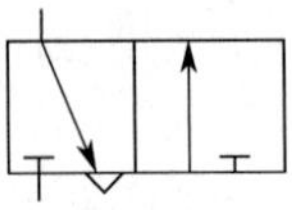</td><td>中间泄压式</td><td>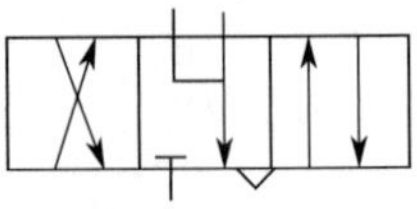</td></tr>
<tr><td colspan="2">快速排气阀</td><td>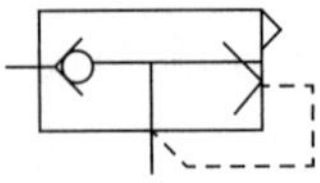</td><td colspan="2">电气伺服阀</td><td>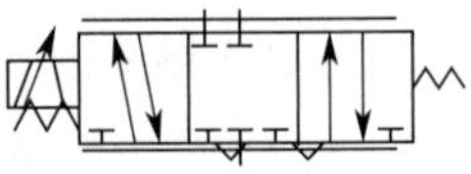</td></tr>
</table>

流量控制阀

<table>
<tr><th colspan="2">名称</th><th>符号</th><th>名称</th><th>符号</th></tr>
<tr><td colspan="2">截止阀</td><td>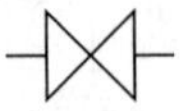</td><td>减速阀</td><td>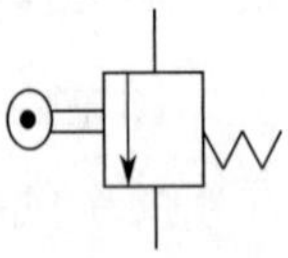</td></tr>
<tr><td rowspan="2">节流阀</td><td>不可调</td><td>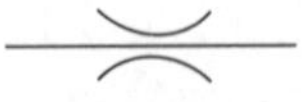</td><td>可调单向节流阀</td><td>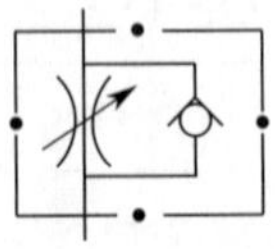</td></tr>
<tr><td>可调</td><td>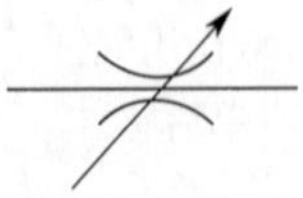</td><td>带消声器的节流阀</td><td>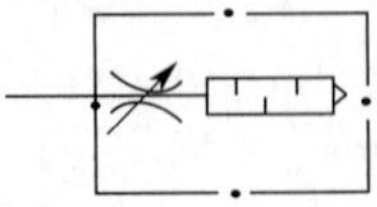</td></tr>
</table>

续表

<table>
<tr><th colspan="4">气动辅助元件及其他</th></tr>
<tr><th>名称</th><th>符号</th><th>名称</th><th>符号</th></tr>
<tr><td>气压源</td><td>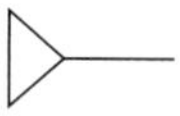</td><td>压力计</td><td>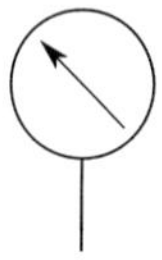</td></tr>
<tr><td>空气过滤器</td><td>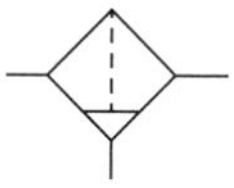</td><td>油雾器</td><td>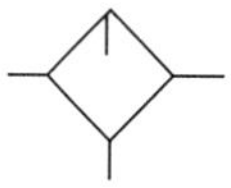</td></tr>
<tr><td>先导型减压阀</td><td>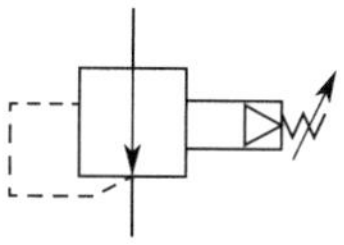</td><td>气动三联件</td><td>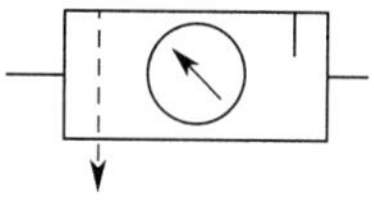</td></tr>
</table>

<table>
<tr><th colspan="6">管路及管接头</th></tr>
<tr><th colspan="2">名称</th><th>符号</th><th colspan="2">名称</th><th>符号</th></tr>
<tr><td colspan="2">工作管路控制
供给管路</td><td></td><td rowspan="3">放气
装置</td><td>连续放气</td><td></td></tr>
<tr><td colspan="2">控制管路
排气管路</td><td></td><td>间断放气</td><td>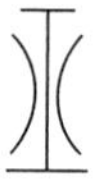</td></tr>
<tr><td colspan="2">连接管路</td><td>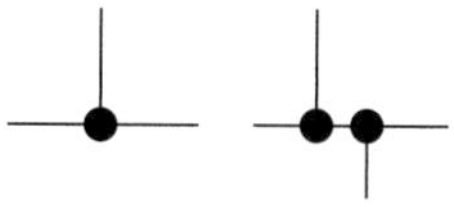</td><td>单向放气</td><td>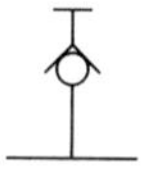</td></tr>
<tr><td colspan="2">交叉管路</td><td>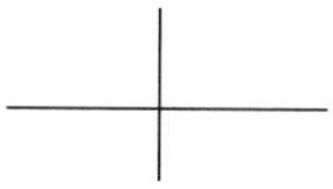</td><td rowspan="3">排气孔</td><td>不带连接
螺纹</td><td>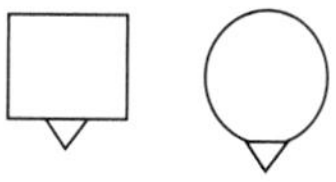</td></tr>
<tr><td rowspan="2">快换
接头</td><td>不带
单向阀</td><td>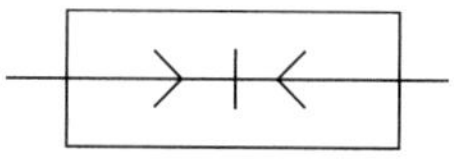</td><td>带连接螺纹</td><td>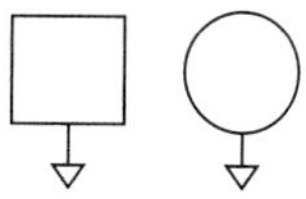</td></tr>
<tr><td>带单向阀</td><td>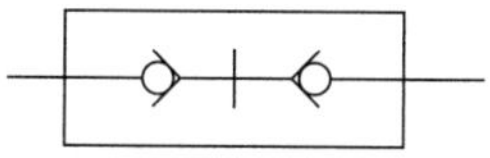</td><td>封闭气口</td><td>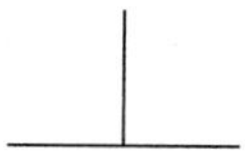</td></tr>
</table>

三、气缸

1. 气缸的工作原理

气缸是将压缩空气的压力能转化为机械能的装置，是驱动机构做直线往复运动、摆动和旋转运动的部件。气缸可分为做直线往复运动的气缸、做摆动运动的摆动气缸、气爪等。做直线往复运动的气缸可分为单作用气缸、双作用气缸、膜片式气缸、冲击式气缸。

以气动系统中最常用的单活塞杆双作用气缸为例，该气缸是引导活塞在缸内进行直线往复运动的圆筒形金属件，由缸筒、缸盖、活塞、活塞杆等组成，如图 8–3 所示。

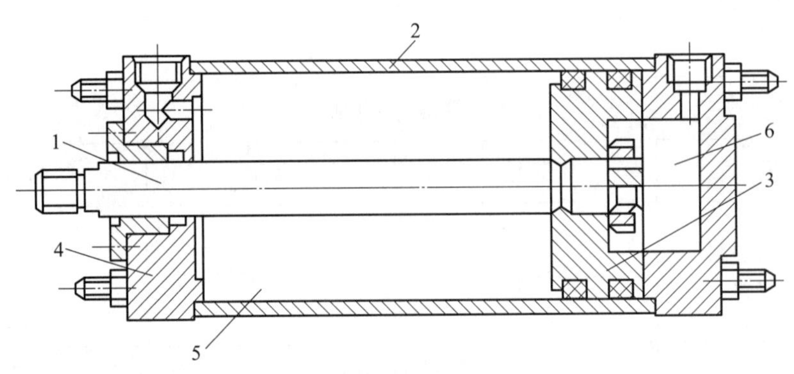

图 8–3 单活塞杆双作用气缸

1—活塞杆 2—缸筒 3—活塞 4—缸盖 5—有杆腔 6—无杆腔

单活塞杆双作用气缸内部被活塞分成两个腔。有活塞杆的腔称为有杆腔，无活塞杆的腔称为无杆腔。当从无杆腔输入压缩气体并从有杆腔排气时，气缸两腔的压力差作用在活塞上所形成的力克服阻力推动活塞运动；当从有杆腔输入压缩气体并从无杆腔排气时，活塞杆缩回。若有杆腔和无杆腔交替进行进气和排气，则活塞实现直线往复运动。

2. 气缸的安装

气缸安装形式可分为固定式、轴销式、回转式、嵌入式。固定式是指将气缸安装在机体上固定不动，分脚座式和法兰式两种。轴销式是指缸体可围绕固定轴做一定角度的摆动，分耳环式和耳轴式两种。回转式是指将缸体固定在机床主轴上，使其可随机床主轴做高速旋转运动，这种气缸常用于机床上的气动卡盘中，以实现工件自动装卡。嵌入式是指将气缸缸筒直接制作在夹具体内。

安装气缸时的注意事项如下。

1）安装固定式气缸时，负载和活塞杆的轴线要一致。安装耳环式气缸和耳轴式气缸时，应保证气缸的摆动和负载的摆动在一个平面内。

2）脚座式气缸的脚座上若有定位孔，可用于定位固定。耳轴式气缸轴承支座的安装面离轴承的距离较大时，要注意安装面的安装螺钉不得受力太大，否则易损坏。

3）气缸安装完毕后，应在无负载的状态下用工作压力运行 2 ~ 5 次，检查有无异常现象。

3. 气缸的使用

（1）空气品质。要使用清洁干燥的压缩空气。安装前，应对连接配管进行充分吹洗，不要将灰尘、切屑末、密封带碎片等杂质带入缸体、阀体内。

（2）使用环境。在灰尘多、有水滴或油滴的场所，杆侧应带伸缩防护套（安装时，避免出现拧扭现象）。不能使用伸缩防护套的场合，应选用带强力防尘圈的气缸或防水气缸。

气缸的环境温度和介质温度在带磁性开关时若超出 −10 ~ 60 ℃的范围，在不带磁性开关时若超出 −10 ~ 70 ℃的范围，要采用防冻或耐热措施。

标准气缸不得用于有腐蚀性的雾气或使密封圈泡胀的雾气环境中。

（3）气缸润滑。给油润滑气缸应配置流量合适的油雾器。不给油润滑气缸因为缸内预加了润滑脂，所以可以长期使用。这种气缸也可以给油使用，但一旦给油就不得再停止，因为预加润滑脂可能已被冲洗掉，不给油会导致气缸动作不良。

（4）气缸负载。活塞杆通常只能承受轴向负载，要避免向活塞杆上施加横向负载和偏心负载。有横向负载时，活塞杆上应加导向装置，或选用带导杆的气缸等。

气缸受力大时，要有防止气缸安装台松动变形的措施。

4. 气缸的选择规则

应根据工作要求和条件正确选择气缸的类型。下面以单活塞杆双作用气缸为例，介绍气缸的选择规则。

（1）气缸的缸径。应根据气缸承载力的大小来确定气缸的输出力，由此计算气缸的缸径。气缸的缸径越小，输出力越小。

（2）**气缸的行程。**气缸的行程与使用场合和机构行程有关，但一般不选用满行程。

（3）**气缸的强度和稳定性。**气缸的强度需要按相应的计算公式对缸筒壁厚、活塞杆直径、缸盖固定螺栓进行校核，同时在规定的安全系数上对稳定性进行计算校核。

（4）**气缸的安装形式。**气缸的安装形式根据安装位置、使用目的等因素决定，一般情况下采用固定式气缸。在需要随工作机构连续回转时，如在车床、磨床等机床上时，应选用回转气缸。在活塞杆除需做直线运动外，还需做圆弧摆动时，则选用轴销式气缸。有特殊要求时，应选用相应的特种气缸。

（5）**气缸的缓冲装置。**应根据气缸活塞杆的速度决定是否采用缓冲装置。

（6）**磁性开关。**当气动系统采用电气控制方式时，可选用带磁性开关的气缸。

（7）**其他要求。**若气缸工作在恶劣环境（如有灰尘等）下，则需在活塞杆伸出端安装防尘罩。要求无污染时，需选用不给油润滑气缸或无油润滑气缸。

四、三联件

1. 三联件的工作原理

三个设备无管连接而成的组件称为三联件。在气动系统中，气动三联件是指空气过滤器、减压阀和油雾器，如图 8–4 所示。

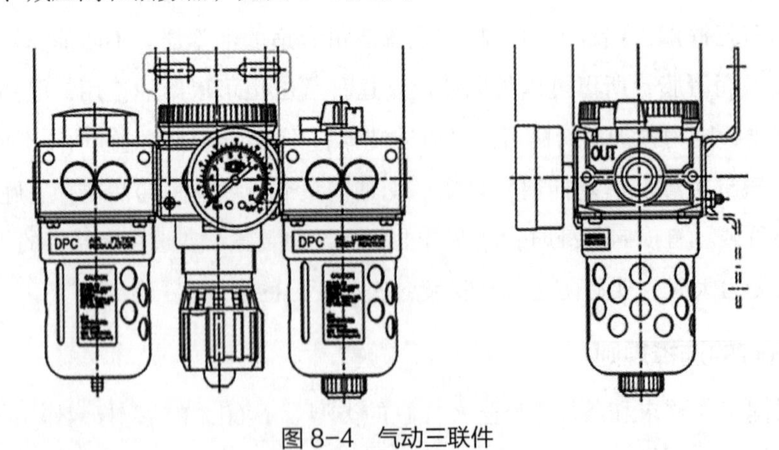

图 8–4　气动三联件

（1）**空气过滤器。**空气过滤器用于对气源进行清洁，可过滤压缩空气中的水分，避免水分随气体进入装置。

（2）**减压阀。**减压阀可对气源进行稳压，使气源处于恒定状态，减小气源气压突变对阀门或执行器等硬件的损伤。

（3）**油雾器。**油雾器可对机体运动部件进行润滑，也可对不方便加润滑油的部件进行润滑，大大延长机体使用寿命。

三联件是多数气动系统不可缺少的气源装置，一般安装在用气设备附近，是压缩空气质量的最后保证。三联件的安装顺序依进气方向为空气过滤器→减压阀→油雾器。

有些品牌的气缸能够实现无油润滑（靠预加润滑脂实现润滑功能），不需要使用油雾器。空气过滤器和减压阀组合在一起可以称为气动二联件，空气过滤器和减压阀集装在一起可以称为过滤减压阀。有些场合不允许压缩空气中存在油雾，则需要使用油雾分离器将压缩空气中的油雾过滤掉。总之，这几个元件可以根据需要进行选择组合使用。

2. 三联件的选择规则

选择三联件所需注意的参数有压力表口径、最高使用压力、接管口径，具体选择规则如下。

（1）**气动三联件的尺寸。**选择合适的气动三联件尺寸需要知道连接接口的管路口径、空气流量、过滤精度，并根据最大压力确定调压范围。气动三联件的调压范围一般为 0.1 ~ 0.85 MPa，环境及流体温度范围为 1 ~ 100 ℃。

（2）**空气过滤器的过滤精度。**空气过滤器的过滤精度是指过滤杂质时需要满足的空气过滤器滤芯的最大通过直径，不同空气环境会有不同的过滤精度选择，一般有 2 μm、5 μm、10 μm、25 μm 等。

（3）**减压阀。**在一定的进口压力下，当输出流量发生变化时，出口压力变化越小越好。一般情况下，出口压力越小，其随输出流量的变化波动就越小。减压阀进口压力的波动应控制为进口压力给定值的 80% ~ 105%，如超过该范围，减压阀的性能会受影响。

3. 三联件的安装与使用

空气过滤器必须要垂直安装，经常放水、清洗。在日常情况下，如果使减压阀停止工作，手柄要回归初始状态，防止长期受压导致减压阀使用寿命和精度大大降低。另外，还需要清理连接管道内的灰尘和铁锈。

五、电磁阀

电磁阀是用来控制流体的自动化基础元件，属于控制调节元件，并不限于液压系统、气动系统使用，如图 8-5 所示。电磁阀在工业控制系统中用于调整介质的方向、流量、速度等。电磁阀可以配合不同的电路来实现预期控制，且能够保证控制的精度和灵活性。

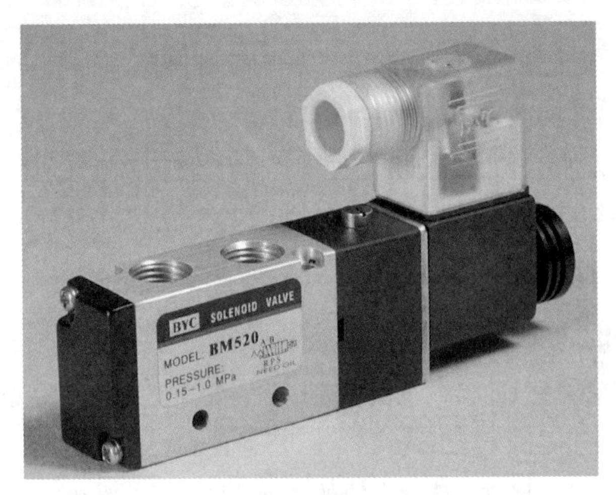

图 8-5　电磁阀

1. 电磁阀的种类

电磁阀有很多种，不同的电磁阀在控制系统的不同位置上发挥不同的作用。最常用的电磁阀包括单向阀、安全阀、方向控制阀、速度调节阀等。

电磁阀按电控种类分为单电控电磁阀和双电控电磁阀。单电控电磁阀有复位弹簧和一个电磁线圈。电磁线圈得电时，电磁阀内部滑阀开启；电磁线圈失电时，电磁阀自动复位。双电控电磁阀有两个电磁线圈，某个电磁线圈得电只能瞬间移动滑阀，需要另一个电磁线圈通电才能复位。

电磁阀按驱动种类分为电动电磁阀和气动电磁阀。电动电磁阀操作简单，不需要压缩空气，但是响应速度慢，控制精度和调节性能较差。气动电磁阀的特点是控制精度高，响应速度快，工作稳定性好，适用范围广。

2. 电磁阀的工作原理

电磁阀里有密闭的腔，在不同位置开有孔，每个孔连接不同的气管，腔中间是活塞，两侧各有一块电磁铁。当一侧的电磁线圈通电时，阀体就会被吸引到这一侧，电磁阀通过控制阀体的移动来开启或关闭不同的排气孔，而进气孔是常开的，气体因此就会进入不同的排气管，通过气体压力来推动气缸活塞，活塞又带动活塞杆，活塞杆又带动机械装置，如图 8-6 所示，这样便通过控制电磁铁的电流通断控制了机械运动。

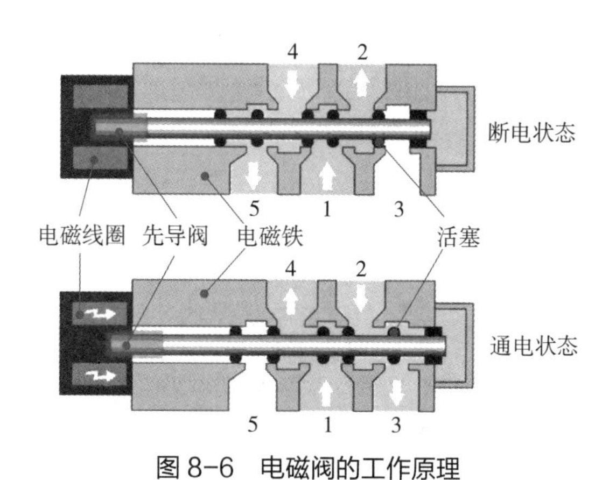

图 8-6　电磁阀的工作原理

电磁阀按工作原理分为三大类，分别是直动式电磁阀、先导式电磁阀、分步直动式电磁阀。

（1）直动式电磁阀。通电时，电磁线圈产生电磁力，把关闭件从阀座上提起，阀门打开；断电时，电磁力消失，弹簧把关闭件压在阀座上，阀门关闭。

（2）先导式电磁阀。通电时，电磁线圈产生电磁力，提起阀杆，导阀口打开，此时电磁阀上腔通过先导孔卸压，在主阀芯周围形成上低下高的压力差，在压力差的作用下，流体压力推动主阀芯向上移动，将主阀口打开；断电时，在弹簧力和主阀芯重力的作用下，阀杆复位，先导孔关闭，主阀芯向下移动，主阀口关闭，电磁阀上腔压力升高，流体压力向主阀芯加压，使密封更好。

（3）分步直动式电磁阀。分步直动式电磁阀结合了直动式电磁阀和先导式电磁阀的特点，当进气口与出气口没有压差时，通电后，电磁力直接将先导小阀和主阀关闭件依次向上提起，阀门打开。

3. 电磁阀的组装与安装

（1）电磁阀的组装。电磁阀的组装需要电控装置、气接头、消声器等部件。

电控装置就是控制电磁阀电磁线圈得电或失电的电路装置，电磁阀的控制信号可以是人工控制的按钮、机器人等的输出信号。单电控电磁阀组装时需要配置 1 个电控装置，双电控电磁阀组装时需要配置 2 个电控装置。

气接头和消声器是电磁阀气路连接时使用的部件，气路连接需使用生料带密封。气接头的作用是连接电磁阀气孔和气管，形成完整的气路。例如，一个两位五通电磁阀具有 5 个气孔，需安装 5 个气接头，分别是 1 个进气孔（接进气气源）、1 个正动作出气孔和 1 个反动作出气孔（分别提供给气缸的一正一反动作气源）、1 个正动作排气孔和 1 个反动作排气孔，如图 8–7 所示。另外，两位五通电磁阀的 2 个排气孔需要配置 2 个消声器，以减少排气噪声。

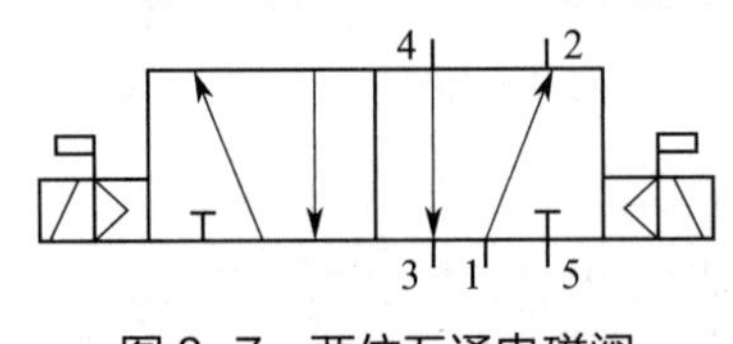

图 8–7　两位五通电磁阀

1—进气孔　2—正动作出气孔　3—正动作排气孔　4—反动作出气孔　5—反动作排气孔

（2）**电磁阀的安装。**工业机器人系统中使用电磁阀是为了驱动工业机器人气动抓手，可以通过组输出信号（GO）、数字输出信号（DO）直接控制。安装电磁阀时，具体的注意事项如下。

1）安装前，应参阅产品使用说明书，确认其符合系统的使用要求。

2）管路使用前应冲洗干净，介质不清洁时应安装过滤器，以防止杂质妨碍正常工作。

3）电磁阀应保证在额定电压的 90%～115% 范围内能正常工作。

4）电磁阀一般是单向工作的，不能反装，阀上的箭头应与管路气体的运动方向保持一致。

5）安装时，需要将电磁阀固定在面板上。一般保持阀体水平，线圈垂直向上；有些电磁阀可以任意安装，但在条件允许时最好使阀体垂直，以延长使用寿命。电磁阀不可以安装在水中。

6）电磁线圈引出线连接好后，应确认是否牢固，连接机器人的触点不应松动，松动将引起电磁阀不工作。

7）要连续生产工作的电磁阀最好采用旁路，以便于检修，不影响生产。

8）长时间停用的电磁阀应排清凝结物后再使用；拆洗时，各零件要按顺序放好，再按原状装好。

4. 电磁阀的选择规则

选择电磁阀时，应考虑安全性、适用性、可靠性、经济性。具体选择规则如下。

（1）安全性

1）介质。对于腐蚀性介质，宜选用塑料电磁阀和全不锈钢电磁阀。对于强腐蚀性介质，必须选用隔离膜片式电磁阀。对于中性介质，宜选用以铜合金为阀壳材料的电磁阀，否则阀壳中常有锈屑脱落，尤其是动作不频繁时。氨用阀则不能采用铜材。

2）环境。在爆炸性环境中使用时，必须选用相应防爆等级的电磁阀。露天安装或在粉尘多的场合安装时，应选用防水、防尘的电磁阀。

3）公称压力。电磁阀公称压力应超过管内最高工作压力。

（2）适用性

1）介质

①对于液态或混合状态的介质，应分别选用不同品种的电磁阀。

②介质温度应在电磁阀允许范围之内。针对不同的介质温度，应使用不同规格的电磁阀，否则电磁线圈易被烧掉，密封件易老化，严重影响电磁阀的使用寿命。

③介质黏度通常在 50 cSt（厘斯）以下。若超过此值，当通径大于 15 mm 时，应使用多功能电磁阀；当通径小于 15 mm 时，应使用高黏度电磁阀。

④介质清洁度不高时，应在电磁阀前装配反冲过滤器；介质压力低时，可选用直动膜片式电磁阀。

⑤介质若是定向流通，且不允许倒流，需用双向流通的电磁阀。

2）管道

①根据介质流向要求及管道连接方式选择电磁阀阀门通口及型号。

②根据流量和电磁阀阀门管口尺寸选定公称通径，也可同管道内径。

③最低工作压差在 0.04 MPa 以上时，可选用间接先导式电磁阀；最低工作压差接近或小于零时，必须选用直动式电磁阀或分步直动式电磁阀。一般选择分步直动式电磁阀。

3）环境

①环境的最高温度和最低温度应在电磁阀工作的允许范围之内。

②环境相对湿度高或有水滴、雨淋等情况时，应选用防水电磁阀。

③环境中经常有振动、颠簸、冲击等情况发生时，应选用特殊品种，如船用电磁阀。

④在腐蚀性环境或爆炸性环境中使用时，应优先根据安全性要求选用耐腐蚀型电磁阀或防爆电磁阀。

⑤环境空间受限制时，需选用多功能电磁阀，因其省去了旁路及三只手动阀，且便于在线维修。

4）电源

①根据供电电源种类选用交流电磁阀或直流电磁阀。一般来说，选用交流电源来供电。

②电压规格尽量优先选用 AC220V、DC24V。在弱电控制系统中，一般选择 DC24V 驱动电磁阀。

③交流电源电压允许波动范围通常为 –15% ~ 10%，直流电源电压允许波动范围为 –10% ~ 10%，若超差，需采用稳压措施。应根据电源电压选择合适的电磁阀。

④应根据电源容量选择电磁阀的额定电流和消耗功率，需注意交流启动时视在功率值较高，在电磁阀的容量不足时，应优先选用间接先导式电磁阀。

5）控制精度

①普通电磁阀只有开、关两个位置，在控制精度要求高和参数要求平稳时，需选用多位电磁阀。

②动作时间指电信号接通或切断至主阀动作完成的时间。在机器人正常工作前，调试电磁阀的动作时间在指定范围内。

（3）可靠性

1）为保证质量和工作寿命，应选正规厂家的名牌产品。

2）电磁阀工作制式分长期工作制、反复短时工作制和短时工作制三种。对于长时间开通、短时间关闭的情况，宜选用常开电磁阀。

3）动作频率要求高时，应优先选择直动式电磁阀，电源优先选择交流电源。

4）动作可靠性试验尚未正式列入中国电磁阀专业标准。在有些场合，电磁阀动作次数要求并不多，但可靠性要求却很高，如消防、紧急保护等，切不可掉以轻心，应采取两只连用（双保险）的方式。

（4）**经济性。**经济性必须建立在电磁阀安全、适用、可靠的基础上。经济性不单指产品的售价，更要考虑其功能和质量，以及安装维修及附件所需用的费用。一只电磁阀在整个自控系统中所占的成本微乎其微，但如果贪图便宜错选了，造成的损害将是巨大的。

六、气动附件

1. 气管接头

气管接头是连接管道的元件，要求连接牢固，不漏气，拆装快速方便。按照气管材料的不同，气管接头一般分为塑料气管接头和金属气管接头。气管接头的制造精度要求较高，工艺复杂，需专业生产。

虽然气管接头种类繁多，但是工业机器人系统中一般使用的是快换接头，其结构如图 8-8 所示。使用快换接头时，只需将连接管插到底便能连接固定；拔出管子时，先用手将释放套均匀向里推到底，使弹簧夹头张开，管子便可拔出。

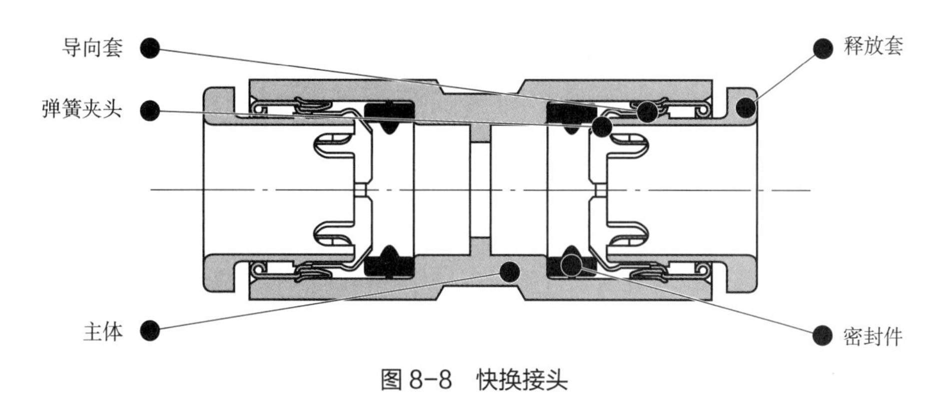

图 8-8　快换接头

快换接头的选择规则如下。

（1）密封效果好，不能漏气，否则会浪费能源，而且会造成空气压缩机不停工作或反复启动，造成损坏。

（2）流量适当，压力损耗小，气动执行机构能获得充足的压力。

（3）插拔方便，特别是在有负载的情况下也要能正常插拔。

（4）材料强度和耐磨性较好，使用寿命长，不容易损坏，否则经常更换会影响工作和生产效率。

2. 气管

气动系统中，连接各种元件的管道分为金属管和非金属管。金属管主要用于工厂主干管道和大型气动装置上，适用于高温、高压环境和固定不动部位的连接。

因为机器人末端执行机构要跟随机器人运动，所以机器人系统中一般选用非金属管。非金属管经济轻便，拆装方便，不生锈，摩擦阻力小，但不宜在高温下使用，并要防止外部损伤。按照材料划分，非金属管有尼龙管、聚氨酯管等。尼龙管有一定的柔性，但不宜过度弯曲，耐压性、耐化学性好。聚氨酯管的柔性比尼龙管的柔性好。

气管的选择规则如下。

（1）对于气动系统的主管路，可以选择管径稍大的气管。

（2）电磁阀和气缸之间的气管应有适宜的管径。管径过小会造成截流，限制气缸的动作速度；管径过大会造成滞流，增加空气消耗量和填充时间。

（3）使用 2 分插 6（2 分的英制管螺纹，即 1/4 英寸管螺纹，1 英寸为 25.4 mm；气管直径是 6 mm）的气管接头时，所需配置的气管直径为 6 mm；使用 2 分插 8 的气管接头时，所需配置的气管直径为 8 mm。

3. 气路连接

气路连接时，要求易于拆装、安全、不漏气、压力损失小，且通过流量能满足气动元件的要求。具体连接方式如下。

（1）气路连接前，应充分清洁气管及气管接头内的灰尘、油污、切削末等杂质，确认气路元件型号、尺寸。

（2）气路连接时，注意选择合适直径的气管进行连接。气路连接方式为插拔式时，必须保证把气管插到底。气管太长时，应有适当支撑。为防止气管被外部设备损伤，可加适当保护。要防止管道破裂对人身及设备造成伤害。

（3）切断气管时，应保证切口垂直，且气管不变形。

（4）气路连接调试时，需注意气管随设备移动时的移动方向，以防松动，并确定气动装置运转时，气管不会产生急剧变形。

（5）气路连接完成后，不允许出现漏接、脱落、漏气现象，并且需定期检查气管及气管接头是否有老化、漏气、拧扭等问题。

学习单元 3　机械基础

学习目标

1. 了解机械图样
2. 了解工业机器人的机械抓手组装
3. 熟悉工业机器人的机械抓手连接
4. 掌握工业机器人的调试应用

知识要求

一、机械图样

1. 绘制

机械图样是工程技术界的共同语言。为便于生产指导、技术交流和图样管理，国家标准对图样的格式、画法、尺寸标注、有关符号等做了统一的规定，每个工程技术人员都应该掌握并严格遵守。

绘制机械图样的一般规定如下。

（1）图纸幅面和格式（GB/T 14689—2008）

1）图纸幅面。绘制机械图样时，应优先采用规定的 5 种基本幅面（A0、A1、A2、A3、A4），必要时，允许按规定选用加长幅面。

2）图框格式。无论图样是否装订，均应在图幅内画出图框。图框线必须用粗实线绘制。图框格式分为不留装订边和留装订边两种，但同一产品的图样只能采用一种格式。不留装订边的图框格式如图 8–9 所示，留装订边的图框格式如图 8–10 所示。

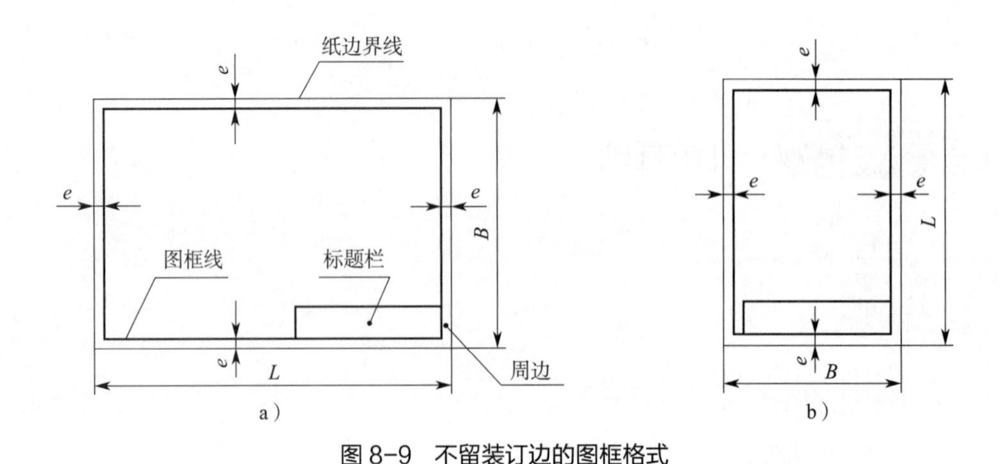

图 8-9　不留装订边的图框格式

a）不留装订边图纸（X 型）的图框格式　b）不留装订边图纸（Y 型）的图框格式

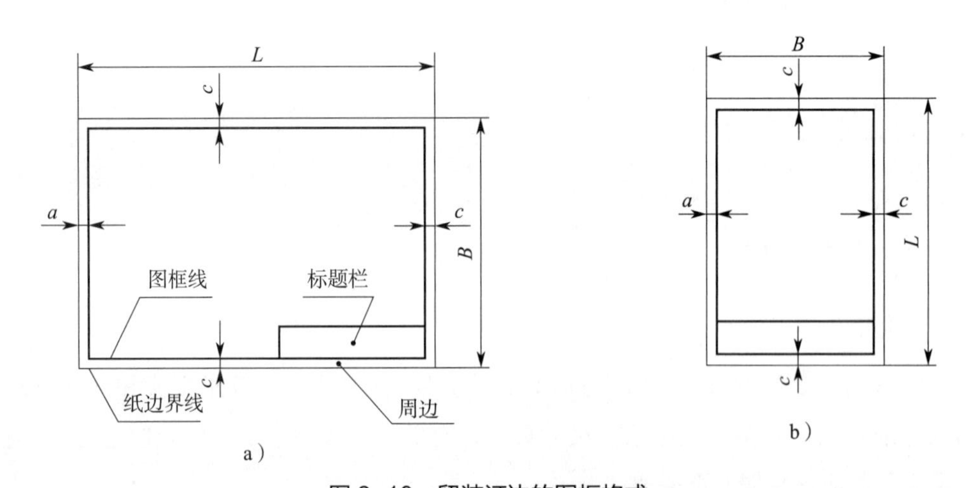

图 8-10　留装订边的图框格式

a）留装订边图纸（X 型）的图框格式　b）留装订边图纸（Y 型）的图框格式

（2）标题栏（GB/T 10609.1—2008）。每张机械图样均应有标题栏。标题栏一般由更改区、签字区、其他区、名称及代号区组成，如图 8-11 所示，也可按实际需要增加或减少。标题栏应位于图纸的右下角，标题栏的尺寸和格式应符合规定。

（3）比例（GB/T14690—1993）。比例是指图中图形与其实物相应要素的线性尺寸之比。比值为 1 的比例称为原值比例，比值大于 1 的比例称为放大比例，比值小于 1 的比例称为缩小比例。

（4）图线（GB/T 4457.4—2002、GB/T 17450—1998）。图线分为粗、细两种。粗线的宽度应按图的大小和复杂程度在 0.13 ~ 2 mm 之间进行选择，细线的宽度约为粗线的宽度的 1/2。图线宽度一般为 0.13 mm、0.18 mm、0.25 mm、0.35 mm、0.5 mm、0.7 mm、1 mm、1.4 mm、2 mm。图线的线型不同，其用途也不同，具体应用如图 8-12 所示。

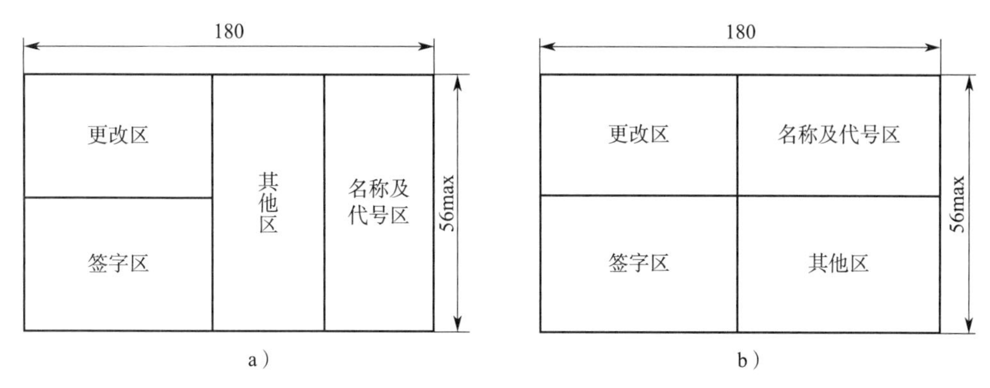

图 8-11　标题栏的分区

a）标题栏的分区（一）　b）标题栏的分区（二）

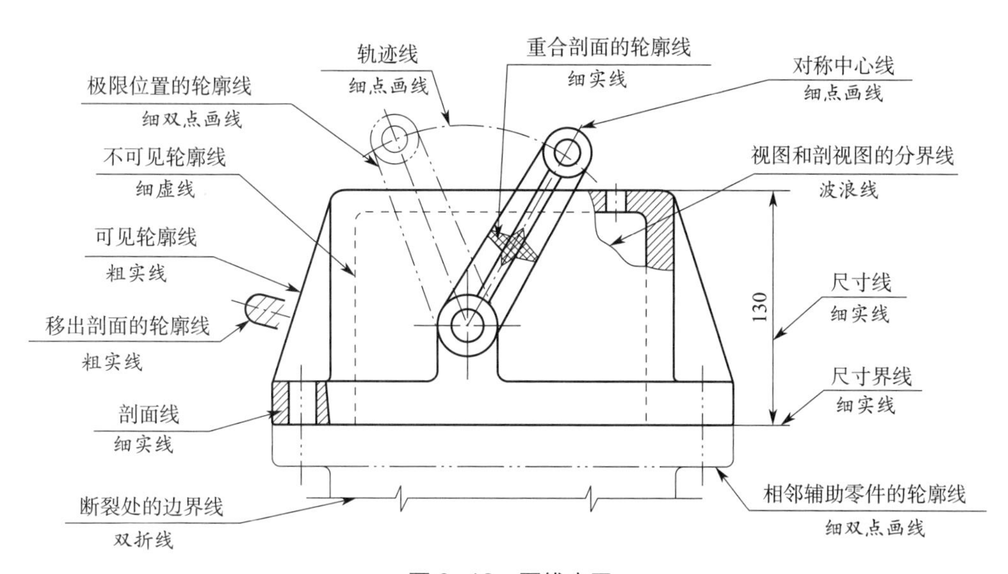

图 8-12　图线应用

（5）尺寸标注（GB/T 4458.4—2003、GB/T 16675.2—2012）。尺寸表现了图示物体的真实大小。一个完整的尺寸标注一般包括尺寸数字、尺寸线、尺寸界线和表示尺寸线终端的箭头或斜线。尺寸标注示例如图 8-13 所示。

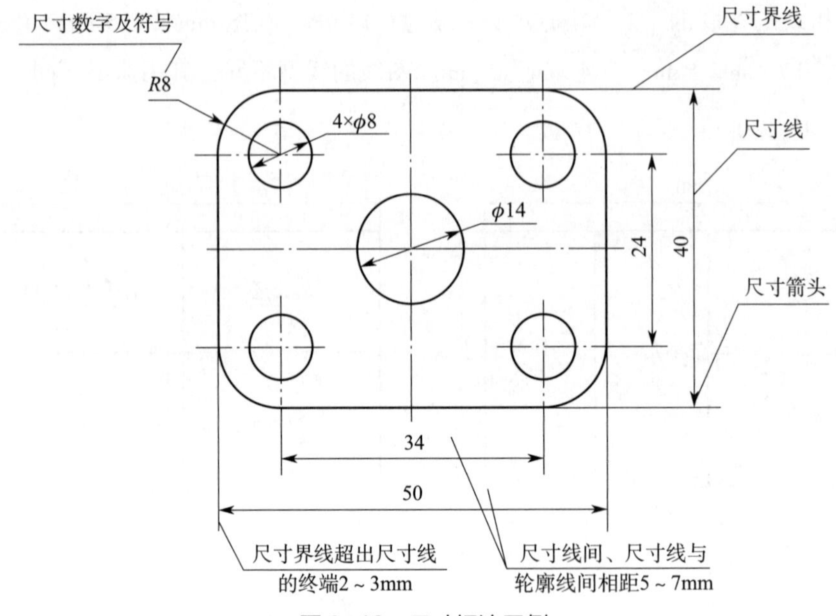

图 8-13　尺寸标注示例

2. 识图

（1）**三视图**。机械图样中，三视图是使用广泛的表达方式。三视图是物体在空间上向三个投影面投射得到的图形，如图 8-14 所示。三视图分为主视图、俯视图、左视图。主视图和俯视图反映了物体的长度，主视图和左视图反映了物体的高度，俯视图和左视图反映了物体的宽度。三视图之间的投影关系是长对齐、宽相等、高平齐。

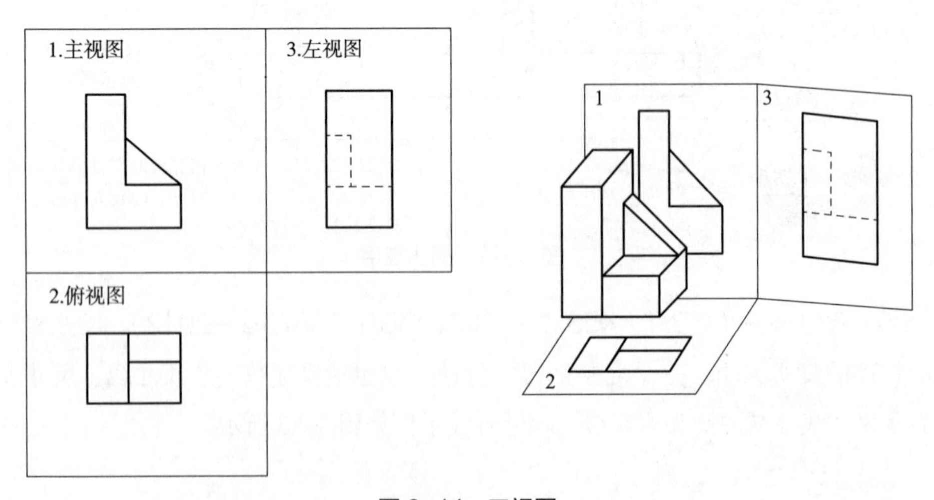

图 8-14　三视图

（2）装配图。装配图是能够表示产品及其组成部分的连接、装配关系的图样。装配图是设计、制造、装配、检验、安装、使用、维修等多项工作的重要依据，是表达设计思想和交流进步技术的工具，是指导生产的基本技术文件。识读装配图时，主要应了解如下内容：

（1）机器或部件的性能、用途和工作原理；

（2）各零件间的装配关系和拆装顺序；

（3）各零件的主要结构、形状和作用。

二、机械抓手组装

机械抓手组装是指按照设计的技术要求实现机械零件或部件的连接，把机械零件或部件装配成抓手结构。装配过程使零件间获得一定的相互位置关系，因此装配过程也是一种工艺过程，装配质量对机器人的效能、修理的工期、工作的劳力和成本有非常重要的影响。

为保证机械抓手的装配精度，一般使用分组装配法。分组装配法是一种对配合尺寸按经济加工精度设定公差，对完工后的配合尺寸进行检测、分组、标记组号，装配时同组号零件相配合，以达到装配精度要求的装配法。

分组装配法的主要优点是：虽然零件的制造精度不高，但可获得很高的装配精度；组内零件可以互换，装配效率高。分组装配法的主要缺点是：增加了零件测量、分组、存储、运输方面的工作量。分组装配法适用于在大批量生产中装配那些组成环数少而装配精度要求又特别高的机器结构。

分组装配法的一般要求如下：

● 最好能使两相配零件的尺寸分布曲线完全相同或对称，若尺寸分布曲线不相同或不对称，则将造成各组相配零件数量不等而不能完全配套，造成浪费；

● 零件的分组数不宜太多，否则会因零件测量、分组、存储、运输工作量的增大而使生产组织工作变得相当复杂。

三、机械抓手连接

1. 法兰盘连接

工业机器人与机械抓手一般使用法兰盘连接。图 8-15 所示为机械手腕前端的法兰盘安装面。机械抓手可利用相应部位的嵌合，以插孔确定位置，以螺孔予以固定。

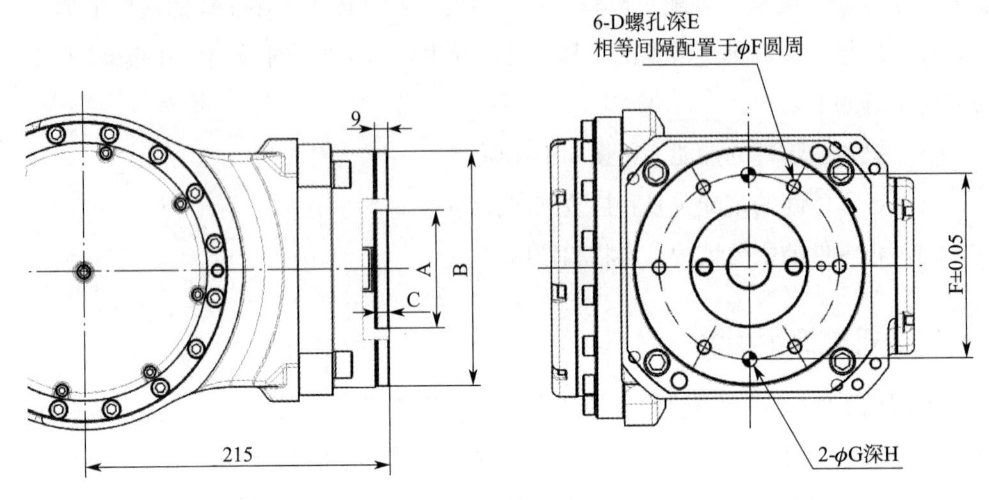

A—$\phi80h7{}^{+0.030}_{0}$　B—$\phi160h8{}^{0}_{-0.063}$　C—9　D—M10　E—16　F—125　G—$10H7{}^{+0.015}_{0}$　H—12

图 8-15　法兰盘安装面

机械抓手与法兰盘连接需注意：

（1）对于机械抓手固定用的螺栓，应以（73.5 ± 3.4）N · m 的力矩紧固；

（2）机械抓手应尽量使用 10 个螺栓进行安装固定；

（3）机械抓手安装面通常设在 ISO（国际标准化组织）法兰盘上，使用绝缘 ISO 法兰盘、FANUC 法兰盘、特殊法兰盘时，需分别安装适配器。

2. 工具快换装置连接

工具快换装置可以通过使工业机器人更换不同的末端执行器或外围设备，使机器人的应用更具柔性。这些末端执行器和外围设备包括点焊焊枪、机械抓手、真空工具、气动电动机等。

工具快换装置包括一个机器人侧（用来安装在机器人手臂上），还包括一个工具侧（用来安装在末端执行器上）。工具快换装置能够让不同的介质如气体、电信号、液体、超声等从机器人手臂连通到末端执行器。

采用工具快换装置的优势如下：

（1）生产线更换可以在数秒内完成；

（2）维护和维修工具可以快速更换，大大降低停工时间；

（3）通过在应用中使用 1 个以上的末端执行器，使柔性增加；

（4）能自动交换功能单一的末端执行器，代替了原来笨重复杂的多功能工装执行器。

四、调试应用

1. 电磁阀调试

电磁阀在未通电调试的情况下可以采用手动强制输出。电磁阀输出的优先级是手动强制输出优先于电控输出。电磁阀调试步骤如下：

（1）按照气路图和电路图对电磁阀的气孔和接线进行检查，确认电磁阀的出、入口正确，电磁阀的接线正确；

（2）对电磁阀的线圈进行检查，确保其没有接地现象，并确认电磁阀的电阻值在要求范围内；

（3）对电磁阀入口加规定量的压力空气，检查电磁阀出口有无漏气现象；

（4）对电磁阀通电进行单体动作试验，确认其进、排气正常，执行机构动作正确；

（5）执行气路系统控制调试，即在多种输入信号条件下，如手动按钮输入、机器人信号输入等条件下，现场检查气缸是否能正常动作，位置指示反馈、相关报警及动作时间是否正常，以确保电磁阀的控制回路、反馈回路畅通。

2. 气缸调试

对气缸运动速度有一定要求时，气动系统必须安装单向节流阀。一般情况下，气缸应水平安装，这样排气节流时，气缸运动速度会比较平稳。

气缸垂直安装且采用进气节流调速时，首先将气缸连接负载，将速度调节阀调到调整范围的中间位置，随后调节减压阀的输出压力，当气缸运动速度接近规定速度时，即可确定为调定压力，最后可用节流阀进行微调。

3. 抓手调试

（1）依据装配图对抓手装配情况进行检查，检查装配是否正确，紧固部分是否拧紧。

（2）对抓手与机器人的连接部分进行检查，确保没有松动现象。

（3）依据气路图或电路图对工业机器人的气路和电路进行检查，确认接线正确。

（4）给工业机器人通电，对抓手进行单体动作试验，确认动作正确。

第9章　工业机器人保养与维护

学习单元1　工业机器人本体保养与维护

学习目标

1. 了解工业机器人本体保养
2. 熟悉工业机器人本体维护更换

知识要求

一、工业机器人本体保养

定期保养可以延长工业机器人的使用寿命。FANUC机器人的保养周期可以分为日常、三个月、六个月、一年、两年、三年，具体保养内容见表9-1。

表9-1　FANUC机器人保养

保养周期	保养内容	备注
日常（每天）	检查是否有不正常的噪声和振动 检查电动机温度是否正常 检查周边设备是否可以正常工作 检查每根轴的抱闸是否正常	某些型号的机器人只有J2轴、J3轴抱闸

续表

保养周期	保养内容	备注
三个月	检查控制部分的电缆 检查控制器的通风情况 检查连接机械本体的电缆 检查接插件的固定状况是否良好 固定盖板和各种附加件 清除灰尘和杂物	—
六个月	更换平衡块轴承的润滑油 其他参见三个月保养内容	某些型号的机器人不需要更换平衡块轴承的润滑油，具体见机器人的机械保养手册
一年	更换机器人本体电池 其他参见六个月保养内容	—
两年	更换控制器电池 其他参见六个月保养内容	—
三年	更换机器人减速器、J4 轴齿轮盒的润滑油 其他参见一年保养内容	—

二、工业机器人本体维护

1. 控制器电池、本体电池更换

（1）控制器电池更换。当工业机器人示教器屏幕上显示报警“SYST-035 Low or No Battery Power in PSU”时，应更换控制器主板上的电池。

程序和系统变量存储在控制器主板上的 SRAM 中，由一节位于控制器主板上的锂电池供电，以保存数据。当电压变得很低时，SRAM 中的数据将不能保存，这时需要更换旧电池，并将原先备份的数据重新加载。因此，平时应注意用 MC 或软盘定期备份数据。控制器主板的电池需要两年更换一次。

（2）本体电池更换。工业机器人本体电池用来保存每根轴的编码器数据。当工业机器人示教器屏幕上显示报警“SRVO-065 BLAL alarm”时，应更换机器人本体电池。本体电池需要每年更换。在电池电压下降报警出现时，允许用户更换本体电池。若不及时更换，则会出现报警 SRVO-062，此时工业机器人将不能动作。遇到这种情况再更换电池就需要进行零点标定，否则机器人不能正常运行。

2. 熔丝更换

控制装置的熔丝熔断时，应查明原因，在采取适当的对策后更换熔丝。更换时，注意必须使用额定值相同的熔丝。

FANUC 机器人共有 5 种熔丝，分别是主板熔丝、I/O 印制电路板熔丝、配电盘熔丝、伺服放大器熔丝、电源单元熔丝。

主板熔丝用于 +12 V 输出保护。

I/O 印制电路板熔丝用于外围设备接口 +24 V 输出保护。

配电盘共有两个熔丝，分别用于 +24 E（急停线路）保护和示教器急停线路保护。

伺服放大器共有三个熔丝，如图 9–1 所示，分别用于放大器控制电路电源保护、末端执行器 24 V 输出保护、再生电阻和附加轴放大器 24 V 输出保护。

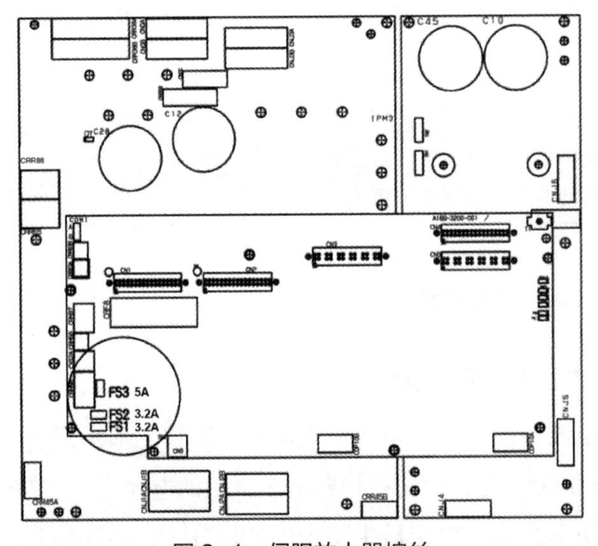

图 9–1　伺服放大器熔丝

电源单元共有三个熔丝，如图 9–2 所示，分别用于 AC 输入保护、+24 E 输出保护、+24 V 输出保护。

3. 润滑油添加

工业机器人每工作三年或 10 000 h 便要更换 J1 轴、J2 轴、J3 轴、J4 轴、J5 轴、J6 轴减速器的润滑油和 J4 轴齿轮盒的润滑油。在工业机器人使用时间达到约六个月后，需向平衡调节套筒里的平衡块轴承供应润滑油。

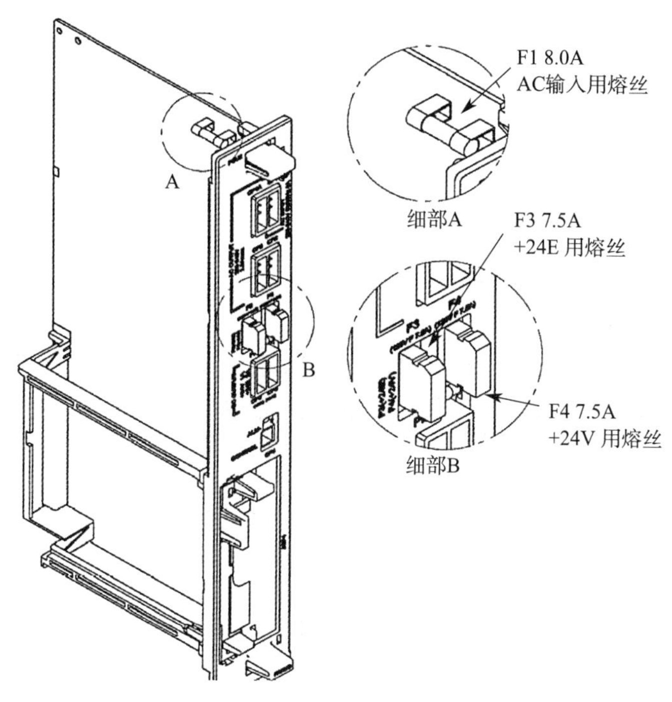

图 9-2　电源单元熔丝

4. 电缆保护套环更换

为保护电缆单元，在 J4 轴管出口及 J6 轴管出口安装有电缆保护套环。这些套环属于耗件，应每四年或累计运转时间每达 11 520 h 便定期更换。

技术要求

FANUC 机器人控制器电池更换

操作步骤

步骤 1　准备一节新的 3 V 锂电池，推荐使用 FANUC 厂家的原装电池。

步骤 2　给机器人通电，开机正常后，等待 30 s，确认电池报警信息。

步骤 3 关闭机器人电源，使其处于断电状态，打开控制柜，拔下接头，取下控制器主板上的旧电池，电池外形及安装位置如图 9–3 所示。

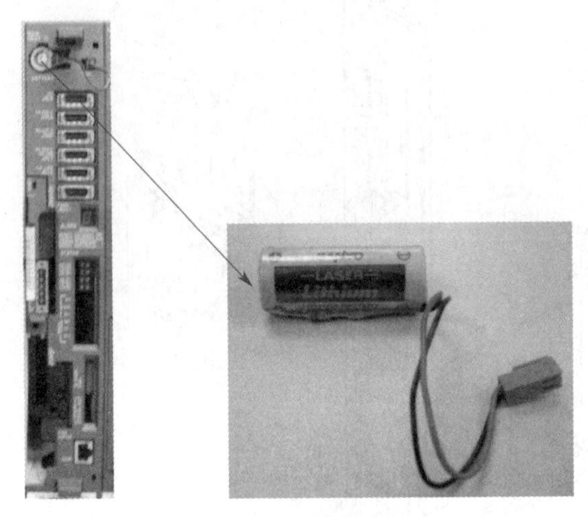

图 9–3 控制器电池的外形及安装位置

步骤 4 将新电池安装在主板的相应位置上，插好接头，完成更换。

FANUC 机器人本体电池更换

操作步骤

步骤 1 保持机器人电源开启，按下机器人急停按钮。

步骤 2 打开机器人本体的电池盒盖子，取出旧电池，如图 9–4 所示。

图 9–4 更换本体电池

步骤 3　将新电池安装在电池盒的相应位置上，推荐使用 FANUC 厂家的原装电池，注意不要装错正、负极（电池盒的盖子上有标识）。

步骤 4　合上电池盒盖子，完成更换。

FANUC 机器人润滑油添加

操作步骤

步骤 1　将机器人手动示教到加油时的正确姿态，具体请查看各机型的机械保养手册。

步骤 2　关闭机器人电源，使其处于断电状态。

步骤 3　确定需添加润滑油的运动轴，卸下机器人轴臂的黑色出油口塞（见图 9–5）。

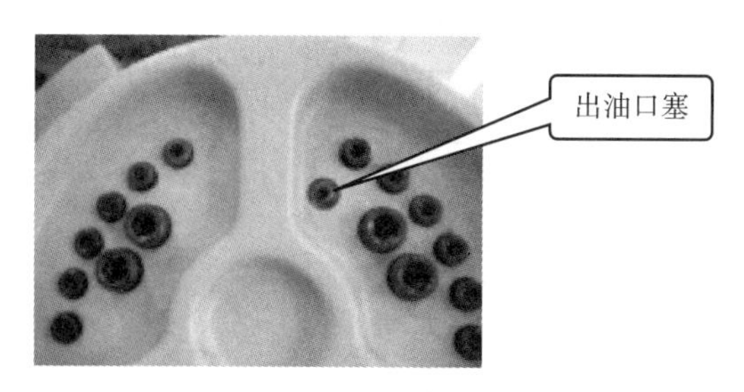

图 9–5　出油口塞

步骤 4　从进油口（见图 9–6）处加入润滑油，当出油口处有新的润滑油流出时，停止加油。

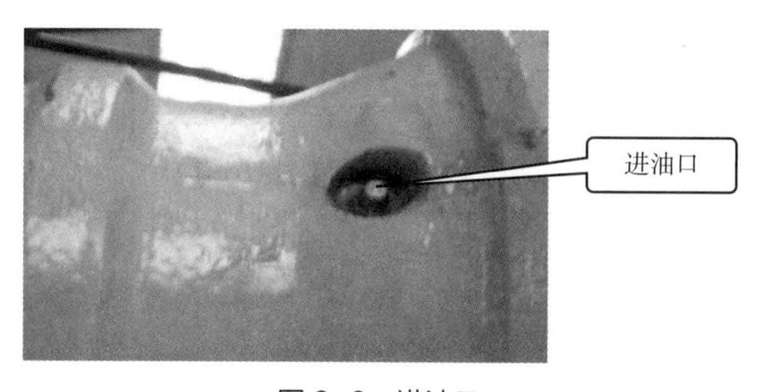

图 9–6　进油口

步骤 5 恢复机器人供电，使其处于正常通电运行状态，编辑程序，使机器人被加油的轴以轴角度 60° 以上、100% 的速度运行 20 min 以上。若同时向多个轴供油，可以使多个轴同时运行。

步骤 6 将机器人轴的出油口塞重新装好，完成润滑油添加。

FANUC 机器人电缆保护套环更换（以 J6 轴为例）

操作步骤

步骤 1 将 J6 轴置于 0° 姿势，将连接在机械手腕法兰盘侧面的配线板上的电缆和管子从 J6 轴向 J3 轴机臂方向拉伸。

步骤 2 拆除安装在 J6 轴管出口上的夹持器，拆除电缆保护套环，如图 9–7 所示。

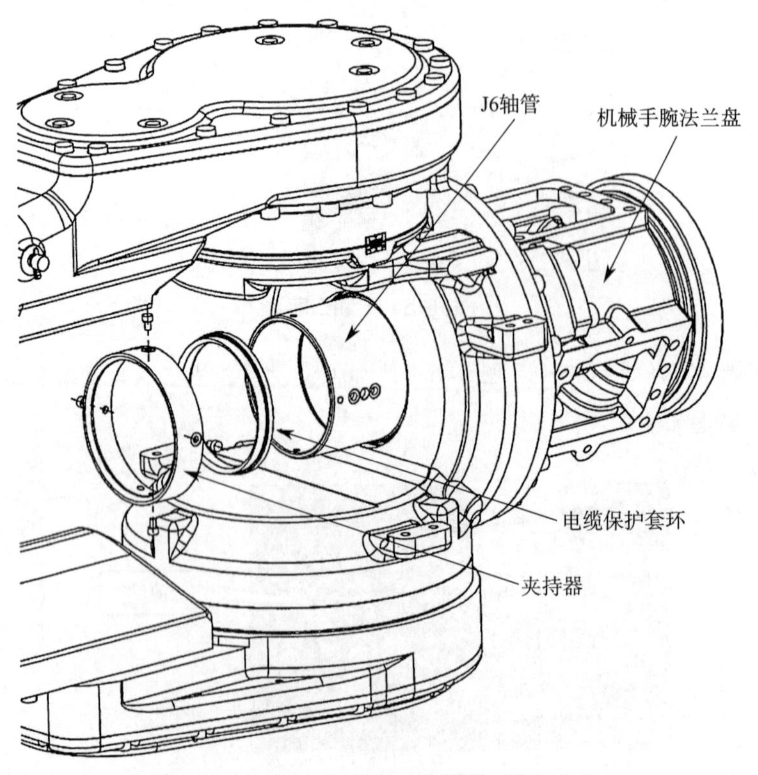

图 9–7 拆除 J6 轴管出口的电缆保护套环

步骤 3　将新的电缆保护套环嵌装在夹持器上，用螺栓将夹持器固定在 J6 轴管上。

步骤 4　将电缆和管子从 J6 轴管部沿机械手腕法兰盘方向插入，将电缆和管子固定到机械手腕法兰盘侧面的配线板上。

学习单元 2　工业机器人减速器保养与维护

学习目标

1. 了解工业机器人减速器的结构
2. 了解工业机器人减速器的用途
3. 熟悉工业机器人减速器的维护保养

知识要求

减速器在电动机与执行机构之间起匹配转速和传递转矩的作用，在现代工业中应用极为广泛。目前成熟并标准化的减速器有圆柱齿轮减速器、蜗轮减速器、行星减速器、行星齿轮减速器、RV 减速器、摆线针轮减速器和谐波减速器。

工业机器人需要结构简单紧凑、传递功率大、噪声低、传动平稳的高性能精密减速器，其中应用广泛的是 RV 减速器和谐波减速器。

一、减速器的结构

减速器按照传动布置形式可分为展开式减速器、分流式减速器和同进轴式减速器，其具有反向自锁的功能。作为应用在工业机器人上的精密减速器，相较于谐波减速器，RV 减速器具有更高的刚度和回转精度。

RV 减速器主要用于 20 kg 以上的机器人轴传动，主要放置在基座等负载大的位置上；谐波减速器主要用于 20 kg 以下的机器人轴传动，主要放置在腕部、手部等负载小的位置上。

1. RV减速器

RV减速器主要由太阳轮、行星轮、转臂、摆线轮（RV齿轮）、针齿、输出轴等零部件组成，如图9-8所示。RV减速器具有较高的疲劳强度和刚度，以及较长的使用寿命，且精度稳定。

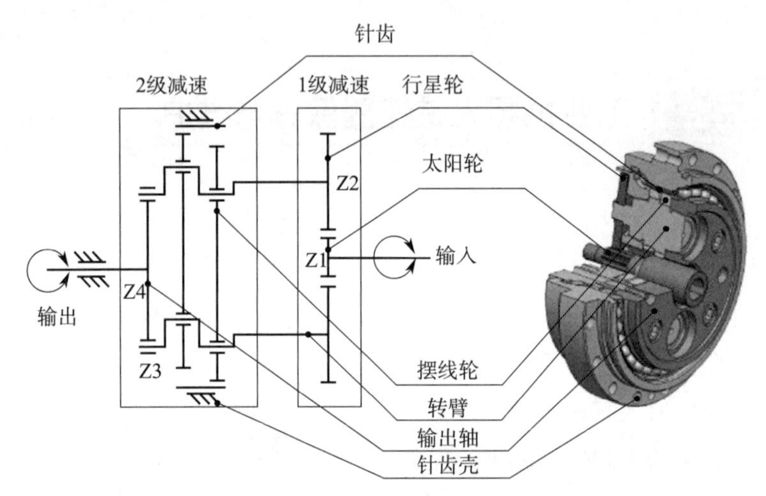

图9-8　RV减速器的组成

2. 谐波减速器

谐波减速器由谐波发生器、柔轮和刚轮组成，如图9-9所示。刚轮是有内齿的齿轮；柔轮在工作时可产生径向弹性变形，并带有外齿；谐波发生器装在柔轮内部，呈椭圆形，外圈带有柔性滚动轴承。

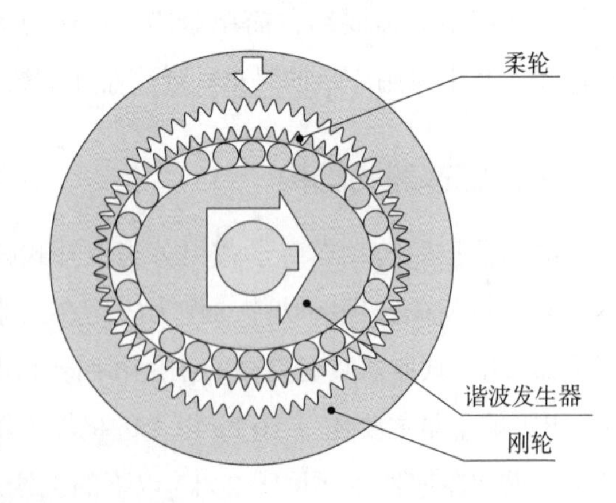

图9-9　谐波减速器的组成

谐波减速器的工作原理是：由谐波发生器使柔轮产生可控的弹性变形，靠柔轮与刚轮啮合来传递动力，并达到减速的目的。谐波减速器按照谐波发生器的不同分为凸轮式谐波减速器、滚轮式谐波减速器和偏心盘式谐波减速器。谐波减速器的主要优点是传动速比大、承载能力高、传动精度高、传动效率高、结构简单、体积小、质量轻，且可向密闭空间传递运动。在高动态性能的伺服系统中，谐波减速器更具优越性。

二、减速器的用途

工业机器人的动力源一般为交流伺服电动机，其由脉冲信号驱动，本身就可以实现调速，而使用减速器的主要目的是降低转速、增加转矩，使动作更精确、可靠。

1. 保证精度要求

工业机器人通常执行重复的动作，以完成相同的工序。为保证工业机器人在生产中能够可靠地完成工序任务，并确保工艺质量，工业机器人的定位精度和重复定位精度要求都很高。采用 RV 减速器或谐波减速器可提高或确保工业机器人的动作精度。

2. 提高输出转矩

精密减速器在工业机器人中的另一作用是传递更大的转矩。当负载较大时，一味提高伺服电动机功率的性价比并不高，因此可以在适宜的速度范围内通过减速器来提高输出转矩、降低负载惯量。

3. 使低速运行更可靠

伺服电动机在低频运转下容易发热或出现低频振动，对于长时间工作或周期性工作的工业机器人，这都不利于确保精确、可靠地运行。精密减速器的存在使伺服电动机在一个合适的速度下运转，其能精确地将转速降到工业机器人各部位需要的速度，提高机械体的刚性，使机器人能可靠地进行低速运行。

三、减速器的维护保养

1. 减速器检查

（1）检查各紧固件是否紧固。

（2）检查润滑油的油位是否符合要求。

（3）检查供油泵的接线是否正确。

（4）检查联轴器防护罩及其他防护装置是否装好，检查接地线是否连接到位。

2. 减速器试运转

（1）减速器安装完毕后，应按工作转速先进行空载试运转。

（2）运转规定时间后，可按 25%、50%、75% 的负荷逐级加载试运转，直至满负荷运行。

（3）负载运行一段时间后，应检查齿面接触及紧固件是否松动等。

3. 减速器润滑

（1）减速器统一用中负荷工业齿轮油进行润滑，更换的新油的牌号和类型必须和原来使用的油相同，不应把不用牌号和不同类型的油品混用。

（2）减速器初次运行至规定时间后，应重新更换润滑油，其后的换油周期参考设备供应商要求。

（3）箱体内应保留足够的润滑油量，油位应在油标的 1/2 处，应定时检查油位。

4. 减速器使用注意事项

（1）安装时，不要对减速器输出部件、箱体施加压力；连接时，要注意满足机械与减速器之间的同轴度与垂直度要求。

（2）所有减速器严禁带负荷启动，更换配件后，必须经过磨合和负荷试运转后才能正常使用。

（3）在使用过程中，应密切注意减速器各传动部分的转动灵活性，若发现异常声响及高温现象，应及时通知维修人员进行检查维修。

（4）为使减速器易于散热，应保持其表面清洁，及时清除污物。

5. 记录

将减速器的维护保养结果、更换配件情况等写入维护保养报告中。

学习单元 3　工业机器人传感器保养与维护

学习目标

1. 了解工业机器人的传感器应用
2. 了解工业机器人常用的传感器种类
3. 熟悉工业机器人的传感器维护保养

知识要求

工业机器人的传感器分为内部传感器和外部传感器，其用以检测工业机器人的运动位置和工作状态。

内部传感器用于检测各个机器人关节的位置、速度等变量，为闭环伺服控制系统提供反馈信息；外部传感器用于检测机器人与周围环境之间的某些变量，如位置、颜色、工作状态等，这些信息被用来引导机器人对照不同的情况做出相应的处理。

一、传感器应用

内部传感器是工业机器人反馈控制中不可缺少的器件。内部传感器的功能包括：检测规定位置、规定角度，测量位置、角度，测量速度、角速度，测量加速度等。

1. 引导

传感器使引导技术应用到工业机器人中，通过将空间位置测量结果反馈给机器人，使机器人实时调整位姿进行运动，保证了运行精度。

2. 检测

（1）规定位置、规定角度检测。传感器通过检测预先规定的位置或角度，来检测机器人的起始原点、越限位置或确定位置。这种检测通常使用限位开关、光电开关等。

（2）**速度、角速度测量。**速度、角速度测量是驱动器反馈控制必不可少的环节。通用的速度、角速度传感器是测量测速发电机、比率发电机等转速的仪器。

（3）**加速度测量。**在机器人的运动臂等位置安装加速度传感器，可测量振动加速度，并将其反馈到驱动器上。加速度传感器的种类有应变片式加速度传感器、伺服加速度传感器、压电感应式加速度传感器。

3. 定位

测量机器人关节线位移和角位移的传感器是机器人位置反馈控制中必不可少的器件。确定机器人位置和角度的传感器有电位器、旋转变压器、编码器等。编码器输出表示位移增量的脉冲信号。

二、常用的传感器种类

工业机器人外部传感器的作用是检测作业对象、环境，或机器人与其之间的关系。在机器人上安装视觉传感器、力觉传感器、触觉传感器、超声波传感器、听觉传感器等，大大改善了机器人的工作状况，使其能够更准确地完成复杂的工作。工业机器人常用的外部传感器有视觉传感器、力觉传感器、触觉传感器，其功能如下。

1. 视觉传感器

视觉传感器可以完成物体运动检测及定位等功能。二维视觉传感器的主体是一个摄像头。一些视觉传感器可以配合协调工业机器人的行动路线，根据接收到的信息对机器人的行为进行调整。

2. 力觉传感器

力觉传感器能对机器人的指、肢、关节等在运动中所受的力进行感知。根据被测对象的负载，力觉传感器分为测力传感器（单轴力传感器）、单轴力矩传感器、手指传感器（检测机器人手指作用力的超小型单轴力传感器）、六轴力觉传感器等。

3. 触觉传感器

工业机器人的触觉是指接触、冲击、压迫等机械刺激感觉的综合，触觉传感器可以用来帮助机器人进行抓取，机器人利用触觉传感器可进一步感知物体的形状、硬度等物理性质。

三、传感器维护保养

在使用传感器的过程中，需要定期进行维护保养，否则会影响其测量精度，从而减少其使用寿命。

1. 传感器检查与检测

（1）检查传感器外观

1）检查器件是否缺损、受潮。

2）检查各端子连接器连接是否可靠。

3）检查器件安装是否牢固。

（2）检查电源状态

1）检查直流电源的电压是否正常。

2）检查直流电源电压与各传感器的电气特性是否相符。

（3）检查信号传输功能

1）检查传感器信号是否正常。

2）检查传感器与控制器的直接通信信号是否正常。

（4）检测传感器精度

1）检查传感器反馈值与实际计量仪表测量值是否相符。

2）检查传感器反馈值与测量值误差是否在 1% 以内。

2. 传感器清洁

（1）确认传感器内部清洁。

（2）确认传感器外部清洁。

3. 传感器使用注意事项

（1）防止传感器接触有腐蚀性的气体，以免使其产生腐蚀现象，影响测量结果。

（2）如果测量的是高温介质，应先检查其温度是否在传感器的适宜温度范围内，如果不在，就不能使用该传感器进行测量，需更换适宜的传感器，同时，要注意在测量时不要有介质沉渣沉着，否则影响测量精度。

（3）传感器最好安装在温度变化比较小的区域，不要安装在温度变化比较大的地方，以免损坏。

（4）在测量液体时，要防止液体直接冲击传感器，因为液体的直接冲击可能造成传感器损坏，影响测量结果的准确度，使得传感器不能正常工作。

（5）在测量气体时，传感器要安装在流程管道的上部，同时取压口也要开在流程管道的顶端。

（6）接线时，需使用防水接头并将螺母拧紧，避免雨水渗入到传感器的壳体内。

（7）如遇冬季温度比较低，甚至发生冰冻时，若传感器安装在室外，则一定要采取防冻保暖措施，防止引压口内的液体因为结冰而体积增大，破坏传感器。

4. 记录

将传感器的维护保养结果、更换配件情况等写入维护保养报告中。